KB024568

국가 · 경계 · 질서: 21세기 경계의 비판적 이해

국가·경계·질서: 21세기 경계의 비판적 이해

초판 1쇄 발행 2018년 6월 25일

지은이 가브리엘 포페스쿠
옮긴이 이영민·이용균 외

펴낸이 김선기
펴낸곳 (주)푸른길
출판등록 1996년 4월 12일 제16-1292호
주소 (08377) 서울특별시 구로구 디지털로 33길 48 대륭포스트타워 7차 1008호
전화 02-523-2907, 6942-9570~2
팩스 02-523-2951
이메일 purungilbook@naver.com
홈페이지 www.purungil.co.kr

ISBN 978-89-6291-459-7 93980

• 이 도서의 국립중앙도서관 출판예정도서목록(CIP)은 서지정보유통지원시스템 홈페이지(http://seoji.nl.go.kr)와 국가자료공동목록시스템(http://www.nl.go.kr/kolisnet)에서 이용하실 수 있습니다.(CIP제어번호: CIP2018018197)

21세기 경계의 비판적 이해

국가·경계·질서

Bordering and Ordering the Twenty-first Century

가브리엘 포페스쿠 지음
이영민·이용균 외 옮김

푸른길

| 차례 |

| 서문 |

1989년 여름, 나는 구소련 말기 국경 가까이에 위치해 있던 루마니아 북부의 여름 캠프에 참가했다. 어느 날, 답사를 하던 중에 우리 일행은 국경에 도달했다. 국경은 좁고 얕은 하천이었기 때문에 국경 건너편에 있는 도로, 집과 길을 지나가는 차들을 볼 수 있었다. 당시 동유럽은 공산주의 체제하에 있었고, 특히 루마니아에서는 니콜라에 차우세스쿠의 독재로 인한 강압통치가 지속되고 있었다. 엄밀히 말해 불법은 아니었으나, 해외로 여행하는 것은 거의 불가능하다시피 했다. 여행을 할 경우, 공포를 조장해 국민을 통치했던 편집증적 정권(paranoid regime)의 의심을 살 수 있었기 때문에, 여권을 가지고 해외를 여행하는 사람은 거의 없었다. 당시 루마니아는 하나의 감옥이었고, 그 경계는 장벽과도 같았다.

그 당시 고등학생이었던 나에게, 경계의 모습은 비현실적으로 다가왔다. 그때의 광경은 대단히 인상적이었는데, 경계 경관 하면 일반적으로 떠오르는 어떤 물리적 분리의 표식도 존재하지 않았기 때문이었다. 적어도 내 시야가 닿는 곳에는 그 어떤 국경 펜스나 감시탑 같은 것도 존재하지 않았다. 개울을 따라 굽이치는 물소리가 들리고 구불구불한 도로가 있는, 숲이 우거진 경관만 보일 뿐이었다. 그 순간 나는 강 건너편에 있는 미지의, 금지된 장소로 넘어가고 싶다는 강한 충동을 느꼈다. 강을 건너는 것이 마치 자유를 향해 탈출하는 것 같다는 생각이 들었다. 수년 동안, 서유럽 국가들이 비밀리에 송출하는 라디오 방송을 통해 자본주의와 민주주의의 덕목에 대한 칭송과, 이 국가들이 공산주의 진영에서 탈출한 사람들을 얼마나 열렬하게 환영하는지를 들었다. 그러나 나는 결국 강을 건너지 못했다. 솔직히 말하면, 소련도 공산주의 국가였기 때문에 그곳으로 넘어갈 이유가 없었다. 나는 다시 루마니아 영토로 돌아갔다. 이 이야기에서 중요한 것은, 내가 강을 건너지 못했던 이유가 그것이 경계라는 것을 알고, 넘어가면 앞으로 삶의 방향이 원치 않는 방향으로 이어질 것임이 분명했기 때문이었다는 것이다. 하천 중간에는 어떤 장벽도 존재하지 않았지만, 경계가 나의 마음속에 자리 잡고 있었다.

그해 말, 루마니아에서 차우세스쿠와 공산주의가 종말을 맞이했다. 순식간에 루마니아라는 감옥의 장벽이 무너져 내렸다. 마침내 나는 세계를 자유롭게 돌아다닐 수 있게 되었다. 새로이 얻은 정치적 자유를 십분 활용해 곧장 여권을 발급받았고, 경계에 대한 복수의 일환으로 여행을 하기 시작했다. 짧은 시간 동안, 나는 터키에서 시작해 남쪽으로는 구 유고슬라비아 지방, 북쪽으로는 폴란드까지 유럽 곳곳을 여행했다. 그러나 서유럽 지방으로 여행을 하려고 했을 때, 내 여권으로는 서유럽에 입국하기 어렵다는 사실을 깨닫고 깜짝 놀라게 되었다. 입국을 위해서는 우선 비자가 필요했다. 그러나 비싼 호텔과 여정이 이미 정해진 패키지 여행이 아닌, 배낭여행을 하려고 하는 나 같은 대학생은 비자 요구 조건을 맞추기가 쉽지 않았다. 그 순간 지리적으로 뒤틀린 채, 내가 예전처럼 잘못된 경계에 서 있다는 생각이 들었다. 과거와 다른 점이 있다면, 이번에는 내가 국경을 넘어가려고 노력했다는 것이다.

이를 통해 프랑스와 독일의 국경이 내가 알고 있던 곳이 아니라, 부쿠레슈티 시내의 대사관 건물 내부와 그 주변이라는 사실을 알게 되었다. 또한 경계라는 것이 엄청난 것이 아니라는 것도 깨달았다. 건물 주변에는 정 비자를 발급받아 서유럽으로 여행을 하고 싶으면 상당한 금액의 돈을 내라는 사람도 있었다. 다시 말해 대사관 직원에게 뇌물을 주었다면, 이 오락가락하는 경계를 넘을 수 있었을 것이다. 나는 이것이 얼토당토않은 일이라고 생각했다. 도대체 왜 학생이 얼마 되지도 않는 돈을 쓰러 가는데, 비자를 발급 받는 비용으로 수천 달러를 지불해야만 하는 것인가? 그러나 중요한 것은 비자를 발급 받기 위해서 수천 달러를 뇌물로 지불하려는 사람이라면, 관광을 하러 프랑스나 독일을 가지는 않을 것이라는 점이다. 그들은 무슨 수를 쓰든 그곳에 가서 정착한 뒤 돈을 벌려고 할 것이다. 그리고 나는 이 고정된 경계가 세계 체제 곳곳에서 발생하는 조직적인 문제들을 만드는 원인이라는 점을 분명히 알게 되었다.

1990년대 초반 이래로 많은 것이 바뀌었다. 나는 마침내 서유럽으로 여행을 할 수 있게 되었고 바다를 건너 미국으로 이주하게 되었으며, 이곳에서 개인적으로나 직업적으로나 경계를 정기적으로 넘나들게 되었다. 미국에서 새로 시민권을 얻으면서, 대부분의 국가에서 비자 없이 경계를 넘나드는 호사를 누리게 되었다. 내 모국이 유럽연합에 가입하면서, 이제는 모국의 시민권을 가진 사람도 손쉽게 다른 지역으로 여행을 할 수 있게 되었다. 나의 경계 이야기는 독특한 것도, 가장 강력한 힘을 지닌 것도 아니다. 수많은 이야기들이 존재하며, 이를 통해 경계에 대해 훨씬 더 많은 것을 배울 수 있을 것이다. 그러나 이 이야기를 통해 세상에 살고 있는 다른 수많은 사람들의 삶은 그다지 바뀌지 않았음을 상기할 수 있었다. 한때 나를 배제하였던 경계의 모습은 모스크바, 멕시코시티, 라고스, 베이징의 거리 등 세계 도처에서 찾아 볼 수 있다.

이 책을 쓰면서, 본인의 의사와는 상관없이 태어나면서 얻은 지리적 위치 때문에 경계를 넘나드는 것이 불가능한 사람들을 염두에 두었다. 또한, 경계를 넘나들 수 있는 권리는 가지고 있지만, 이에 대해 충분히 이해하고 있지 않아 미래에 그 권리를 잃을 위험에 처한 사람들에 대해서도 염두에 두었다.

| 감사의 글 |

수년 동안 이 책의 다양한 주제를 망라하는 데 필요한 아이디어를 구체화할 수 있도록 많은 분들이 여러 가지 도움을 주셨는데, 나로서는 큰 행운이 아닐 수 없다. 도움을 준 수많은 사람 중에서도 특히 짐 타이너(Jim Tyner), 조너선 레이브(Jonathan Leib), 바실 쿠쿠(Vasile Cucu)에게 진심 어린 감사의 인사를 전하고 싶다. 또한 원고 전체를 읽고 짧은 첨언과 소중한 조언, 피드백을 주었던 바니 와프(Barney Warf), 앤로르 아밀하트 샤리(Anne-Laure Amilhat-Szary), 그리고 책의 일부를 읽고 조언을 해 주었던 대런 퍼셀(Darren Purcell)과 섀넌 오 리어(Shannon O'Lear)에게도 감사를 전한다. 아이를 돌보느라 정신이 없었음에도, 이 책에 삽입된 지도들을 그려 준 나의 오랜 친구 크리스티나 스칼렛(Christina Scarlat)에게도 감사를 전하고 싶다. 이 책의 그림 4.1과 사진 5.1을 사용할 수 있도록 해 준 제임스 시더웨이(James Sidaway)와 유시 레인(Jussi Laine)에게도 감사드린다. 내가 계속 기한을 어겼음에도 인내심을 가지고 아낌없는 지원을 해 주었던 로만&리틀필드 출판사의 수전 매키천(Susan McEachern)에게 깊은 감사의 인사를 전한다. 또한 인디애나대학 사우스벤드 캠퍼스(Indiana University South Bend) 정치학과의 동료들 덕분에 좋은 환경에서 이 책을 쓸 수 있었다. 인디애나대학 사우스벤드 캠퍼스의 교수 연구 보조금 제도를 통해 이 프로젝트에서 필요한 비용의

일정 부분을 충당할 수 있었다. 가장 크게 빚을 지고 있는 것은 내 가족들이다. 내가 책을 쓰느라 오랜 시간 집을 비우고 연구실에 있는 바람에 나의 부인인 조디(Jodi)와 아들 데릭(Derek)은 지루한 시간을 견뎌야 했다. 이들의 지원, 이해, 응원 덕분에 이 책을 끝까지 마무리 지을 수 있었다.

인디애나주 사우스벤드에서,

가브리엘 포페스쿠 씀

일러두기

transnational(ism)을 한국에서는 초국가(주의), 초국적(주의) 등으로 번역하는 것이 일반적이나, '초(超)'는 경계를 넘나든다는 의미와 더불어 '막강한', '광범위한'이라는 super의 의미도 내포한다. 이 책에서는 supranational과 transnational이 사용되고 있는데, supranational은 '초국(가)적'이라는 말로 번역하고, transnational은 '경계 넘나들기'의 의미를 강조하기 위해 원어 그대로 '트랜스-'로 표기하여 '트랜스국가적'으로 번역하였다. 단, 초국적 기업(transnational companies), 초국적 테러리즘(transnational terrorism)과 같이 학계나 일반 대중에게 이미 널리 통용되고 있는 용어는 transnational이라 할지라도 그대로 '초국적'으로 번역하였다.

제1장

도입

세계지도집을 펼쳐 보거나 저녁 뉴스를 시청할 때, 혹은 정부 관청이나 다국적 기업의 사무실, 학교 교실 등의 내부를 보면, 국경이라 불리는 불규칙한 선들로 지구 표면이 명확히 구분된 그런 지도를 아주 흔하게 볼 수 있다. 이런 지도는 우리가 지표 공간에 대해 당연하게 여기고 있는 어떤 관점, 즉 국경으로 구획되어 있는 지구를 당연시 여기는 관점을 담고 있다. 그러나 관점을 바꾸어 지구 바깥에서 바라본, 있는 그대로의 지도를 살펴보자. 이 지도에는 (국가를 나누는) 경계선들이 전혀 보이지 않는다. 이는 곧 자연 상태 그대로의 지구에는 경계가 그어져 있지 않다는 것을 보여 준다. 이처럼 동일한 지표 공간을 재현하고 있는 이 두 개의 지도는 서로 매우 다른 모습을 띠고 있다. 앞의 지도는 우리가 그럴 것이라고 상상하는 지표 공간에 대한 재현이다. 뒤의 지도는 우리가 존재하고 있는 그대로를 관찰한 지표 공간에 대한 재현이다. 그런데 흥미롭게도 우리는 경계가 그어진 앞의 세계지도를 오랫동안 당연한 것으로 여기며 익숙하게 사용해 왔다. 이 같은 모순은 경계 공간을 탐구하는 이 책의 출발점이 되고 있다.

21세기 초반을 맞이한 우리는 문화적, 경제적, 정치적, 사회적 구분선에 따라, 즉 영토적 경계의 세계 속에서 살아가고 있다. 그러한 경계의 목적은 공간상에 차이를 분명히 표시하는 것이다. 포섭적으로 계층화된 영토적 경계에 따라, 즉 동네, 도시, 지방, 지역, 국가의 경계, 그리고 최근에는 초국가(super-state)의 경계에 이르기까지 우리의 삶은 다양한 공간적 질서 내에서 오랫동안 이루어져 왔다. 이러한 다양한 경계들은 문화 경관과 물질 경관이 되어 다채로운 모습으로 형상화되곤 한다. 이와 동시에 우리는 지속적인 경계 넘나들기를 유도하는 이동성의 세계에서 살아가고 있다. 역설적이게도, 우리는 일정 시간 동안 스스로를 경계의 틀 속에 열심히 가둬 놓으려고 애써 왔으며, 시간이 흘러 상황이 바뀌게 되었을 때 비로소 그 경계를 가로질러야만 한다는 것을 깨닫게 된다. 지금 이 시대의 공간적 상호작용 양상은, 다양한 스케일의 경계들이 포섭적으로(nested) 구성된 고정화된 지리를 가로지르는 복잡한 관계망을 만들어 내고 있으며, 이로 인해 경계와 사회의 상호관계는 더욱더 복잡하게 변하고 있다. 오늘날 우리의 삶은 수많은 경계들에 의해 공간적으로 정렬되어 있는데, 때로는 그 경계들이 분명하고도 안정적으로 계층화된 영토적 특성의 모습을 전혀 보이지 않는 경우도 있다. 그 결과 우리는 예전에 비해 더 많은 장소들과 연결되어 더 많은 종류의 경계들과 관계를 맺으며 살아가는 상황에 이르게 되었다.

국경은, 여러 이견이 있긴 하지만, 대체로 영토적 경계라는 의미로 가장 잘 알려져 있다. 우리의 일상생활에서 국경의 존재 이유는 당연시되고 있다. 이는 논란의 여지가 없는 아주 분명한 사실로 여겨지기 때문에 거의 의문시되거나 도전받지 않는다. 설사 논란이 벌어진다 해도 국경은 완전히 제거되기보다는 새로운 방식의 경계로 재편되고는 한다. 더군다나 만약 국경이 제거된다면 많은 사람들이 무국경의 상황 속에서 어떻게 살아갈 수 있을 것인가에 관한 우려감을 갖게 될 것이다. 공간에서의 사회적 상호작용 패턴은 사람들의 기억 속에 오래 남아 있게 마련이기 때문에, 사람들의 인지지도(mental maps)상에 각인되어 있는 경계가 쉽게 사라지기는 어려울 것이다. 그러므로 경계라는 것은 현대사회에서 사람들의 의식 속에 보편화되어 있는 고정된 실체이다.

경계 연구는 현대의 사회적, 문화적, 경계적, 정치적 과정이 우리의 삶에 어떻게 영향을 미치는지 탐구하는 데 도움을 주는 일종의 분광기(prism)라고 할 수 있다. 국경 지역에서 멀리 떨어져 살고 있는 사람들 대부분은 국경이 국가의 외곽 지역에 있어, 자신들의 삶에 직접적인 영향을 거의 미치지 않는다고 인식한다. 하지만 국경은 그 지리적 위치에 상관없이 사람들의 삶에 크게 영향을 미치는 핵심적인 역할을 수행한다. 국경은 사회구조의 깊숙한 곳까지 맞닿아 있어 사람들의 평범한 일상과 장기적인 기대를 구조화하고 조정해 나간다. 이는 국제무역 협약, 일자리의 외주화, 산업국가의 탄소 배출, 열대 지역의 농경지 상실, 지구적 차원의 불균등 개발과 국제이주, 초국적 기업과 부패한 식량 공급물의 회수, 초국가적 테러리즘과 민주주의의 후퇴, 소비자 관습과 자원 전쟁, 아마존의 삼림 제거와 기후변화 등 얼핏 보기에 별로 관련이 없어 보이는 여러 가지 현상들을 이어주는 연결선이다. 어떤 경우에는 문자 그대로 국경이 수많은 사람들에게 생사를 가르는 엄청난 문제일 수 있다. 가령 인종 청소와 평화적 공존을 구분하고, 대규모 기아 문제와 풍족한 식량 공급의 사이를 가르며, 경제적 기회와 극심한 빈곤 상황을 구분 짓게 하는 것이 바로 국경인 것이다. 따라서 경계의 역동성과 그러한 역동성을 만들어 내는 경계 짓기의 과정을 이해하는 것은 대단히 중요하다.

최근 경계의 문제는 글로벌화 시대를 맞이하여 그 중요성이 더욱 고조되고 있다. 21세기에 접어들면서 지구촌 사회는 글로벌화의 거대 물결 속으로 빨려 들어가고 있고, 이러한 와중에 인간과 사회의 문제가 공간의 문제와 어떻게 연관되어 있는지에 대한 관심이 커지고 있다. 글로벌화가 초래하고 있는 커다란 변화 물결의 중심에는 바로 경계의 문제가 위치하고 있다. 1990년대에 이르기까지 글로벌화의 물결은 국가 간 경계의 문제를 변형시키는 동인으로 작용하였고, 이에 따라 경계 없는 새로운 세계가 출현하리라는 상상(탈경계화, debordering)을 불러일으키고는 하였다. 하지만 2000년대에 들어선 이후에도 국가 경계는 여전히 그 중요성을 견고하게 유지하고 있음이 분명하다. 즉, 새로운 모습을 띤 국가 경계(재경계화, rebordering)가 등장한 것이다. 다양한 글로벌화의 흐름이 전례 없이 광범위하게 이루어지고 있음에도 불구하고, 국경은 결코 사라지지 않고 있다. 대신에 그 특성이 변화하고 숫자가 증가하는 방식으로 질적인 변화와 양적인 변화가 동시에 일어나고 있다. 국경은 영토상에 그려진 선형(線形)의 특성을 점차 상실해가면서, 지역적이면서도 네트워크의 특성을 지닌 것으로 변모하고 있다. 동시에 경계화의 과정은 전자 기술이 점점 더 반영되면서 새로운 양상을 띠어 가고 있고, 생체 계측(biometric measurement) 기술을 활용하여 인간의 신체 속으로도 뿌리내리고 있다. 국경과 관련된 더욱더 많은 권한들이 공공기관에서 사적 기관이나 준(準)공공기관으로 이전되면서 그 통제 기능은 새로운 양상을 띠고 있다. 이러한 변화의 결과, 국경은 일상생활의 영역으로 스며들어 대단히 불평등한 방식으로 인간과 장소에 영향을 미치고 있다.

2001년 9월 11일에 일어났던 뉴욕 세계무역센터 테러 사건은 21세기의 국경이 무엇인지를 새롭게 정의하도록 만든 중대한 사건이었다. 이것은 국경에서 실제로 벌어지고 있는 일들과는 유리된 채 멀리 떨어진 국가 영토 안쪽에서 다른 삶을 영위하고 있는 일반 시민들의 인지지도상에 과연 국경이라는 개념이 무엇인지를 새롭게 일깨워 준 역사적인 사건이 되었고, 또한 공간상의 랜드마크가 되었다. 그날의 사건이 가져다준 암울한 여파로 인하여, 그리고 초토화된 장소의 이미지 때문에, 그 건물들은 사람들의 마음속에 깊이 새겨졌다. 아울러 글로벌화의 세계가 도래하여 사람, 자본, 물자, 질병, 아이디어 등이 국경을 넘나들며 활발하게 이동하는 가운데, 전 세계의 국경은 그런 흐름을 가져다주는 위험으로부터 우리의 안전을 보장해 주는 보루로서 오히려 장기간 지속되어야 한다는 새로운 정당성을 부여받게 되었다. 달리 말해서, 국경은 이제 이동성을 용인해 줄 수 밖에 없는 동시에 그 부수적인 효과를 막아내야 하는 역할을 부여받게 되었다. 이러한 새로운 과제가 주목받는 이유는 국경이 이 세계의 수많은 사람들의 삶에 영향을 미치고 있기 때문이며, 전쟁과 평화의 차이를 구분해 줄 뿐만 아니라 압제와 기회의 차이를 구분해 주기 때문이다. 국경에 부여된 그러한 광범위한 역할을 놓고 보았을 때, 곧 다가올 미래에는 새로운 사회관계적 특성과 관련된 논쟁에서 국경 개념이 무척 중요하게 그 중심을 차지하게 될 것이다.

그러므로 지난 20년 동안 경계 문제에 대한 관심이 전례 없이 크게 증폭되고 있음을 우리가 목도하고 있는 것은 그리 놀랄만한 일이 아니다. 경계 문제를 핵심적 탐구 대상으로 삼고 있는 학문 연구는 크게 증가하고 있으며, 경계(국경) 관련 연구 센터와 기관은 세계 도처에서 확산되고 있다. 또한 경계 연구를 위한 지원도 증가하고 있으며, 대중매체들 역시 경계 관련 이슈들을 자주 다루면서 그 특성들을 대중들에게 전달하고 있다. 경계라는 문제적 주제에 주목하는 이 같은 협동적이며 다학문적인 노력으로 인해 경계 짓기의 과정이 작동하는 방식에 대한 우리의 지식은 심도 있게 축적되어 간다. 그럼에도 불구하고, 현대사회의 경계 변화와 관련된 특성과 그 방향에 대한 종합적인 이해는 여전히 미흡한 실정이다.

이 책의 가장 근본적인 목적은 21세기 초에 전개되고 있는 경계 문제를 비판적인 시각으로 이해하는 것이다. 즉, 경계 만들기의 과정을 단순히 묘사하는 수준을 뛰어넘어 경계를 문제적인 시각으로 그 의미를 깊이 있게 천착해 보는 것이 필자가 이 책을 집필한 목적이다. 경계와 관련된 본연의 복잡성, 경계가 내재하고 있는 결코 완결될 수 없는 특성, 그리고 경계가 근본적으로 지니고 있는 경합적인 특성을 독자들이 간파할 수 있도록 도움을 주고자 하는 것이 필자가 뜻하는 바이다. 경계 문제는 이 책 전체 내용에서 핵심적인 주제이다. 그런데 필자는 경계 공간에 관한 논의를 조금 더 광범위하고 다채롭게 전개해 보고자 하는 의도를 이 책에 반영해 보았다. 이 책에서는 경계가 국가를 구성하는 그저 단순한 구성요소라고 간주하지 않는다. 오히려 그것은 수많은 사회적 과정 및 제도와 관련하여 발전하고 있는 독특한 공간적 범주로서 간주된다. 이러한 작업을 위해 이 책에서는 인문지리학, 국제관계학, 사회학, 인류학, 역사학, 정치경제학, 안보학 등을 포함하는 광범위한 학문적 통찰에 기대어 다양한 분석방법을 적용하고 있다. 또한 이를 통해 공간적 관점에서 경계 만들기와 관련된 개념, 과정, 담론, 맥락 등을 탐구한다. 이 책은 이론적 관점과 경험적 설명을 결합하여 현대 글로벌 시대의 각종 지구촌 문제와 사건이 경계 문제와 어떻게 관련을 맺고 있는지를 논의하고 있다. 특히 경계의 중요성을 잘 이해하는 것이 독자들로 하여금 원활한 일상생활을 영위해 나가는 데에 도움을 줄 수 있다는 점에 주목하고 있다. 즉, 경계는 왜, 어떻게 출현하게 되었는가, 경계는 어떻게 특정한 영토적 형상을 띠게 되었는가, 누가 어떻게 경계를 만들어 가는가, 그러한 경계 만들기의 혜택을 보는 주체는 누구이고, 어떠한 혜택을 받고 있는가, 경계의 발전에 있어서 어떤 특성을 우리는 목도하고 있으며, 그러한 특성이 특정 사회에 어떤 영향을 미치고 있는가 등의 문제를 밝혀 보고자 한다.

이 책에서 제시된 광범위한 주장들은 주로 방법론적인 논의에 바탕을 두고 있고, 따라서 다양한 주제들을 세세하게 다루지는 못하고 있다. 필자는 이러한 접근이 독자들에게 유익한 결과를 전해 줄 수 있기를 희망한다. 이 책에서 다루게 될 내용들을 취사선택하는 것은 정말 어려운 일이었다. 경계 연구의 논저들은 매우 광범위하고 다양한 주제를 다루고 있기 때문에 그 모든 내용들을 다 포함시킨다는 것은 불가능한 일이다. 필자는 공간적 접근 방식에 따라 논저들을 취사선택하여 정리하였고, 이에 따라 일부 탐구 주제들은 배제될 수밖에 없었는데, 이는 전적으로 필자의 책임이다. 세계 주요 지역들에 대해 균형을 맞추는 작업도 쉽지 않은 과제였다. 모든 지역의 경계 만들기의 과정과 이슈들을 다루어 보고자 노력했음에도 불구하고, 유럽과 북아메리카 지역이 상대적으로 많은 비중을 차지하게 되었음을 밝혀 둔다.

이 책의 각 장들은 주제 중심으로 배열되어 있다. 1장, 3장, 8장을 제외한 각

장들은 크게 두 개의 부분으로 구성되어 있으며, 각 부분은 다시 몇 개의 하위 부분으로 세분화되어 있다. 2장은 독자들을 경계 연구의 영역으로 안내하는 도입부이다. 경계 개념이 무엇인지를 다루고 있는데, 이와 아울러 경계 (만들기)와 직접적으로 관련이 있는 다른 주요 개념들, 가령 영역과 영역성, 국가와 국민국가, 그리고 주권 같은 개념들을 함께 다루고 있다. 이러한 개념들에 대한 소개에 이어서 시대별로 경계 연구에 공헌했던 주요 이론적 업적들을 정리하였으며, 사회적 구성물로서의 경계 개념을 강조하는 현대의 개념화 작업들도 종합하여 소개한다. 3장에서는 고대사회에서 현재 국민국가 시대에 이르기까지 경계에 대한 사고와 경계 만들기의 진화 과정을 정리한다. 여기에서는 국민국가 이전 시대의 변방 구역(zonal frontiers)에서 현재의 선분 경계(linear borders)에 이르는 진화의 과정을 강조한다. 또한 선분 국경 제도가 유럽의 식민주의를 통해 어떻게 전 지구적으로 확산되었는지를 분석하고 있으며, 지표 공간을 조직하고 있는 현재의 경계 체계가 21세기를 특징짓는 일련의 맥락들 속에서 독특하게 형성되고 있음을 밝힌다.

4장에서는 글로벌화 시대에 펼쳐지고 있는 경계 문제에 주목한다. 지구적 규모의 경제적 흐름, 환경 문제, 국제 인권 레짐, 초국가적 테러리즘 등 여러 가지 새로운 변화들로 인하여 경계의 영역적 특성이, 그리고 공간적 상호작용을 통제하던 경계 본연의 역할이 어떻게 변화되고 있는지를 다루고 있다. 글로벌화의 흐름은 국경선에 영향을 미쳐 다양한 변화의 과정들을 만들어 내고 있는데, 그러한 과정은 결국 국경을 21세기 현실에 적합한 방식으로 변용·유지시키려는 목적의 산물이라고 할 수 있다. 5장에서는 이러한 역동적 변화들로 인하여 글로벌화 시대의 새로운 경계 공간들이 어떻게 창출되고 있는지를 논의하고 있다. 이 장의 첫 번째 부분은 현재의 경계 공간을 만들어 가고 있는 탈영토화와 재영토화, 그리고 탈경계화와 재경계화의 상호 연관된 과정을 분석한다. 동시에 경계의 투과적 특성(permeability)이 오늘날 어떻게 재정의되고 있는지도 밝히고 있다. 즉, 현재의 경계는 일면 상품, 자본, 사람, 생각 등의 흐름을 방해하는 장애물로서의 전통적 역할을 축소해 가고 있지만, 동시에 다른 측면에서는 그 장애물로서의 역할을 오히려 강화시켜 나가고 있는 상반된 모습을 보이고 있다. 두 번째 부분에서는 그러한 과정이 만들어 내고 있는 결과에 대해 다룬다. 즉 국경이 국가의 가장자리에 고정되어 있는 것이 아니라, 다양한 모습을 갖추어 가면서 어떻게 사회 전반에 걸쳐 확산되어 가는지를 기술한다. 이러한 글로벌화 시대의 새로운 경계의 지리는, 경계지(borderlands), 네트워크화된 경계(networked borders), 경계선(border lines) 등 세 가지 유형의 경계 공간으로 발전하고 있다.

6장에서는 사회적 권력관계의 관점에서 보았을 때 경계와 이동성이 어떻게 연결되어 있는지를 다룬다. 이 장의 첫 번째 부분은 국제이주, 국제경제의 흐름, 테러리즘 등 다양한 형태의 트랜스국가적 이동성이 어떤 과정을 거쳐 사회안보를 위협하는 중대한 원인으로 거듭나게 되었는지를 다루고 있다. 아울러 그러한 위협적인 사안들을 제대로 제어하기 위해서 경계를 효과적으로 관리해 나가야 한다는 논리가 만들어지는 과정을 추적하고 있다. 이러한 견해는 이동성과 안보 문제를 정반대의 개념으로 간주하는 것으로, 경계의 통제 기능을 다시 강화하는 방향으로 발전하였다. 그 결과 글로벌화의 흐름이 경계 너머 영토 내 일상생활 공간의 깊숙한 곳으로 침투하게 되었으며, 그와 동시에 경계의 많은 기능들이 사적 영역으로 이관되기에 이르렀다. 두 번째 부분에서는, 경계가 이동성의 위험을 통제하는 수단이라고 보는 관점이 어떻게 인간의 신체 속으로 경계를 착근시키고 있는지를 논의한다. 신체는 이제 이동하는 경계가 되었다. 신체라는 가장 작은 공간적 스케일에서 생체 계측 기술을 적용할 수 있게 되었고, 이에 따라 신체의 무선 인식 기술(RFID: Radio-

Frequency Identification) 등 최첨단 기술 이동 자체를 통제하는 것이 가능해진 것이다. 이 장은 21세기 민주주의적인 삶의 미래에 있어서 이러한 새로운 경계 만들기의 실천들이 시사하는 바가 무엇인지를 천착하면서 결론을 맺는다.

7장의 주제는 경계의 투과성 상승을 모색하는 경계 연결하기(Border-bridging)의 과정이다. 특히 경계 횡단 연합(Cross-border cooperation)은 경계를 사이에 두고 이웃하는 경계지의 통합을 통해 경계의 장애물 기능을 극복하려는 전략인데, 이는 하위국가적(subnational) 수준에서 도모할 수 있는 일반적 전략으로 출현하였다. 이러한 과정은 경계를 사이에 두고 나뉘어 있지만 상호간의 연합이 이루어진, 소위 경계 횡단 지역들을 형성시켰으며, 이는 곧 경계의 영역성이 변하고 있음을 보여 주는 증거이다. 경계 횡단 연합의 사례들은 유럽, 북아메리카와 남아메리카, 동남아시아, 아프리카, 중동 등 세계 도처에서 출현하고 있으나, 지역적 편차가 심한 편이다. 이 장의 뒷부분은 유럽의 경계 변화의 과정과 방향을 논의하고 있다. 즉, 경계를 가로지르는 사회적 관계가 영토적으로 재조직되는 것과 관련하여 경계 횡단 지역을 연결하는 경계가 지닌 가능성과 한계를 논의한다. 마지막으로 결론에서는 21세기 일상생활을 조직하는 경계 개념의 중요성을 요약하면서 이 책을 마무리한다.

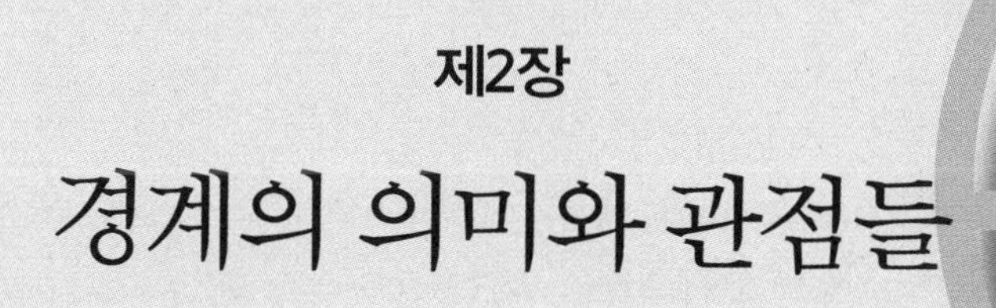

제2장

경계의 의미와 관점들

1. 경계란 무엇인가

경계는 흔히 한계(혹은 제한, limits)의 의미로 이해되고, 선형(線形)적 실체로 인식된다. 이는 또한 공간상에서 구분과 격리의 의미를 지니는 것으로 상상된다. 그러나 그러한 인식은 매우 복잡하게 구성되어 있는 국경과 경계의 의미에 대해 무척이나 제한적인 통찰만을 던져 줄 뿐이다. 경계 만들기, 즉 경계 짓기(bordering)는 흔히 생각하는 것보다 훨씬 더 파악하기가 어려운, 모호한 과정이다. 자연환경이 장소들 간의 경계를 세우는 것을 정당화하는 완벽하고도 합리적인 기준이 될 수는 없다. 그와 상관없이 경계 만들기는 인류사회 초기로 거슬러 올라갈 만큼 아주 오랜 역사를 지닌 인간의 실천이다. 이러한 사실은 경계가 인간사회 내에 지속적으로 정착되어 온 것이며, 따라서 경계 만들기는 인간의 본질적인 관심사로 오랫동안 지속되어 왔음을 보여 준다(Agnew 2007; Grosby 1995).

이 책에서 필자는 경계가 사회적 현상이라는 점, 즉 인간이 자신의 삶을 조직하기 위해 인위적으로 만들어 낸 것이라는 점을 주장한다. 인간은 여기 이곳의 낯익은 것들과 저기 그곳의 낯선 것들을 중재하려는 방편으로 경계를 세운다. 경계의 의미는 장소에 따라, 시간에 따라 무척이나 다양하다. 경계가 아주 오래전에 있었던 그 장소에 지금도 똑같은 모습으로 그대로 유지되고 있는 경우는 없으며, 모든 장소, 모든 시기를 불문하고 똑같은 기능을 수행하는 경우도 없다. 경계는 고정되어 있지 않다. 다시 말해, 그것은 일시적이며 공간과 시간상에서 항상 변하기 마련이다. 경계는 단순한 선분(線分)이 아니다. 오히려 지역적인 특성을 지니고 있고, 네트워크로서 변화무쌍한 복잡성을 지니고 있다. 경계는 다양한 규모와 형태로 출현하는데, 이는 경계가 수많은 기준들에 따라 구성될 수 있음을 보여 준다. 그러므로 모든 경계는 누군가에 의해 그 구성의 기준이 규정되고 나서야 비로소 만들어지게 되는 것이다. 공간상에서 인간 존재를 필연적으로 분리시키는 자연적인(natural) 경계란 결코 존재하지 않는다.

경계는 무엇보다도 권력과 관련된 개념이다. 경계 만들기는 공간에 차이를 새겨 넣음으로써 공간에 대한 지배력을 확보하기 위한 권력의 전략이다. 경계를 통해 차이가 영역적으로 표현된다. 차이의 영역화는 사회 구성에 심대한 영향을 끼치는 배타적인 권력 실천인 것이다. 이는 사회 구성원이 누구인지를 결정짓는 실천이기 때문이다. 다시 말해, 누가 거기에 소속되어 있는지, 누가 내부자이고 누가 외부자인지, 누가 우리의 일원이고 누가 그들의 일원인지를 결정짓는 실천인 것이다(Paasi 1996; Sack 1986). 이러한 상황하에 전통적으로 경계는 사회의 질서를 정립하는 역할을 수행해 왔다. 경계 만들기는 공간상에서의 이동을 규제함으로써 인간행위를 조직하는 수단인 것이다. 따라서 공간의 경계 짓기 작업은 곧 공간의 질서를 정립하는 과정이며(Albert et al.

2001; vah Houtum and van Naerssen 2002), 이러한 경계화, 질서화의 과정을 통해 인간은 공간을 전용(專用)하게 된다.

어떤 경계는, 가령 언어적 경계, 종교적 경계, 계급적 경계 등과 같은 것들은 본질적으로 상징적이고 문화적이며 사회적인 특성을 지닌다. 인간은 공간에서 이동할 때, 자신의 신체에 그러한 경계들을 간직한 채 이동하는 경향이 있다. 어떤 경계는, 가령 국가의 경계와 같은 것은 본질적으로 물질적이며 영역적인 특성을 지닌다. 국가의 경계는 경관상에 가시성과 안전성을 분명하게 남기기 위해 지표 위에 뚜렷하게 표시되고는 한다. 하지만 대부분의 경계는 상징적인 특성과 물질적인 특성을 동시에 지니고 있다. 왜냐하면 상징적 경계는 영역적인 차원을 지니고 있으며, 영역적인 경계도 마찬가지로 상징적인 차원을 지니고 있기 때문이다. 예를 들어, 언어적 기준은 국가 경계의 위치를 설정하는 데 사용되어 왔으며, 국가 경계는 한 언어의 공간적 범위의 경계에 표시된다.

근대시기 동안 전 세계적으로 국가의 수가 증가함에 따라, 국가의 경계가 가장 근본적인 경계의 형태라는 생각이 사람들의 머릿속에 자리 잡게 되었다. 물론 국가의 영역적 경계가 매우 중요한 것은 사실이지만, 그것은 수많은 경계 중 하나에 불과하다. 그렇지만 결국 국경은 모든 다른 종류의 경계들을 흡수시켜 버렸고, 이에 따라 경계란 다름 아닌 국가의 지리적 한계(범위)라는 인식이 일반화되어 버렸다.

국가의 영역적 경계가 다른 모든 경계보다 우선한다고, 다시 말해 인간의 삶에 영향을 미치는 가장 중요한 경계라고 단정적으로 이해해서는 곤란하다. 예를 들어 젠더, 종교, 계급 등의 경계는 국경의 기능처럼 단순히 내부/외부를 구분 짓는 기능에 머무르지 않고 그 이상의 기능을 수행한다. 즉, 그러한 경계들은 최초의 국경이 등장한 시기보다 훨씬 오래전부터 이미 존재했고, 근대국가의 경계가 형성해 놓은 영역적 매트릭스와 잘 부합되지도 않았다. 오히려 국경은 다른 범주의 경계들과 유사하면서도 동시에 상이하다는 관점에서 더 잘 이해될 수 있다. 국경은 다른 유형의 경계들에 영향을 끼치고 있고, 또한 그런 경계들로부터 영향을 받고 있기도 하다. 국경을 이해한다는 것은 근대사회의 공간적 조직에 있어서 모든 경계가 수행하는 핵심적 역할의 한 부분을 이해하는 것에 지나지 않는다.

국경은 정치적, 영역적 경계이다. 국경은 정치적으로 조직된 공간의 범위를 표시해 주고, 또한 그런 공간의 내부적 응집력을 암시해 준다는 점에서 영역적이면서 동시에 상징적이다(Newman and Paasi 1998). 예를 들어, 프랑스의 경계는 프랑스의 영토적 범위를 표상한다. 그리고 그 영역에 살고 있는 사람들은 상당히 동질적임을 의미한다. 하지만 현실은 훨씬 더 복잡하다. 프랑스라는 국가는 유럽 내에 위치한 프랑스의 영토에 더하여 태평양에서 남아메리카까지의 범위 내에 여러 개의 해외 영토를 포함하고 있다. 그런데 대부분의 사람들이 프랑스 국경을 생각할 때 이 해외 영토들을 간과하고는 한다(그림 2.1을 볼 것). 동시에 프랑스의 영토에 살고 있는 사람들이 반드시 동질적인 특성을 지니고 있는 것도 아니다. 왜냐하면 프랑스령 가이아나(French Guyana)나 뉴칼레도니아(New Caledonia)에 살고 있는 수많은 토착민들은 스스로를 프랑스인이라고 간주하지 않기 때문이다.

국경은 내부 영역에 의미를 부여함으로써 그 영역의 범위를 명확하게 한정할 수 있으며, 동시에 내부 영역에 내재되어 있는 의미를 획득함으로써 그 내용에 의해 역으로 규정되기도 한다(Anderson and O'Dowd 1999; Paasi 1996). 예를 들어, 미국 국경 내의 영역에서 생산된 상품은 '미국산(made in USA)'이라는 상표가 붙게 되지만, 사실 그 상품은 다른 국가에서 수입된 부품들을 활용하여 생산되거나 불법 이민자들에 의해 생산되기도 한다. 동시에 미

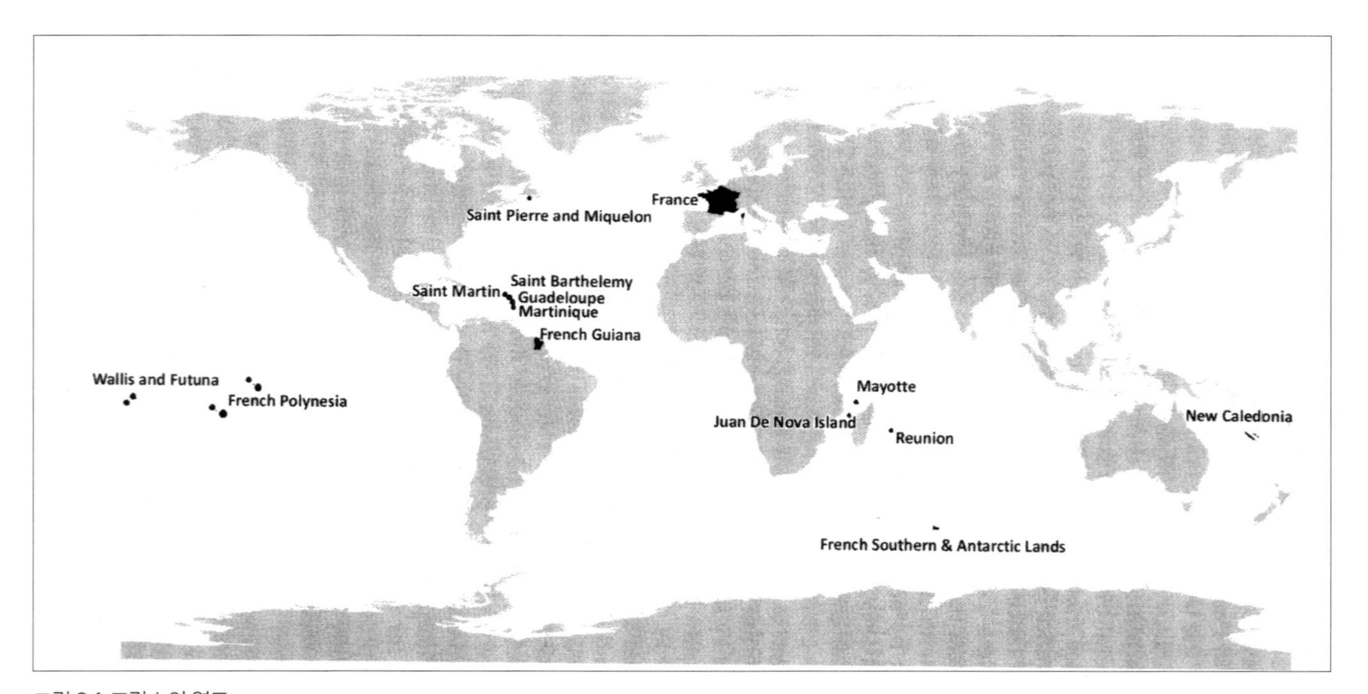

그림 2.1 프랑스의 영토
출처: Cristina Scarlat

국의 물질적 풍요는 국경을 넘어 들어오는 이민자들에게 더 나은 삶을 위해 미국 국경 관문을 통과하라고 유혹하지만, 사실 모든 미국인이 부유한 것은 아니며, 미국의 물질적 풍요의 상당 부분은 외국에서 발생한 것이다.

국경은 본질적으로 공간의 분리와 접촉이라는 이중적 의미를 지닌다. 두 개의 인간집단 사이에 구분선이 그어지면, 이 구분선에는 두 가지 의미가 동시에 부여된다. 한편으로 그것은 두 개의 집단을 분리하는 기능을 수행하고, 다른 한편으로는 두 개의 집단을 서로 접촉시키는 기능을 수행한다. 국경이 지닌 이러한 이중적 의미는 경계 짓기의 과정을 더욱 복잡하게 만든다. 이 중 어느 하나의 기능에만 주목하며 다른 기능을 무시하는 것은 불가능한 일이다. 경계가 사람들을 분리하도록 세워진다 해도 그것을 횡단하고 싶어 하는 사람들은 있기 마련이다. 그들이 경계를 횡단하고 싶어 하는 이유는 다름 아닌 경계가 그저 존재하고 있기 때문이다(Newman 2006b). 이러한 현상을 통해 우리는 국경의 안보 문제나 이민 문제 같은 21세기의 복잡한 문제들을 풀기 위한 단초가 무엇인지를 대략적으로나마 파악할 수 있게 된다.

국경은 상이한 국가적, 정치적, 경제적, 사회적 체계들을 분리시키면서 동시에 서로 접촉하게 해 준다. 전 세계적으로 국경에 대한 관리는 다양한 국경 관리 체제(border regimes)를 통해 법제화되어 있다. 가령, 북한처럼 남한과의 국경을 완전히 봉쇄하여 교류와 이동을 사실상 불가능하게 하는 경우도 있고, 유럽연합처럼 국경 통제 초소가 아예 제거되어 버린 경우도 있다. 국경은 요새와 같은 장벽일 수도 있고 이웃하고 있는 존재들을 타자화하는 공간일 수도 있는데, 이는 모두 내부의 존재들을 포섭하고 외부의 존재들을 배제하기 위한 목적으로 만들어진다. 또한 국경은 세상을 향한 창문이자 이웃한 국가들과의 상호작용을 위한 접촉면이기도 하다(Anderson and O'Dowd 1999; Newman and Paasi 1998). 그런데 국경의 기능을 분리와 접촉이라는 단순한 이분법을 통해 이해하는 것은 반드시 피해야 한다. 국경은 결코 어느 하나의 기능만을 수행하지 않으며, 항상 두 개의 기능을 동시에 수행하기 때문이다. 실제로 국경은 정도의 차이만 있을 뿐 항상 일정 정도의 투과성을 지니고 있으며, 따라서 어떤 것들은 이동이 제한되면서도 다른것들은 이동이 허용되곤 한다. 가령, 남한과 북한의 국경은 봉쇄되어 있지만, 북한 내에서 남한 자본으로 투자가 이루어지고 있고, 북한 대표들 또한 종종 남한을 방문하고 있다.

국경과 경계가 내포한 이러한 심오한 의미를 간명하게 탐구해 봄으로써 경계 짓기의 과정이 지니고 있는, 그리고 공간과 사회의 관계가 지니고 있는 다양한 특성들의 윤곽을 잡아 볼 수 있다. 국경은 단 하나의 의미나 목적을 지니고 있는 것이 아니다. 경계와 사회는 상호 영향을 주고받으며 구성되는 과정이다. 사람들은 사회를 구분 짓기 위해 영역적 경계를 건설하고 유지한다. 동시에 영역적 경계는 우리의 삶과 정체감, 그리고 경계 밖의 이웃을 생각하는 방식을 조형하는 권력을 지니고 있다. 이러한 상징적 관계성을 이해하는 것이 21세기 경계의 역할과 기능을 이해하는 출발점이다. 또한 그러한 이해는 공공의 개입을 통해 만인의 이익에 부합하도록 경계 공간이 구성되는 방안이 무엇인지를 밝히는 데 도움을 줄 수 있다. 즉, 사회적 지위, 민족 정체성, 국가적 소속 등과 무관하게 모든 시민들의 이익이 반영될 수 있도록, 어떻게 하면 조금 더 민주적으로 경계 공간이 만들어질 수 있을지를 밝히는 데 도움을 줄 수 있을 것이다.

1) 경계와 영역

경계와 영역은 본질적으로 상호 연관된 개념들이다. 오늘날 가장 널리 인정받고 있는 경계의 정의에 의하면, 경계는 두 개의 영역적 실체를 구분하는 것,

다시 말해 영역적 실체의 한계를 표시하는 것이다(Newman 2003). 따라서 경계는 인간집단, 그리고 영역 간의 분리와 접촉의 선으로 간주된다.

일반적으로 영역이란 용어는 한 인간이나 인간집단, 혹은 어떤 제도에 의해 주장되거나 점유된 일정 부분의 공간을 의미한다(Paasi 2003b). 물리적인 의미에서 공간은 애당초 경계나 구분 없이 존재한다. '공간'이란 용어는 지구 표면 전체에 적용될 수 있다. 하지만, 인간이 공간을 실질적으로 인지하려면 공간을 구분하는 경계의 존재 없이는 불가능할 것이다. 바로 이 절연부는 공간을 독특한 단위로 구획하고 의미를 부여한다. 절연부는 공간의 일정 부분을 가리키는 경계를 지닌다는 것을 의미한다. 즉 영역은 경계로 둘러싸인 공간이다(Gottmann 1973). 경계 개념은 영역을 이해하는 데 필수적이다. 왜냐하면 공간의 일정 부분이라는 사고는 공간의 다른 부분과 관련하여 반드시 그 한계 범위를 전제로 해야 하기 때문이다. 이런 의미에서 경계는 영역을 생산하고, 또한 영역으로 구성된다. 인간은 영역성(territoriality)을 지니며, 이를 통해 영역과 관련을 맺는다. 영역성이란 개인이나 집단이 영역에 대해 권리를 주장하는 과정을 의미한다. 색(Sack 1986, 1)에 따르면, 영역성은 "지역(area)의 통제를 통해 자원과 인간에 영향을 미치고 이를 관리하는 공간적 전략"이다. 영역은 영역성을 통해 타자로부터 보호되고 타자와 경합을 벌이게 된다. 그러므로 영역성은 공간에 대한 특정 형태의 권력으로 이해될 수 있다(Sack 1986). 하지만 어떤 영역에 대한 통제를 확보하기 위해서는 영역에 대한 접근을 규제하는 데 활용되는 경계가 설정되어야 한다. 영역 위에 경계가 설정되는 것은 공간을 적절히 활용하기 위한 매우 중요한 전략인 셈이다. 다시 말해 사회 내에서 권력을 공고히 하는 데 활용되는 정치적 전략인 것이다(Storey 2001).

오늘날 가장 널리 퍼져 있는 형태의 영역성은 정치적 영역성이다. 이는 사회의 정치권력이 공간의 구획된 부분을 통해 영역적으로 조직된다는 것을 의미한다. 영역은 정치적 거버넌스를 위해서도 중요하다. 그 이유는 영역이 다양한 현안에 대한 정치적 권한이 행사되는 궤적을 제공하기 때문이다. 어떤 영역의 경계 내에 위치하는지의 여부는 한 집단의 소속감을 규정짓는다. 가령, 그 집단 구성원들 사이에 친족관계가 형성되어 있거나 유사한 관심사들을 공유하고 있는지의 여부보다 경계 내에 위치하는지의 여부가 소속감을 부여하는 더 분명한 기준이다. 예를 들어, 수렵-채취 경제사회에서도 토지를 구획하고 보호하는 것과 같은 목적을 위해 영역성을 동원했지만, 공동체의 소속을 규정짓기 위해 엄격한 영역적 경계가 활용되지는 않았다. 대신에 이러한 사회에서는 기본적으로 친족관계에 기반을 둔 영역성과 경계에 대한 사회적 정의가 통용되었다. 그러나 근대사회에서는 반대로 사회에 대한 영역적 정의가 통용되었는데, 이는 사회적 성원권을 규정짓기 위해 영역성과 경계를 다양한 목적으로 사용함으로써 얻게 된 것이다.

2) 경계와 국가

오늘날 정치적 영역성은 근대국가의 모습으로 그 특성을 가장 명료하게 드러낸다. 일반적으로 국가는 영역적 경계 내의 정치권력과 연관되어 있다(Kazancigil 1986). 파시(Paasi 1996)에 따르면, 경험적 맥락에서 볼 때 국가는 공인된 경계를 지닌 구체적인 영역이며, 이론적 맥락에서 볼 때 국가는 사회를 생산, 재생산하는 것을 목적으로 하는 일련의 제도이다. 그러므로 국가는 영토권력을 소유한 정치 제도라고 할 수 있으며, 이는 일정 규모의 면적에 대한 관할권을 주장하면서 이동성을 통제하는 경계를 유지하고 있다. 현재의 국민국가는 정치적 공간의 가장 기본적인 구분체가 되고 있으며, 이에 따라 지구 전체의 육지는 경계가 말끔하게 그어진 약 200여 개의 국가들로 정렬되어 있다.

역사적으로 보았을 때 국가는 역동적으로 만들어진 인공물이나. 이는 사회를 조직하기 위한 자연스럽고도 보편적인 정치적, 영역적 제도가 결코 아니다. 여러 문화권에서 사회를 조직하는 기준으로 삼았던 부족 개념은 국가보다 먼저 존재했다. 더 나아가 국가는 결코 영속적이지도 않다. 국가는 세계 행정구역도상에 나타났다가 사라지고는 한다. 폴란드라는 국가는 역사의 흐름 속에서 세 번이나 사라졌었다. 텍사스는 미국으로 병합되기 전에는 엄연한 독립국가였고, 남수단은 2011년에 수단으로부터 떨어져 나와 신생국가가 되었다. 이러한 사례들이 의미하는 것은 국가의 경계가 역사적으로 큰 변화를 겪어 왔다는 점이다. 또한 국가는 고정되어 있지도 않다. 국경은 항상 그 영역적 형태를 변화시키고 있다. 오늘날 존재하는 다양한 국가들이 현재와 같은 국경을 건설한 것은 불과 50년 전부터의 일이다.

역사적인 흐름 속에서 살펴보면, 도시국가, 제국, 국민국가 등 몇 가지 유형의 국가가 존재했었다. 각 유형의 국가는 상이한 방식으로 정치적 영역성을 구획하는 경계와 연관되어 있다. 고대와 중세 도시국가의 성벽은 정치적 경계선을 긋지 않고, 단지 주변의 배후지를 포섭하고 있었을 뿐이다. 도시국가의 장벽은 기본적으로 방어를 위한 목적으로 세워졌다. 제국의 경우 흔히 단속(斷續)적으로 구성되었으며, 그 경계는 구체적으로 표시되지 않는 경우가 많았다. 반면에 국민국가는 정교하게 구획된 영역과 분명하게 표시된 경계를 지니고 있다.

국민국가는 1789년 프랑스혁명이 도화선이 되어 약 200년 전에 출현하기 시작한 국가 유형이다. 국민국가는 스스로를 독특한 하나의 공동체로 인식하는 인간집단이 거주하는 국가라고 이해된다(Paasi 1996). 그러한 독특성은 대체로 국가제도 내에서 표현되는 정치적 영토와 민족(nation)이라는 개념 내에서 표현되는 종족적·문화적 정체성이 개념적으로 결합되고, 결국 그 양자의 경계가 일치하게 됨으로써 형성된다. 민족은 일반적으로 언어, 역사, 종족적 배경, 정치 제도, 특정 영토에 대한 밀착감 등과 같은 공통적인 요소들을 공유하는 인간집단이라고 정의된다(B. Anderson 1991). 그렇지만 그 요소들이 정확히 어느 정도 결합되어야 하는 것인지, 인간집단이 민족의 위상을 갖추게 되는 시기가 누구에 의해서 결정되는지, 민족의 경계가 어디에 설정되는지 등은 여전히 논란거리가 되고 있다. 전 세계 민족의 숫자가 얼마나 되는지에 대해서는 몇 백 개라는 주장에서 몇 천 개에 이른다는 주장에 이르기까지 무척 다양하다. 거기에 비해 국가의 숫자는 200개가 채 안 된다.

하나의 민족이 하나의 국가를 갖는다는 국민국가 관념은 국가의 영역적 경계와 집단 정체성이 일치하는 것으로 간주한다는 점에서 커다란 함정에 빠졌다(Knight 1982). 국가보다는 민족의 수가 더 많기 때문에 이론적으로 보았을 때 국민국가는 불가능한 관념처럼 보인다. 지난 200년 동안 세계의 국가정부들은 국가성과 민족성이라는 관념을 독립적으로 다루려고 하지 않고, 민족주의 이데올로기를 활용하여 국가를 건설하는 과정을 적극적으로 주관해 왔다. 민족주의란 경계 그어진 공간을 기반으로 정체성을 창조해 냄으로써 민족과 국가의 결합을 모색하는 일종의 영토 이데올로기이다(A. Murphy 1996). 민족을 동질화시키기에 앞서 경계를 먼저 세우는 작업은 민족주의의 핵심적 특성이다(Agnew 2007). 민족주의가 최선의 모습을 보이는 경우는 특정집단이 전제적인(tyrannical) 통치자의 지배로부터 해방될 수 있도록 해 주는 경우이다. 반대로 최악의 경우 민족주의는 1990년대 구유고연방과 구소련에서 벌어진 인종청소에서 드러난 것처럼 노골적인 형태의 폭력으로 이어지기도 한다.

국민국가는 사회적 관계들을 점진적으로, 하지만 전례 없는 엄청난 규모로 경계 내로 한정시켜 왔다. 일반적으로 특정 국가의 모든 시민이 하나의 민족

사회를 형성하고 있다는 상상은, 그리고 그러한 민족사회가 경계 너머에 이웃으로 존재하고 있는 국가의 민족사회와는 뚜렷이 구분된다는 상상은 이제 보편적인 것이 되어 버렸다. 이러한 상황에서 국민국가는 사회를 담고 있는 용기(container)로 간주되었고, 그 용기의 외부 장벽인 국가의 경계도 분명하게 존재하는 것으로 간주되기에 이르렀다(Taylor 1994). 경계는 용기 내부의 사회적 관계들은 물론이고 용기 외부로 이어지는 사회적 관계들을 규제하는 주요 수단이 되었다. 하지만, 그러한 국가적 민족의 건설이 국경선 내에 포함된 사회에 대한 완전한 통제로 매듭지어지는 것은 아니다. 자본과 사람의 초국가적 흐름이 심화되면서 국민국가 경계 내 권력의 독점은 도전받고 있으며, 영토적 용기를 유지하는 데 기여했던 경계의 기능은 약해지고 있다.

3) 경계와 주권

주권의 원리는 영토와 국가와 경계를 연결시켜 주는 근간을 구성한다. 주권은 일정 영역에 대해 배타적인 권력이 행사되는 것을 말한다. 어떤 국가가 그 영토 경계 내에서 권력을 독점한다는 논리는 영토 주권의 근대적 원리로 성문화되어 왔다(Gottmann 1973). 이러한 상황은 항상 구체적인 성취 결과로 나타나기보다는 열망의 수준으로 전개되었지만, 결국 국가 경계 내에서의 주권 통제가 지속적으로 주장됨으로써 주권과 경계화된 영토성이 광범위하게 결합될 수 있게 되었다(Agnew 2009).

중세시대에는 주권이 군주에게 주어졌다. 제국의 황제는 그 영토 경계와는 무관하게 신의 권위를 부여받았다고 표명하면서 자신의 신민을 통치하였다. 하지만 17세기에 근대적 영토국가가 탄생하면서, 이제 주권은 일개 군주에서 국가의 영역으로 점차 이전되었다(A. Murphy 1996; Taylor and Flint 2000).

적어도 이론적 차원에서는, 종교적 요소가 대중의 의지와 기대로 대체되었다. 인간의 정치적 위상도 통치자의 신민이라는 존재에서 탈피하여 국가의 시민이라는 존재로 격상하였다. 이제 국경이 개인의 정치적 소속을 결정하게 된 것이다.

경계는 주권과 연결되어 있는데, 그 이유는 경계가 국가 영토권력의 공식적인 범위를 규정해 주기 때문이다. 법적인 용어로서 경계는 국가 주권의 범위를 획정해 주는 의미를 담고 있다. 한 국가의 영토 주권은 경계에서 시작되어 경계에서 끝났다. 다시 말해 경계는 한 국가의 권력이 끝나는 곳이면서 동시에 다른 국가의 권력이 시작되는 곳이다. 결과적으로 주권은 영토적 측면에서 보았을 때 배타적인 실천이라 할 수 있다. 가령, 한 국가의 법률 체계와 조세 체계, 사회보장 정책, 경찰 관할권과 같은 모든 것의 지리적 범위는 경계까지이다. 경계 너머 다른 쪽에는 또 다른 국가의 실천과 정책이 새롭게 시작된다.

근대 시기에 접어들어 주권은 내향적인 모습과 외향적인 모습을 동시에 보이는 이중적 특성을 지니게 되었다. 이러한 이중적 위상은 어떤 영역적 경계 내의 국가권력이 다른 국가의 간섭을 받지 않는다는 것을 의미한다. 동시에 설사 일부 간섭의 상황이 불가피하더라도, 국가들은 각각의 영토 내의 주권을 상호간에 인정해야만 한다는 것을 의미한다(Giddens 1987; Wallerstein 1999). 이러한 상황 속에서 영토 주권은 국제관계를 구성하는 기본적인 원리로 자리 잡게 되었다. 특정 국가가 정립되기 위해서는 그 국가가 특정한 영토 경계 내에서 주권을 선포하는 것만으로 충분하지 않으며, 그 경계가 다른 국가들에 의해서도 인정받아야만 하는 것이다. 영토 주권의 원리는 모든 국가가 대등한 위상을 갖는다는 국가 간(interstate) 체계를 탄생시켰다. 그러한 체계가 안정화되기 위해서는 모든 국가가 다른 국가의 영토 주권을 인정하고 존중하는 현실이 전제되어야 한다. 하지만 실제로 이런 체제가 확고하게 자리 잡은 것은 아니다(Agnew 2009). 전 세계적으로 보았을 때, 한 국가가 이웃한 국가에 자신의 영토임을 주장하거나 경계를 재설정해야 한다고 주장하면서 다른 국가의 주권을 침해하는 경우를 적잖이 확인할 수 있다. 그럼에도 불구하고 앞서 언급한 영토 주권의 원리 자체에는 의문의 여지가 없다(A. Murphy 1999). 그런데, 최근 자본주의 생산관계의 글로벌화와 더불어 수많은 문화적, 사회적 과정이 광범위하게 진행되면서 국가의 영토 주권의 기초적인 특성을 이해하는 방식이 바뀌어야 한다는 분위기가 고조되고 있다.

2. 경계 생각하기

최근 20년간 경계 연구는 지리학을 시작으로(Kaplan and Hakli 2002; Kolossov and O'Loughlin 1998; Newman 1999; Paasi 1996; Pavlakovichochi et al. 2004; Rumley and Minghi 1991; van Houtum et al. 2005), 국제관계학(Albert et al. 2001; Ruggi 1993; Rumford 2008a), 인류학(Donan and Wilson 1999; Michaelsen and Johnson 1997; Pellow 1996), 정치학(Ansell and Di Palma 2004; Brunet-Jailly 2007; M. Anderson 1996), 사회학(Delanty 2006; Kearney 1991; O'Dowd and Wilson 1996), 역사학(Martinez 1994; Sahlins 1989), 철학(Balibar 2002; Smith 1995), 학제 간 경계 연구(Anderson et al. 2003; Eskelinen et al. 1999; Ganster and Lorey 2005; Nicol and Townsend-Gault 2005; Shapiro and Alker 1996) 등과 같은 폭넓은 학문적 범위 안에서 이루어졌다. 이상의 연구들 중 대부분은 특정 분야별로 경계 연구를 분류하는 것이 바람직하지 않다고 지적하면서, 경계 연구는 그 본질적인 특성상 보다 다중적이면서 다학제적으로 접근해야 한다고 강조

한다. 또한 일부 학자들은 경계와 경계 짓기 과정에 대한 통합적인 이론이 구축되고 있지 못하다는 점을 지적하면서, 독특한 특성을 지닌 경계를 이해함에 있어 과연 핵심 이론(overarching theory)이 의미가 있을지에 대해 의문을 제기하고 있다. 이처럼 많은 학자들이 경계에 대한 핵심 이론이 아예 필요하지 않으며, 또한 그 정립 자체가 불가능하다고 주장한다. 그럼에도 불구하고 다양한 경계 연구에 공통적으로 적용될 수 있는 일련의 주제가 존재한다는 점에는 대체로 동의한다(Newman 2006a; Paasi 2009).

이 절에서는 영토 경계를 주요 의제로 삼고 있는 지리학적 연구에 중점을 두면서, 이와 관련된 다학제적인 경계 연구들이 이룩한 연구 성과의 주요 경향과 관점에 대해 살펴보고자 한다. 또한 지금까지 경계 연구가 다양한 학문 전통에 기대어 왔듯이, 새로운 경계 연구의 주제를 도출하기 위해 고정적인 유형화 작업은 가능한 한 피하고자 한다. 본 절의 목적은 기존 경계 연구의 학문적 업적들에 대한 이해를 돕기 위해 미로처럼 복잡하게 얽혀 있는 경계 연구의 흐름을 풀어내어 개괄적으로 정리하는 것이다.

1) 변방과 경계선

전통적으로 지리학에서 경계 연구는 정치지리학의 한 주제였는데, 여기서 경계는 영토를 관할하는 정치적 기구의 한계선 또는 국가의 영토권력이 영향을 미치는 한계선으로 다루어졌다(Minghi 1963; 1969; Prescott 1987). 20세기 초에는 경계의 역사적 변천 과정과 물리적 형태를 다루는 사례 중심의 경계 연구가 주로 진행되었다. 이러한 초기 업적들에서는 두 가지의 주요 주제가 새롭게 부상하였는데, 하나는 경계와 변방(frontier)과 같은 개념의 차이가 무엇인지에 대한 주제이고, 다른 하나는 경계가 자연적인 것인지, 혹은 인위적인 것인지에 대한 주제이다(예를 들어, Ancel 1938; Fawcett 1918).

사실 초기에는 국경을 경계가 아닌 변방으로 보는 관점이 더 일반적이었다. 이 시기의 핵심 이슈는 변방의 구역적 특성과 경계의 선분적 특성이었다. 즉, 변방은 다양한 공간적 깊이를 지닌 영토인 반면에, 경계는 공간적 깊이가 부족한 영토적 선분에 불과하다. 일반적으로 변방(frontier)이라는 용어는 '앞(front)'이라는 단어에서 파생되었는데, 이는 접촉과 외부지향성을 의미하는 것이다. 반면 경계(boundary)라는 용어는 '가두다(bounds)'라는 단어에서 파생된 것으로서 영토적 한계와 분리, 그리고 내부지향성이라는 의미를 내포한다(Kristof 1959). 변방은 점이적인 구역으로, 인구가 거의 살지 않으며 권력의 중심으로부터 벗어나 원거리에 위치하는 특성을 지닌다. 또한 이 지역은 상대적으로 여러 인구집단과 문화가 혼합되어 나타나며, 정치적인 통제가 느슨하여 한 국가에서 다른 국가로 점진적인 변화가 이루어지는 지역이다(Prescott 1996). 일부 변방에 방어용 장벽과 경계 기둥이 설치되어 있는 경우가 간혹 있긴 하지만, 변방 위에 정치적 경계선이 그어진 경우는 거의 없었다. 오히려 변방의 전체 구역이 경계를 구성하는 것이다. 지정학적 의미에서 변방은 일종의 완충구역(buffer zones)으로, 국가 간의 갈등을 완화, 흡수하는 역할을 하리라 기대되었는데, 실제로 19세기 제국주의 열강의 지배 영역들 사이에 완충구역이 형성되곤 했다. 영국과 러시아 제국의 완충구역으로 설립된 아프가니스탄은 완충구역의 관행 중 가장 악명 높은 사례로 손꼽힌다. 하지만 변방을 국경으로 보는 시각은 나중에 사라지게 되었고, 선형 개념의 국경이 확산되어 갔다(Kolossov 2005).

한편 초창기의 경계 연구 학계에서는, 국가의 경계는 곧 '자연적 경계'여야 한다는 가정이 지배적이었다. 국가에 대한 개념화 작업과 관련하여 많은 연구들은 환경결정론의 영향을 받았는데, 이 경우 국가는 하나의 유기체로 인식되었다. 정치지리학 분야에서 영향력 있는 학자였던 프리드리히 라첼(Friedrich Ratzel 1897)에 의하면, 국가는 하나의 유기체이며 경계는 유기체의 표피로서 보호와 교환의 기능을 담당한다(A. Murphy 1996; Prescott 1987). 그리고 라첼의 영토 성장 법칙은, 넓은 지역의 경계는 더 작은 지역의 경계를 포함한다고 설명한다. 이러한 시각에서 보면, 경계는 국력을 측정하는 도구이자 표식이다. 국가 간의 권력 균형은 경계의 특성에 달려 있다고 할 수 있다.

국가가 자연적 경계를 가져야만 존립한다는 생각이 통했던 것은, 하천이나 산맥, 바다 등과 같은 자연경관적 특성들이 아주 분명한 자연적 장벽 혹은 한계를 구성하는 것처럼 보인다는 점과 관계가 있다. 이러한 자연경관적 특성이 국경의 위치를 결정짓는다고 상상하는 것은 어려운 일이 아니었다. 이 같은 '자연적 경계'라는 논제는, 자연적 경계를 갖지 못한 국가가 정상적인 국가로 편입되기 위해서는 그것을 반드시 갖추어야만 했고, 그러기 위해서 자연적 경계를 향해서 영토를 확장해야 한다는 논리를 뒷받침해 주었다(Agnew 2002). 그런데 이러한 관점은 자연경관적 특성이 반드시 인간활동을 방해하는 장벽으로 기능하지 않을 수도 있다는 점을 간과했다. 인간은 아주 오랜 옛날부터 모든 곳에 펼쳐져 있는 하천, 산맥, 바다 등을 넘나들었고, 그 결과 하천 계곡, 산맥, 바다 등에 넓게 걸쳐서 수많은 문명들의 성쇠가 이어졌다.

경계에 관한 문헌들은 1920년대부터 1950년대 사이에 대량으로 쏟아져 나왔다. 두 번에 걸친 세계대전, 그리고 평화 조약의 여파로 새로운 경계들이 생성되면서 학문적 자극을 받게 된 학자들이 더욱 활발히 경계 연구를 진행하게 된 것이다. 이 시기 경계 연구는 경계의 분류와 유형화 작업이 주를 이루었으며, 경계는 주로 국제적인 스케일에서 다루어졌다. 그리고 이러한 과정에서 국경선은 비로소 이웃 국가 또는 사회와 분리되는 고정적, 안정적인 경계로 자리 잡게 된다. 그 결과 경계 연구는 국제 분쟁의 원인을 밝혀내는 데 활발히 활용되었다(Minghi 1963; 1969). 무엇보다도 경계는 국민국가의 지리적 한계로 이해되있고, 그 존재는 당연시 여겨졌다. 그 결과 수많은 경계 연구가 풍성한 경험적 기술을 시도하였고, 국경은 인간들 사이를 가르는 당연한 구분선으로 간주되었다(Hakli and Kaplan 2002; Newman and Paasi 1998).

경계 연구에서 가장 오랫동안 적잖은 영향을 미친 연구로는 하트숀(Hartshoren 1936)과 존스(Jones 1945)의 경계짓기 유형화 작업을 꼽을 수 있다. 하트숀은 경계가 거쳐 온 문화경관적 특성에 따라 경계를 구분했는데, 먼저 **선행적**(Antecedent) 경계는 그 지역에 인구집단이 정착하기 전에 이미 형성된 경계이다. 이런 경계는 추후 경계 양쪽에 형성될 정착사회 간의 차이를 결정짓는 것으로 간주된다. 다음으로 **후속적**(Subsequent) 경계는 인구집단이 지역에 정착한 후에 만들어진 경계를 뜻한다. 이 경계는 필연적으로 이미 존재하고 있던 종족 간의 차이와 그 정치적 차이를 반영하게 된다. **강제적**(Superimposed) 경계는 식민권력으로 인해 부과된 경계로, 정착집단의 로컬적 특성을 고려하지 않고 설정된 경계이다. 강제적 경계는 아프리카, 아시아, 라틴아메리카 등에서 주로 확인할 수 있는데, 종족집단과 부족들을 강제로 분할해버리는 기하학적 선의 모습을 띠곤 한다. **잔존적**(Relict) 경계는 정치적인 구분의 기능은 사라졌으나, 가시적으로 경관들이 남아 있는 경우를 말한다.

경계 만들기의 보다 실천적인 과정에 관심을 두었던 존스는, 국가 간 경계(international border)의 설립에 이르는 4단계의 과정을 제시하였다. 먼저 **배분**(allocation) 단계는 초기 영토를 분할하고자 하는 국가 간의 정치적 결정과정으로 이루어진다. 그리고 **경계결정**(Delimitation) 단계는 영토를 분할하는 경계선을 선택하는 단계이며, **획정**(Demarcation) 단계는 실질적으로 땅 위에 경계선을 표시하는 단계로서 정확한 측량, 경계표시물 설치, 울타리 건립, 경계통과 초소의 지정 등으로 이루어진다. 마지막으로 **관리**(Administration)

단계는 경계 체제를 완성하는 단계로서 경계 관리를 위한 법칙과 규제로 구성된다.

1950년대에서 1980년대까지는 경계 연구가 그 추동력을 상실하게 된다. 이는 제2차 세계대전 이후 정치지리학이라는 학문 분야의 쇠퇴와 그 맥이 닿아 있는데, 이 배경에는 '유기체'로서의 국가를 강조하던 나치 지정학의 몰락이 자리 잡고 있다(Newman 2006a). 이 시기의 국가 간 경계 연구의 접근 방법은 '기능적인' 특성을 보인다. 경제적 교환의 흐름과 관련하여 경계가 어떤 기능을 지니고 있는지를 밝히는 것이 당시 경계 연구의 가장 중요한 과제였다(Kolossov 2005). 경계를 개방성과 폐쇄성의 연속체라는 관점에서 분석함으로써, 노동이주, 투자, 무역 등과 같은 다양한 경제적 과정과 관련하여 경계 투과성의 정도를 파악할 수 있었다. 이러한 연구는 이웃 국가 간의 경계 횡단 관리 연합(cross-border administrative cooperation)의 기초가 되었으며, 경계지(border areas)의 공통적 관심사에 주목하는 계기가 되었다(Newman 2003). 이에 더하여, 경계를 경제적이면서도 사회적인 현상으로 조금 더 역동적으로 바라보도록 해 주었고, 동시에 로컬 수준의 경계 과정이 주변지역에 미치는 영향력에도 관심을 돌릴 수 있도록 해 주었다. 그럼에도 불구하고, 이러한 접근법은 여전히 국경을 원래부터 주어진 것으로 받아들였고, 이와 관련한 이론적 기초는 논란의 여지없이 지속되었다.

전통적인 경계 연구에 대한 비판의 핵심은, 그것이 주로 현상기술적인 특성에 주력하고 있다는 점, 그리고 국경의 본질에 대해 근본적인 질문을 던지지 않고 있다는 점과 연관된다. 이러한 주장과 맥을 같이 하여, 전통적인 접근 방식과 철학적 방법론은 서로 상충되는 결과를 만들어 냈다는 지적도 제기되었다(Minghi 1963; 1969). 전통적인 연구의 주된 관심은 국경을 측정하는 데 있었으며, 상대적으로 국경이 특정 위치에만 형성되고 다른 위치에서는 형성되지 않는 이유와 과정, 그리고 국경이 특정 방식으로만 관찰되고 기능하는 이유 등과 같은 국경의 본질과 의미에 관해서는 비판적인 질문을 별로 제기하지 않았다. 경계를 놓고 분쟁이 벌어진다면 이는 경계가 충분할 만큼 제대로 그어지지 않았기 때문이지, 국가나 사회집단 사이에 권력관계가 작동하기 때문은 아니라는 사고가 일반적이었다. 국경과 사회 내에서의 경계의 역할은 국가 행위에 의해 결정되는 것으로 개념화되었다. 따라서 역으로 국경 그 자체가 국가 행위에 직접 영향을 끼칠 수 있다는 가능성은 상당 부분 간과되었다.

2) 경계의 사회적 구성

1980년대 이후 경계 연구에 대한 관심이 다시 활성화되었는데, 이는 글로벌화의 최근 양상이 던져 주는 도전과 변화에 힘입은 바 크다. 이 시기에 수많은 경계가 새롭게 출현하였고, 1990년대를 지나면서는 확고히 정립되어있는 것만 같았던 몇몇 국가가 해체되었다. 이런 현상들은 경계가 지속적으로 (재)생산되고 있다는 본연의 특성을 보여 주는 것이었으며, 이에 대한 깊이 있는 연구를 자극하는 계기가 되었다. 이론적 차원에서는, 한편으로는 이동성과 교류가 활발히 이루어지고 있는 역동적이며 탈영토적인 흐름의 세계가, 제한적인 영토성을 특징으로 하는 정적인 장소들의 세계를 대체하고 있다는 시각이 확산되었고, 다른 한편으로는 자본의 흐름을 허용하되 노동 이동은 제어하는 경계의 선별적 역할이 현실이 되고 있는 가운데 양자 간의 모순이 구체적으로 드러나기 시작했다(Anderson et al. 2003). 이런 상황에서 현대의 다양한 경계 연구는 보다 넓은 영토성의 맥락에서 경계를 이해하고, 영토적 속성의 (재)생산에서 경계가 수행하는 역할을 파악하는데, 이는 경계가 국제 정치 체제를 만들어 내는 핵심적인 역할을 어떻게 수행하고 있는지를 이해하는 데 크게 기여하고 있다(Anderson et al. 2003).

이러한 새로운 현실을 반영한 초기의 접근법으로는 경계 경관 연구에 대한 전통적인 접근법의 문제점을 극복하려고 시도한 럼리와 밍기(Rumley and Minghi 1991)의 연구가 있다. 그들은 가시적인 기능에 초점을 맞추는 관점에서 탈피하여 경계 경관을 공간 내에서 발생하는 일련의 문화적, 경제적, 정치적 상호작용의 산물이라고 생각했다. 이와 더불어 그들은 인접국과 그곳에 살고 있는 주민들의 관점에서 경계 경관과 그 문제들을 바라보는 접근법을 이끌어 냈다.

경계 경관에 대한 관심이 증폭되면서 경계 연구의 초점은 국가 사이의 경계선에서 경계지(borderlands)로 전환되었다. 경계지라는 용어는 초창기의 경계 연구에서 주목했던 변방(forntiers) 및 경계라는 용어와 밀접한 관련이 있는 것으로 종종 사용되었다. 경계지, 다시 말해 경계 지역(border region)은 국경을 따라 위치해 있는 지리적 구역(area)이며, 국가 간 경계(interstate borders)는 바로 이 경계지를 관통한다. 초기의 변방에는 그곳을 관통하는 정치적 경계선이 존재하지 않았다. 경계지 개념은 경계가 그 주변지역에 영향을 끼치면서, 일명 '경계 효과(border effect)'를 발휘하여 고유한 지역을 창출해 낸다고 설명한다. 결과적으로 경계는 단순히 공간을 나누는 요소에 그치는 것이 아니라 새로운 영토적 실재를 창출하는 수단으로도 작용할 수 있는 것이다(Rumley and Minghi 1991). 따라서 국경을 제대로 이해하기 위해서는 국경선에 대한 선입견을 뛰어넘어, 국경이 유발하는 고정관념, 인식, 행동 같은 사회적 프로세스가 경험되고 재생산되는 보다 확장된 경계지 개념을 고려해야 한다고 일부 학자들이 주장했다(Michaelsen and Johnson 1997; Newman 2006a; Paasi 1996). 이런 방식으로 개념화된 경계지는 국민국가가 등장하기 전의 변방 개념과 유사하다. 경계지와 변방 개념은 모두 전이지대(transition zone)적 특성을 공유한다. 가령, 인구의 혼합, 문화적 혼종성, 혼종적 경제 등의 특성으로 인해 지역 간 차이는 줄어들게 된다. 따라서 경계지는 사회를 연결하는 가교 역할을 할 수 있으며, 경계 횡단 연합의 기회를 제공한다.

마르티네스(Martinez 1994)는 미국-멕시코 국경의 복잡한 문화적, 사회적, 정치적 특성에 영감을 얻어 경계지 형성 과정의 여러 유형을 제시했고, 이는 경계지에서의 상호작용 가능성의 범위와 특성을 밝히는 데 도움을 준다. **분리된(Alienated)** 경계지는 적대적인 상황을 나타내는 것으로, 주변국 간의 국경이 폐쇄되어 있는 경우를 말한다. **병렬적(Coexistent)** 경계지는 경계지역 상호간의 무시와 평행적 발전의 상태를 특징으로 한다. **상호의존적(Interdependent)** 경계지는 국가 간 협력적 관계와 상대적으로 개방된 국경, 그리고 상호보완적인 국경 경제를 특징으로 한다. **통합된(Integrated)** 경계지는 장벽으로서 국경의 기능이 상당 부분 약화되어 전체 경계 지역이 하나의 사회영토적 주체로 기능하는 상황을 말한다.

1980년대 후반 사회과학 분야에서는 사회이론과 포스트구조주의 문화이론을 수용하기 시작했다. 경계 연구에서는 사회적, 문화적, 공간적 경계와 경계지의 다차원적 특성에 보다 많은 관심을 두었는데, 이는 경계가 지닌 사회적 중요성의 의미와 역할에 관한 논쟁으로 이어졌다(Bucken-Knapp et al. 2001; Diener and Hagen 2009). 데리다, 기든스, 사이드, 푸코, 들뢰즈와 가타리, 아감벤, 발리바르 등의 저자들이 그려낸 이 새로운 접근법은, 경계가 사회적으로 구성된다는 관념에 의지하여 사람 간의 공간적 상호작용 패턴의 변화가 어떻게 경계의 역할과 의미에 영향을 미치는지를 탐구하였다(Berg and van Houtum 2003; Kramsch and Hooper 2004). 이와 동시에 국경의 사회정치적 구성에서 언어가 수행하는 역할에 대한 관심이 고조되었다. 사회 간의 자연스러운 구분이 곧 경계의 확실한 본질이라는 기존의 사고는 이제 비판받기 시작했다. 그들은 경계가 만들어지는 과정이 본질적으로 정치적이라는 점, 그리고 이러한 정치적 차원이 개인의 일상생활에서 국제 관계에 이르기까지 모든 스케일의 경계 만들기 작업에 스며들어 있다는 점을 강조하였다(Paasi 1996).

이러한 포스트모던적, 포스트구조주의적 접근법은 1980년대 후반 경계 연구 분야에 도입되기 시작했으며, 국경의 개념화 작업에서 새로운 돌파구가 되었다. 초기의 연구들이 보여 준 통찰력 중 하나는 집단정체성과 경계 만들기가 긴밀히 연계되어 있음을 개념화했다는 점이며, 이는 결국 경계가 불확실하고 가변적이며 사회적으로 구성된 것이라는 견해로 이어졌다(Paasi 1999; Pellow 1996; Williams 2003). 이제 경계는 다차원을 지니고 있는 것으로 간주되며, 맥락적인 것으로 이해된다(Newman 1999; Paasi 1999). 전자의 다차원성(multidimensionality)이란 경계가 국가의 영토 범위(한계)에만 국한되는 것이 아니라 수많은 국면으로 구성되어 있다는 점을 의미한다. 국경의 존재는 수많은 스케일을 가로지르며 사회에 영향을 끼치고 있고, 다양한 사람에게 다양한 방식으로 영향을 주고 있다. 후자의 맥락성(contextuality)이란 국경이 어떤 맥락 속에 존재하고 있으며, 그 맥락 밖에서는 그것을 제대로 이해할 수 없다는 것을 의미한다. 국경은 그것이 만들어지고 기능하는 맥락에 따라 장벽의 역할을 수행하기도 하고 가교 역할을 수행하기도 한다.

아울러 일반적으로 경계가 만들어지는 과정에 대해서도 광범위하게 관심을 가져 왔는데(Newman 2003; Williams 2003), 이는 눈에 보이지 않는 경계도 매우 중요하다는 사고로 이어졌다. 왜냐하면, 그러한 비가시적인 경계도 사람들이 경험하고 있으며, 결국은 이것도 가시적인 경계의 형태로 재생산되기 때문이다(Conversi 1999). 경계와 국경은 가시적, 물리적 측면뿐만 아니라 상징적이고 추상적인 측면에서도 접근할 수 있다. 이러한 변화로 인해, 국경이 상이한 상황 속에서 다양한 사람들에게 서로 다른 의미로 전달된다는 점이 밝혀졌다.

경계 연구에 관한 새로운 접근법이 주목하고 있는 것은 경계 그 자체보다 경계 만들기의 과정이 경계 공간을 이해하는 데 필수적이라는 점이다. 경계는 결코 완결된 형태가 아니다. 경계는 끊임없이 만들어지고 상상되고 재창조된다. 더 중요한 것은 특정 시점에서 경계가 취하고 있는 형태가 아니라 경계 만들기의 과정이다. 이러한 사고의 변화는 경계에 대한 새로운 질문들을 이끌어 냈다. 경계는 누구에 의해, 왜, 어떻게 만들어지는가? 경계의 존재로 인해 누가 이익을 보고, 누가 해를 입는가? 경계는 사람들 마음속에서 어떻게 의미를 획득하게 되고, 사람들은 경계가 지닌 복수의 의미를 어떻게 취사선택하는가? 이러한 질문들은 사회적 구성체로서의 경계의 특성을 비판적으로 이해하기 위한 질문들이다.

바로 뒤에서는 현대 경계 연구들의 범위와 깊이를 알아보기 위해 1990년대 이후 이루어진 경계 연구의 주요 흐름을 개괄적으로 살펴볼 것이다. 여기서 소개한 4개의 큰 흐름은 상호 배타적이거나 그 자체로 완전한 것을 의미하지 않는다. 이것들 대부분은 사실상 서로 연관되어 있다.

담론, 경계 그리고 정체성

오늘날 경계는 담론적으로 구성되는 것으로 널리 이해되고 있다(Newman and Paasi 1998). 사회과학분야에서 말하는 담론이란 이론과 저작물, 연설, 대중매체의 집합체를 의미하여, 이러한 것들은 어떤 사건에 대한 해석을 지배하는 맥락을 생산해 낸다(Tyner 2005). 담론에는 현실에 대한 편견이 개입될 수밖에 없다. 국경의 구성에 있어서 담론이 결정적인 역할을 한다는 말은 다음과 같은 사실을 의미한다. 경계가 존재하려면 사람들의 삶이 경계와 밀접하게 연관되어 있음을 계속해서 인식할 수 있도록 지속적인 담론 생산과 재생산의 과정이 필요하다. 지리와 역사 교과서, 국경 검문소와 장벽의 이미지, 애국적인 노래, 국가 지도, 출입국 관리 심사대 등은 모두 사람들이 국경을 확실하게 인식하고, 오랫동안 기억하도록 하는 강력한 상징물이 되어 왔다.

경계는 물질적-문화적 (경계) 경관에 내재된 (사회적) 구분을 단순히 거울처럼 반영하는 것이 아니라, 그 구분(차이)을 정당화하기 위해 인간이 만들어낸 구성물이다(Eskelinen et al. 1999; Paasi 1996). 이처럼 경계는 지리적으로나 역사적으로 우연적(contingent) 과정의 산물이며, 따라서 경계를 연구할 때는 그 맥락을 잘 파악해야 한다. 파시(Paasi 1996; 1999)에 따르면, 경계 연구를 할 때 적절한 맥락을 파악하기 위해서는 국경 지대에 인접한 지역뿐만 아니라 국가가 형성되는 일련의 과정을 살펴보아야 한다. 왜냐하면 그 과정이 곧 국민국가의 정체성을 설명해 주는 내러티브가 되기 때문이다. 이와 동시에 로컬의 경험과 경계에 대한 내러티브는 경계를 둘러싼 담론에 영향을 미치며 경계를 이해하는 데 적절한 맥락을 제시한다.

경계와 정체성의 관계와 관련하여 경계가 정체성의 구성 요소라고 보는 시각도 있지만, 동시에 담론으로 구성된 집단 정체성의 산물이 곧 경계라고 볼 수도 있다. 다시 말해, 담론의 산물로서 경계를 이해하는 시각은 '닭이 먼저냐 달걀이 먼저냐'와 같은 경계와 정체성 사이의 관계를 개념화하는 근거를 마련해 준다(Newman 2003, 130). 타자성(Otherness)을 드러내는 데 있어 공간의 역할을 개념화한 사이드(Said 1978)는, 오늘날 경계에 관한 문헌들을 살펴보면, 집단의 영토 정체성은 자연적으로 형성되는 것이 아니라 인위적으로 획득된다는 점에 중점을 두고 있음을 지적하였다. 즉 집단의 영토 정체성은 '우리 대 그들(us-versus-them)'이라는 대비적 담론으로 구성된 국경이 만들어진 후에 획득된다는 것이다(Albert et al. 2001; Donnan and Wilson 1999;

Paasi 1996). 파시(Paasi 1996)는 집단의 정체성이 어떻게 영토 경계에 의해 형성되는지 설명하기 위해 다음과 같은 4가지의 담론적 분석틀을 만들어 냈다.

우리/여기(we/here)– 국민국가 같은 영토 단위의 경계 내부에서 통합을 이루어 내기 위해 사용하는 담론
우리/거기(we/there)– 격리되어 있는 소수집단처럼 경계 너머에 존재하는 사회집단을 통합하려는 의도로 사용하는 담론
영토 내의(within a territory) 우리/그들– 영토 경계 내에 존재하는 난민이나 타자들(Others)을 지칭하기 위해 사용하는 담론
타자/거기(Other/there)– 영토 경계 밖에 위치하고 있는 사회집단에 대한 차이를 새겨 넣기 위해 사용하는 담론

이러한 사회공간적 담론이 내포하는 의미는 국가주의 혹은 민족성과 같은 현상을 이해하는 데 매우 중요하다. 경계와 경계지는 여러 집단의 정체성이 어떻게 구성되는지를 탐구하는 데 핵심적인 대상으로 부상하고 있다. 뿐만 아니라 집단 정체성이 경계지의 맥락에 어떻게 영향을 미치고, 반대로 어떻게 영향을 받는지를 탐구하는 데에도 관심이 고조되고 있다(Bucken–Knapp and Schack 2011).

경계와 권력

경계는 서로 다른 정치·경제·사회 체제가 만나는 권력의 장이다. 철조망, 망루, 검문소와 같은 경계 경관은 이러한 권력을 가시적으로 보여 주는 요소이다(Donnan and Wilson 1999). 그러나 모든 권력이 경계 경관을 통해 가시

적으로 드러나는 것은 아니다. 경계는 여러 문화적, 사회적 관습 속에도 존재하지만, 이는 결코 눈에 보이지 않는다(Amoore 2006; Paasi 1999; Paasi and Prokkola 2008). 즉 경계는 국가 스케일을 뛰어넘는, 혹은 그 이하의 중층적 스케일에 연관된 다양한 정치적, 경제적 요인으로부터 만들어진 권력을 은폐한다. 이처럼 경계가 마치 사람들의 삶에 영향을 미치는 다양한 이슈의 원인인 것처럼 보이지만, 사실 그러한 이슈들은 한 집단이 다른 집단을 지배하고자 하는 욕망에 기인한다. 더욱이 다른 집단과 영토에 대한 권력을 얻고자 하거나 그 권력을 유지하고자 하는 집단은, 경계가 민족 또는 종교 차이에 기반한다는 표면적인 근거를 내세워 자신들의 지배 야욕을 위장한다. 따라서 경계의 권력을 밝혀내기 위해서는 경계가 유지되고 수행됨으로써 발생하는 이익이 누구에게 돌아가는지에 대해 질문을 던져야 한다.

현대의 경계 연구 접근법에서 경계는 인간의 상호작용에서 나오는 권력을 가시화하는 메커니즘으로 이해되기도 한다. 경계는 권력관계의 표현이며, 역동적인 특성으로 인해 '권력의 흐름'으로 인식되기도 한다(Paasi 1999). 경계는 경계 만들기라는 임의적인(arbitrary) 상황이 만들어 내는 다양한 모순과 갈등을 구현해 낸다(Anderson et al. 2003; Newman and Paasi 1998). 결론적으로 경계를 힘겨루기의 장으로 이해하는 것은 다양한 분쟁 뒤에 존재하는 세력들을 이해하고, 이러한 분쟁을 예방·조정하는 데 도움을 줄 수 있다.

제도로서의 경계

이 접근법에서 강조하는 것은, 경계 만들기 과정이 제도화되면서 그 결과로 경계가 조직되고 이와 함께 주변 지역이 형성된다는 점이다. 경계선은 공간상에 영토 단위가 형성되는 과정에서 만들어진다. 다시 말해, 제도화가 이루어지는 과정에서 영토 단위는 그 경계를 받아들이게 되는데 이 경계는 다른 영토와 구분 짓는 역할을 한다(Paasi 1996; 1999). 한편 우리는 교육, 대중매체, 의례 등과 같은 제도에서도 경계의 흔적을 찾을 수 있다. 가령 국가는 역사교육이나 지리교육을 통해 국가 간 경계에 대한 관념을 지속시키고, 공고화한다.

제도로서 경계는 공간상의 차이를 영속시킨다. 경계의 제도화는 차이를 법제화함으로써 사회 내에서 포섭과 배제를 공식화한다. 국경을 넘나들 때마다 여권에 도장이 찍히며 개인의 신원이 기록된다. 공간을 가로지르는 이동에 대한 이런 식의 규제 방식은 사회 질서를 유지하고 통제할 수 있도록 해 준다. 또한 이동 기록은 국경 검문소의 데이터베이스에 축적되어, 개인이 지정된 장소를 떠나 얼마나 부재하였고 다른 장소에 얼마나 머물렀는지 파악할 수 있도록 한다.

제도적 접근법은 여러 역사적, 공간적 맥락에 따라서 변하는 다양한 경계의 의미에 중점을 둔다. 경계는 로컬, 국가, 글로벌 스케일이라는 다양한 맥락에서 발생하는 사건과 관계 맺으면서 점차 발전한다(Newman and Paasi 1998). 제도로서 경계는 자체적으로 고유한 역사를 발전시켜 왔다. 과거 어느 시기에는 국경이 상대적으로 개방되어 있었는데, 가령 제1차 세계대전이 발발하기 전의 시기가 그러했다. 한편 냉전 시대는 상대적으로 국경이 폐쇄되었던 시기였으나, 냉전이 끝난 후 국경은 다시금 개방되었다.

경계의 제도화는 다중스케일적으로(multiscalar), 계층화된 경계를 만들어낸다. 경계지에는 다양한 수준의 정부가 존재하며, 이 정부들은 경계지 거주민들에게 상이한 권한을 행사한다. 일반적으로 국가적 스케일의 경계가 가장 많은 주목을 받게 되는데, 그 이유는 뚜렷한 가시성을 지니기 때문이다. 하지만 시 경계나 행정구역 경계와 같은 지역과 로컬의 경계도 사람들의 생활에 커다란 영향을 끼친다는 점을 간과해서는 안 된다(Newman 2003).

경계와 글로벌화

글로벌화로부터 영감을 얻은 최근의 경계 연구들은 점점 강력해지는 초국가적 경제와 글로벌 문화의 영향에 직면한 국경의 미래 역할에 주목하면서 여러 관련 주제를 다루고 있다(Hakli and Kaplan 2002; Newman 2003). 초기에는 '국경 없는 세계' 이론이 득세하였고, 이에 따라 글로벌화가 국경에 미친 영향력을 비중 있게 다루었다(Ohmae 1990). 대체로 그러한 연구들은 국경을 다양한 글로벌 수준의 자유로운 이동을 방해하는 쓸모없는 장벽이라고 보았다. 또한 겉으로 펼쳐지는 모습에 주목하면서 작금의 글로벌 세계에서는 사회적 관계의 모빌리티가 고정된 영역성을 대체할 것이라 추정하는 경향이 있었다. 결과적으로 글로벌화가 영토 주권국가 체계의 탈영토화를 야기할 것으로 보았으며, 이는 곧 국경의 소멸로 이어질 것이라는 섣부른 진단이 나오기도 했다.

하지만 많은 지리학자는 국경 없는 세계 이론이 글로벌화의 전망을 지나치게 단순화하고 이상화한다고 소리 높여 비난해 왔다(Toal 1999). 영토 경계가 소멸하기보다는, 오히려 그것이 허물어질수록 세계의 여러 집단이 그들의 정체성의 표식으로서 장소, 국가, 종교 등을 고수할 것으로 보인다(Harvey 1989). 즉 영토 경계는 타인과의 차별화와 방어의 역할을 수행하며, 그러한 역량이 감소한다면 많은 사람들이 이에 반발하는 움직임을 보이기도 한다. 사람과 장소의 차이는 경계의 건설을 통해 사회적으로 구성되지만, 사회 구성원들이 이러한 차이를 깊이 내재화하는 것은 아니다. 지금까지 글로벌화의 소비중심적 수사(comsumption-dominated rhetoric)가 탈영토화 담론을 주도적으로 이끌어 왔지만, 그렇다고 해서 그러한 수사와 담론이 사람들의 영토적 정체성에 기인한 차이의 감정까지 무마시키지는 못했다.

만약 글로벌화의 '흐름의 공간(space of flows)*'이 국민국가의 '장소의 공간(space of places)'을 대체하면서 등장한 것이라면, 이는 사회를 통세하고 질서화하는 형식의 변화, 즉 영토적 경계 짓기의 종말과 글로벌 정치조직의 출현을 의미한다. 그러나 이러한 과정이 가까운 미래에 실현될 것이라는 증거는 거의 없다(Anderson et al. 2003; Taylor 1995). 실제로는 이 두 공간이 서로를 완전히 대체하는 일 없이 오랜 기간 공존해 왔다. 일부 글로벌화의 흐름이 영토 경계의 중요성을 감소시키고 있긴 하지만, 그렇다고 해서 이것이 필연적으로 **탈영토화**나 국경의 소멸로 이어지지는 않는다(Newman 1999; 2006a). 오히려 우리는 특정한 일부 흐름에 국한하여 국경의 장애물로서의 역할이 선택적으로 축소되는, 이른바 정치권력의 **재영토화**를 목도한다. 동시에 국민국가 너머 여타 정치조직을 포섭하도록 국가의 영토 주권을 재구조화·재조직화하는 현상도 발생하고 있다. 사회적 관계의 이동성 증가는 그 영역성 자체를 대체하고 있는 것이 아니다. 단지 그 특성을 수정해 가고 있을 뿐이다. 국경은 영향력이 약해지기보다 더욱 복잡해지고 차별화되어 가고 있다. 국경은 다양한 공간적 범위에 걸쳐, 그리고 문화, 정치, 경제, 교육에 내재된 담론과 수많은 실천 행위 속에 동시에 존재한다. 따라서 국경은 "'흐름의 공간'이 '장소의 공간'과 만나는 (혹은 충돌하는) 지점이므로" 여전히 글로벌화 과정의 핵심으로 남아 있다(Anderson et al. 2003, 10).

오늘날 글로벌화의 물결 속에서 세계 도처의 정부기관은 정치와 경제를 구

* 역자 주: 마누엘 카스텔(Manuel Castells)은 '흐름의 공간'을 '장소의 공간'과 대비되는 개념으로 정의하였다. 그는 흐름의 공간이 정보의 발전 양식 등장과 관련된 사회형태의 변화와 그 과정의 영향 때문에 생겨난 새로운 공간논리라고 주장했다. 그는 사회는 '자본의 흐름', '정보의 흐름', '조작적 상호작용의 흐름', '이미지 소리 상징의 흐름' 등의 몇 가지 주도적 흐름들로 구성되며, 흐름을 단순히 사회 조직의 한 요소로 취급할 것이 아니라 정치·경제·상징적 삶을 지배하는 과정의 표현으로 보아야 한다고 주장했다.

분 지어 경제 문제에 대처한다. 바로 그 구분에서 국경의 모호한 역할이 가장 잘 드러난다. 여기서 핵심은 국가의 정치 규제가 종종 국경의 범위 내에 제한되지만, 비정치적인 경제 활동들은 쉽게 경계를 넘나들고 국가 규제를 빠져나갈 수 있다는 점이다. 이와 같은 단절은 흔히 순환논리를 통해 다루어져 왔는데, 그 논리에 의하면 국경이 문제를 일으키는 것처럼 간주되었을 때, 이 문제를 해결하기 위해 필요한 것은 새로운 국경을 만들어 내는 것이다. 가령 정부기관은 특정한 지구적 흐름이 내수 시장에 끼치는 악영향을 통제하기 위한 전략으로, 국경을 사이버 세계까지 확장하여 영토의 한계와 범위를 설정하기도 한다.

안보와 관련된 접근 방식은 글로벌화가 국경이 끼친 영향에 대한 또 다른 관점을 구성한다. 9·11 테러 이후 많은 의사결정자들의 머릿속에는 경계의 안보화 담론이 자리 잡게 되었다. 2001년 9월 11일 테러 이전에도 존재했던 이 담론들이 국경을 이해하는 방식은 다음과 같다. 이는 국경을, 초국가적 테러리즘뿐만 아니라 이주 흐름과 여타의 다양한 '위협'에 직면한 사회를 보호하기 위한 궁극적인 방어선으로 바라본다. 대체로 경계의 안보화는 특정 범주에 속하는 사람들이 국경을 통과하는 것을 더욱 어렵게 하기 위해 국경을 보강하려는 움직임이다. 개방 경계의 과정과는 매우 대조적인 이러한 경계의 안보화 과정은, 과거 높은 수준으로 국경을 개방했던 북아메리카와 유럽에서 가장 두드러지게 나타나고 있다(Andreas and Biersteker 2003). 경계의 안보화는 국경을 초월한 상호작용을 규제하고, 환상에 불과한 영토 경계의 안락함 뒤에 숨겨져 있는 긴장과 불안을 고조시키는 성과를 거두었다. 그러나 이를 과거로 되돌아가 경계를 다시 폐쇄해야 하는 것으로 이해하는 것은 문제의 소지가 있다. 경계에 대한 강력한 규제가 글로벌화로 발생한 문제를 해결할 수 있는 적절한 대안이 될 수는 없다(Brunet-Jailly 2007). 글로벌화 속에서 국경의 역할을 이해하기 위해서는 추가적인 설명이 필요하다.

이와 관련하여 최근 경계는 이동성의 '정화(purifying)'를 통해서만 통제가 가능한, 일종의 필터나 방화벽으로 비유되곤 하였다. 경계는 네트워크적인 특성을 획득하여 영토적으로 복잡한 망이 구성되면서 동시에 디지털화되고 있는 중이다. 이러한 접근 방식 이면에는 경계와 경계의 기능이 영토 주변부에 집중되어 있기보다는 사회 전반에 걸쳐 분산되고 있다는 인식이 존재한다(Balibar 2004; Rumford 2006a; Walters 2006a). 과거에 국경 통과 검문소에서만 강제되던 국경의 기능은 이제 국가 영토 내 어디에서든 발휘될 수 있게 되었다. 사람들은 보통 비자를 신청하거나 특수한 국경을 통과하기 위해 사전 심사를 받을 때, 혹은 국경을 횡단하는 여행을 위해 이용하게 되는 버스 정류장 등과 같은 곳에서 자신의 신원을 확인받는 절차를 밟게 된다. 최근 과학기술의 발달에 힘입어 국경 통과 시 기존의 전자화된 신원 확인 기술 절차와 더불어 생체 인식 기술이 적용되고 있다. 이러한 점에서 볼 때, 국경은 아주 현실적인 의미에서 점차 민영화되고 있다. 이와 같은 경계 짓기의 실천으로 인해 사회 내 경계의 특성은 더욱 복잡한 양상을 띠게 되었다. 이제 사람들은 더 많은 장소에서 이전보다 더 빈번하게 경계를 마주한다. 글로벌화에 수반되는 시공간 압축의 시대를 맞이하여 인간의 이동성은 더욱 증가하고 있지만, 이와 동시에 경계의 네트워킹은 사람들의 삶에 대한 통제력을 더욱 강화하고 있다.

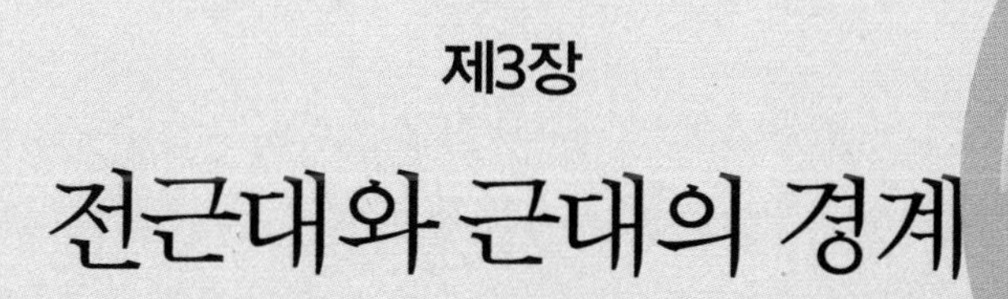

제3장

전근대와 근대의 경계

1. 고대의 국가 범위

변방(frontier)과 경계(border)는 오랜 역사를 지니고 있으며, 그 기원은 2000년 이상의 고대로 거슬러 올라간다. 이 두 용어는 당시 둘 다 국가 범위의 한계를 의미했다는 점에서 개념상 차이가 없었지만, 고대의 국가 경계의 정확한 의미에 대해서는 논란이 계속되어 왔다. 논란의 핵심은 국경이 구역의 특성을 지니는지 아니면 선형적 특성을 지니는지를 가려내는 것이었다. 고대의 국가 경계가 구역적 특성을 지닌 변방 개념과 아주 유사하다는 점에서는 상당한 합의가 이루어져 왔다. 또한 고대 왕국의 성벽 같은 뚜렷한 분할선도 존재했는데, 이는 고대 국경이 현대의 국경선과도 유사한 특성이 있다는 점을 시사하는 듯하다.

대부분 이러한 논란의 발단은 다른 공간관이 지배적이던 시대에 생겨난 고대의 경계를 이해하기 위해서 근대적 데카르트식 공간관점을 적용하는 데 있다. 이는 경계, 영역, 집단 정체성, 국가 주권 간의 관계에 대한 근대의 일차원적 공간 이해 방식이 진근대의 공간 이해 방식과는 완전히 다르다는 사실을 은폐해 왔다.

가장 널리 알려진 고대의 경계로는 로마제국의 **국경 성벽**(limes)과 중국의 만리장성이 있다. 고대 이집트와 페르시아의 경계 만들기에 대해서도 많은 기록들이 존재한다(Mojtahed-Zadeh 2006). 이러한 고대 경계는 영토상 선분 형태를 취하였고 장벽이나 경계 표지목으로 경관 내에 표시되었다. 로마 제국의 북쪽 경계는 오늘날 유럽의 스코틀랜드부터 우크라이나에 이르렀으며, 일련의 장벽과 요새로 구성되어 있었다. 여기에는 변방을 방어하고, 도로를 관리하고, 상업세를 부과하는 일을 하던 수비대가 주둔하고 있었다. 중국 만리장성은 이와 비슷한 기능을 하는 정교한 구조를 갖추고 있었다. 고대 이집트 또한 영토적 경계를 가지고 있었는데, 이는 표지목, 조각상, 비석, 수비대가 주둔하는 요새, 그리고 세관 요원이 관리하는 세관 시스템으로 가시화되었다(Goyon 1993). 이와 같은 사례에 비추어 볼 때, 고대 국경선과 근대 국경선이 개념상으로는 거의 차이가 없는 것처럼 보인다.

고대 경계에 대한 보다 심도 있는 분석은 고대와 근대의 국가 경계가 이처럼 뚜렷한 공통점을 갖고 있더라도 그 의미와 실천에 있어서는 차이가 있음을 밝혀 주었다. 즉, 선분 경계란 개념이 고대에도 등장하여 활용된 것은 사실이나, 실제로 보편적으로, 즉 지속적으로 활용되지는 않았다(Pohl 2001). 장벽, 표지목, 군사시설이 선형으로 줄지어 고대 국가를 완전히 둘러싼 것은 아니었고 오히려 고대 제국 한쪽의 변방에만 방어적 성격의 성벽을 세우고, 다른 변방은 개방된 채 남겨진 경우가 많았다. 또한 속국의 영토를 변방으로 활용하는 경우도 있었다. 대표적으로 로마의 국경 성벽과 중국의 만리장성도 끊임없이 이어진 연속적인 구조물은 아니었으며, 중간중간 개방된 공간으로 끊어진 수많은 부분으로 구성되어 있었다. 이것들은 수백 년, 수천 년에 걸쳐 건설·재건설되었고 위치가 바뀌기도 하였다. 예를 들어, 오늘날 만리장성에서 가장 인상적인 것은 고대의 오래된 성벽을 잇기 위해 나중에 새로 건립된 구조물들이다. 이 외의 긴 석벽은 고대에 건립되었지만, 보다 북쪽에 위치하였으며 훨씬 더 소박한 형태를 갖추고 있었다(Dalin 1984; 2005). 이런 흔적들은 무역이나 기타 거래가 국경 성벽과 만리장성 같은 고대 경계를 쉽게 관통하면서 이루어지고 있었음을 보여 준다(Whittaker 1994).

이와 같은 경계 짓기의 실천은 고대의 경계가 주로 방어적이고 상업적인 의미를 지녔음을 암시한다. 장벽과 요새는 국가 주권을 드러내기 위해서가 아니라 주로 '야만인(barbarians)'으로부터 자국을 보호하고 무역을 통제하는 방어선으로서 기능하기 위해 건설되었다. 당시의 주권은 영토에 대한 독점적인 권력이라기보다 백성에 대한 관할권으로 인식되었다. 따라서 굳이 영토를 분명하게 표시할 이유가 없었다. 주권은 경계 넘어서까지 혹은 인접한 영토에도 영향을 미쳤기 때문에 군사적 경계와 정치적 경계는 거의 일치하지 않았다. 가령 로마의 식민지 개척자들은 제국 경계 너머의 영역에 거주하기도 했으며, 로마군은 야만인의 영토 깊숙이 진격해 들어가 상당 기간 주둔하기도 했다. 또한 이집트인과 로마인은 자신들의 황제가 신적인 존재이고, 따라서 그 국가 또한 신적인 임무를 부여받았다고 믿었다. 그들은 전 세계가 그들의 제국이라고 인식하였으므로 영토적 경계라는 개념 자체를 인정하지 않았다(Pohl 2001). 필요에 따라 일부에서는 제국의 경계가 강화되기도 했으나 이는 일시적 한계선에 불과했다. 따라서 제국이 광범위한 영역에 대한 보편성을 확보하고자 할 때 이는 언제든 초월될 수 있는 것으로 인식되었다.

초기 국가의 경우 국경은 군사권과 주권의 전초기지로서 유동적인 의미를 지녔다. 또한 주변 지역으로의 변환 지대에 위치한, 권력의 영향이 미약하게 미치는 영역들이 초기국가의 경계를 이루었다. 즉, 고대의 국경은 종종 뚜렷한 선형으로 나타나기도 하지만 일반적으로 선분보다는 구역으로 이해되었다(Whittaker 1994). 이는 당시의 국경이 현재의 국경과 달리 정치적 의미를 가지지 않았으며, 국가의 영토적 권력의 한계선으로서 인식되지도 않았음을 보여 준다. 이러한 측면에서 고대의 국경은 주권들 사이의 선분 경계라기보다는 구역적 의미의 변방으로 이해하는 것이 더 적절하다.

2. 중세의 경계

중세는 사회·영토적 분열이 극심했던 시기라고 할 수 있다. 당시의 국경은 대체로 일시적 불안정성과 영토적 모호성을 지니고 있었으며, 영토, 집단 정체성, 국가 주권 간의 관계가 고대의 상황과는 매우 달랐다. 이에 대한 분석을 통해 중세의 경계 특성이 지니고 있던 독특한 관점을 살펴보고자 한다.

중세 유럽은 대략 500개에서 1500개의 공작령, 공국, 왕국, 제국, 자유도시 등과 같은 정치 단위와 영토구조가 복잡하게 얽히고 중첩되어 있었다. 그 어떠한 세력의 영토도 우월한 지위를 확보하여 지배력을 행사하지는 못했다(J. Anderson 1996). 영토를 소유한다는 것은 매우 치열한 다툼이 수반되는 문제였다. 영주는 지배 엘리트들 사이에서 자주 바뀌었고 다양한 정치-영토 협정(arrangement)이 빈번하게 이루어졌다. 이때 국가는 서로 이웃하고 있는 배타적인 영토들로 상상되지 않았다(Ruggie 1993). 예를 들면, 한 왕이 다른 왕국 내부의 땅을 소유하는 일이 빈번하게 발생하였다. 더욱 이러한 협정 과정에서 고립지(enclave)의 영토 범위는 경계의 관점에서가 아니라, 과연 어떠한 마을이나 도시가 새 지도자에 소속될 것인가에 의해 정해졌다. 따라서 영토 그 자체에 대한 통제보다 도시와 마을에 대한 통제가 더 중요하게 여겨졌다.

대다수 사람들에게 영토적 정체성은 루컬의 마을이나 도시에 한정되었을 뿐이며, 왕국의 영토 전체로 확장되지는 않았다. 영토 소유의 문제와 관련하여 귀족들은 누군가의 영토 경계가 세습, 혼인, 전쟁 등을 통해 항상 바뀔 수 있다는 점을 생각하고 있었다(A. Murphy 1996). 한 왕국 내의 다른 지역에 살고 있던 사람들은 왕국의 경계 내에 거주했지만 결코 서로 연결되어 있지는 않았다. 이들은 그저 동일한 통치자를 둔 백성이었거나 혹은 조상이 같을 뿐이었다. 또한 이들의 궁극적인 충성심은 영토로 정의되는 큰 규모의 정치 공동체보다는 그들에게 더 직접적인 영향을 끼치는 개인 통치자에게 향해 있었다. 마을이나 도시 수준을 초월한 규모의 충성심은 오직 기독교 교회를 향한 것이었다(Heffernan 1998; Vincent 1987).

정치, 군사, 종교 등 중세의 권위는 중첩되고 서로 영향을 주고받았다(Brenner et al. 2003). 왕국의 영토일지라도 왕이 신하 귀족의 영지를 통과할 때 세금을 내야 하는 경우도 있었다. 권위(권력)는 영토적 논리보다는 기능적 논리에 따라 조직되었다. 개인이 세금을 낼 때 한 통치자에게는 돈으로, 다른 통치자에게는 군복무의 형태로, 교황에게는 작물로 지불할 수 있었다. 동시에 여러 통치자에게 충성을 표할 수도 있었는데, 이때 통치자들은 각각 다른 장소에 위치했을 뿐 아니라 귀족, 공작, 주교, 왕과 같이 다양한 사회정치적 계층에 속할 수도 있었다. 통치자는 자신의 관할 지역에 대한 지배권을 고정된 영토 개념으로 이해하지 않았다. 원칙적으로 귀족 출신인 이상 개인은 영토 내 어느 곳에서나 '취임'할 수 있었다(Ruggie 1993). 이처럼 중세 시대에는 민족적 태생이나 영토 세습보다 사회적 지위가 우선시되었다.

유럽 내에서나 바깥에서 중세국가의 경계는 본질적으로 유동적인 변방 지역의 특성을 지니고 있었다. 8~9세기 카롤링거 왕조 시대 중서부 유럽의 국경은 국경지대(marches)라는 별개의 제도적 형태를 띠었다. 국경지대는 국가에 잘 통합된 구역들도 포함하고 있었지만, 아직 제대로 조직화되지 못하여 사람들이 거주하지 않는 구역까지 다양한 수준의 변방 지역으로 구성되어 있었다. 국경지대의 일반적인 목적은 로마의 국경 성벽처럼 점이지대와 방어구역을 갖추는 것이었다(Pohl 2001).

이와 더불어, 기록에 따르면 중세에도 선분 경계의 개념이 알려져 있었으며 당시 여러 조약에 활용되기도 하였다. 그러나 고정된 국경은 영토상에 구체적으로 실재하는 것이 아니기 때문에 중세에는 그다지 중요한 실체가 아니었다(Sahlins 1989). 물론 국경은 이따금 표지목이나 경계를 따라 파 놓은 구덩이로 가시화될 수 있었다. 그러나 중세는 격동의 시기였으며 일상생활조차 매우 불안정하였기 때문에, 영토상에 고정된 국경을 설치하고 그 효력을 발생시키기가 쉽지 않았다. 예를 들어 전시(戰時)에 가장 중요한 사안은 국가 경계선을 침범했는지의 여부가 아닌, 귀족이나 마을, 도시가 점령되었는지의 여부였다. 즉, 이 시기에는 계급, 토지 소유권, 종교 연맹 간의 (사회적) 경계가 국가의 영역적 경계보다 훨씬 중요했다.

중세 말기인 13~14세기에는 서유럽 국경의 양상이 바뀌기 시작하였다. 프랑스와 잉글랜드의 강력한 군주들은 지위가 낮은 귀족이나 교회 등의 주체들과 권력을 분점하고 있는 상황을 탐탁치 않게 여겼고, 이는 곧 영토에 대한 독점적인 권력 행사로 이어졌다. 이 시기에 주권은 여전히 개별화된 관점에서 영토가 아닌 사람에 대한 지배로 이해되었지만, 국왕의 절대 권력의 범위를 정하는 데 있어 국경의 중요성이 점차 커지게 되었다. 이 시기에 정치적 권위와 배타적인 영역성(exclusive territoriality)이 서서히 융합되면서 마침내 고정된 경계선이 다공질의 변방을 대체하게 되었다. 그러나 서부 유럽 이외의 다른 지역에서는 비슷한 발달 과정을 경험하기까지 수 세기가 더 소요되었다.

3. 근대의 경계

근대국가 체제와 이의 특권적 영토 경계가 처음 생겨난 것은, 유럽에서 진행 중이던 전쟁의 시기에 마침표를 찍은 1648년 베스트팔렌 조약까지 거슬러 올라간다. 이 조약을 계기로 국가 간의 평등 개념이 확립되었고, 그 개념은 국경에 의해 분할된 영토에 대한 상호배타적 주권 원칙에 입각하였다(A. Murphy 1996; Taylor and Flint 2000). 외부의 간섭에서 자유롭고 정치적으로 중앙집권화된 영토국가는 중세 시대의 특징이었던 만성적인 불안정성에 대한 적절한 해결책으로 여겨졌다. 이는 정치적, 경제적 삶이 지속적으로 영역화되면서 야기된 유럽국가들의 변화 특성을 반영한다. 통치자 개인의 사적 권위가 국가기관의 공적 권위로 대체되면서 국가는 점차 개별적인 공간 단위로 정의되었다. 이런 식으로 한 국가의 경계 내에 설립된 기관이나 단체는 모두 국가기구에 예속되었다. 각 국가가 다른 방식으로 권력을 행사할 수 있게 되면서 사람들의 정체성도 함께 변화하기 시작하였다. 이는 자신이 어느 국가에 거주하느냐에 따라 개인의 삶의 경험이 달라질 수 있음을 의미한다.

베스트팔렌 조약이 근대 국경의 형성 과정에 가장 크게 기여한 바는 영토의 경계와 통제를 조직 원리로 활용하여 영토적 주권의 원칙을 공식화한 것이다(Albert 1998). 국가 영토의 경계 내에 존재하는 모든 것에 대한 절대적 통치권을 주장할 수 있게 되면서 국경 개념이 부각되기 시작하였다. 이러한 주장은 두 가지 차원에서 국경의 성격을 바꿔 놓았는데, 첫째, 영유권 주장이 겹치지 않도록 국경을 영역상의 분명한 경계선으로 상정하는 계기를 마련하였다. 정치적으로나 국제법상 국경은 영토적 주권을 확실시하는 선으로서 개별 국가들을 구분할 뿐만 아니라 한 국가의 영토 내 사회적 관계들을 담아내었다. 국경의 공간성이 선형적 차원으로 환원된 것이다. 둘째, 전역에 걸쳐 명확한 국경선을 사용하는 것이 일반화되었다. 국가 간 경계의 지리는, 분산되고 침투 가능한 변방들의 관계에서 격자형의 영토적 국경으로 변모하였다(Giddens 1987; Passi 1999).

이러한 정치 공간 조직의 획기적인 변화는 17, 18세기 합리론 사상의 출현에 많은 영향을 받았다. 합리론자들은 신앙보다 객관적으로 보이는 세속적 이성이 더 우월하다는 시각에서 세상을 이해했는데, 그 당시 종교적 믿음은 주관적이라는 생각이 점점 더 확산되었다. 이러한 합리론의 관점은 공간이 다차원적이고 유동적이며 장소의 집합으로 이루어졌다고 보는 상대적인 관점에서 벗어나, 공간이 1차원적이고 안정적이며 단일하다고 보는 절대적인 관점으로 전환되면서 생겨났다(Warf 2008). 뚜렷한 영토 국경은 이러한 새로운 공간 개념과 일치하였다.

새로운 국가 체계로의 전환이 하루아침에 이루어진 것은 아니다. 복수의 충성심은 다른 것으로 대체되기까지 오랜 시간 공존하였다. 경계화된 국가의 영토적 주권의 원리가 예전 방식의 충성심을 대체하기까지는 수 세기가 소요되었다. 주권을 위반하는 일이 실제 상황에서 잦았기 때문에 경계화된 국가의 영토 주권은 여전히 이론상의 개념으로 머물러 있었다. 하지만 영토 주권 개념은 정치적·공간적 조직을 다스리는 아주 영향력 있는 원리로 바뀌어 갔고, 이제는 권력을 체계화하는 다른 방식의 공간 시스템은 상상조차 하기 어렵게 되었다(Agnew 1994).

근대 초기의 국경은 땅 위에 그어진 선형의 차원으로 아주 서서히 변해 갔다. 이 시기에 일부 지역에서는 선형적 국경이 변방적 국경과 동시에 존재하기도 했고 어떤 지역에서는 국경이 상황에 따라 국경선과 변방 구역 사이를 오가며 바뀌기도 하였다(Sahlins 1989). 많은 유럽국가의 경계가 구획되었지만, 뚜렷한 표식으로 경계선을 긋는 것은 여전히 드문 일이었다. 땅 위에 물리적 표식을 설치하지 않았다는 것은, 공식적인 국경선이 존재했음에도 불구하고, 사실상 국가 범위의 한계가 예전처럼 변방 같은 특성을 여전히 지니고 있었음을 의미한다. 일반적으로 근대 초기의 영토 경계는 여전히 투과성이 높은 상태를 유지했기에 국경을 가로지르는 다양한 교환이 이루어질 수 있었다.

18세기에는 국민주의(nationalism) 국민국가 제도가 출현하였고, 그 결과 국가 간의 정치적 분리선이 곧 영토 경계라는 개념이 중요해지기 시작했다(Sahlins 1989). 오늘날 우리가 알고 있는 정치적 · 영토적(political-territorial) 경계는 국민국가의 출현 이후에야 비로소 생겨난 것이다. 특히, 1789년 프랑스 혁명은 국가의 근대적 통합, 영토 주권, 집단 정체성 등이 새롭게 형성되는 데 큰 공헌을 하였다. 국민주의는 국민과 영토 간의 밀접한 연결성을 필요로 하였다. 이러한 정체성의 영역화는 국가 내부에서 구체화되었다. 국가라는 제도는 이제 국민을 위한 정치적 표현체(political expression)로 승화하였다. 그리고 국경은 국민을 하나로 모으는 역할을 하였다. 국경은 국가(국민)의 내부적인 응집성을 유지하고, 다른 국가(국민)와의 교류를 규제하는 데 기여하게 되었다.

유럽에서 국민국가가 출현한 것은, 사회적 삶의 영역화 과정과 관련하여 새로운 형태의 통치 조직이 구성되었음을 의미한다. 첫째, 국민주의는 영토국가 내의 사람들에게 매우 중요한 지위를 부여하였다. 이전에는 보통 사람들에게 국가가 그리 중요한 것이 아니었는데, 정치적으로 국가는 지배 계층과 구별되지 않았기 때문이다. 즉, 귀족이 곧 국가였던 것이다. 하지만 이제 국가가 국경 내에 살고 있는 모든 사람들을 포섭한다고 주장되었다. 국가 그 자체가 국민화된 것이다. 둘째, 사람들은 더 이상 통치자의 지배 대상이 아닌 영토 내 시민이 되었는데, 이 영토는 시민을 직접 대표한다고 주장하는 국가기구가 관리하였다. 국민국가를 통해 사람들은 거주하는 영토에 근거하여 국적을 취득하게 되었다. 셋째, 국가(state)의 영토는 곧 국민(nation)의 영토가 되었다. 넷째, 국가 영토에 대한 주권은 통치자 개인에서 국민으로 이양되었다. 다시 말해, 주권은 곧 국민의 주권을 의미하게 된 것이다. 마지막으로, 국가의 경계는 국민의 경계가 되었으며, 국민국가 내부에서의 사회적 삶을 묶어 주는 책무를 지게 되었다. 비슷한 맥락에서 이제 국가 간의 경계가 곧 국제적인 경계가 되었다. 그러나 그 경계들이 실제로 정확성을 띠는 경우는 매우 드물었는데, 영토적 경계들이 통상 민족집단을 구분해 왔기 때문이다.

국민국가와 그 영토적 경계는 19세기와 20세기 초에 이르러서야 비로소 보편화되었다. 국가와 국민이 영토상 중첩되어야 한다는 사고는 나폴레옹 패전에 뒤이은 1815년 빈회의(the Congress of Vienna) 이후 유럽에서 본격화된 국가의 형성 과정을 강조하였다. 이러한 사고는 제1차 세계대전 이후 파리평화조약에서 정점을 찍는데, 당시 국가의 민족자결권 원칙이 유럽의 정치질서의 기준점이 되었다(Taylor and Flint 2000). 이제 국민국가는 개인의지의 궁극적인 정치적 표현이자 영토를 조직하는 너무도 자명한 근대적 정치형태로 간주되기에 이르렀다. 마침내 국가의 국민화(nationalization of state)가 완성된 것이다.

그런 가운데서도 국민주의를 실제로 적용하는 것은 쉽지 않은 일이었다. 단지 사람들이 공교롭게도 어떤 한 영토의 경계 내에 살고 있기 때문에, 그 이유만으로 공통의 정체성을 지닌다는 생각은 애당초 오류가 아닐 수 없다. 사실상 모든 유럽국가는 하나 이상의 민족집단으로 구성되어 있었다. 따라서 국민국가 개념이 뿌리내리기 위해서는 많은 추가조치가 필요했다. 국가 경계 내부에 딱 맞는 통일된 국민을 만드는 데 필요한 동질성을 창출해 내기 위해서, 각 국가에 거주하는 이질적인 인구집단에 공통의 국가 정체성을 심어 주기 위한 일련의 실천 요강이 고안되었다(B. Anderson 1991). 수많은 사례에서 나타난 실천 가운데 하나는 경계 너머에 살고 있는 타자를 담론적으로 생산해 내는 것이다. 국경은 국가 내부에 있는 '우리'의 '우월함'과 외부에 있는 '그들'의 '열등함'을 확실히 구분 짓고, 더 나아가 이를 강화하는 신화와 상징을 만들어 내는 데 매우 중요한 역할을 수행하였다(Dalby 1998; Passi 1996; 2003a). 배제에 기반을 둔 공통의 국가 정체성은 국가 경계의 이면에서 성취되었다. 이 과정을 통해, 국경은 국민국가에 신성불가침한 것이 되었고, 마치 국가의 존재를 보증하는 역할을 하게 되었다. 국경을 침범하는 것은 그 내부 사람들을 향한 위협이었고, 전쟁의 사유가 되었다. 다른 국가로부터의, 혹은 국경 내에서의 영토 침범은 단지 국가뿐 아니라 국민에 대한 침략과 같은 것이 되었다.

동시에 국경의 국민화는 국경의 자연화(naturalization)에도 기여하였다. 국경의 개념과 그 필요성은 의심의 여지가 없는 논리가 되었다. 국민국가를 에워싼 뚜렷하고 연속적인 경계선은 원래부터 주어진 것이 되었고, 국경은 세계의 영토 조직에 대한 보편적인 사고 틀이 되었다. 국민국가와 그 경계의 공간 체계로부터 벗어나 사회적 관계를 상상하는 것은 이제 어려운 일이 되어버렸고, 이 관계를 조정해 주는 국경의 목적에 도전하는 것도 역시 매우 어려운 일이 되어 버렸다.

애그뉴(Agnew 1998), 기든스(Giddens 1987), 르페브르(Lefebvre 1991), 하비(Harvey 1989), 콕스(Cox 2002), 월러스틴(Wallerstein 1999)을 비롯한 많은 저자들은 근대 국경의 형성에 자본주의가 수행했던 핵심적인 역할에 주목할 것을 주장한다. 분명한 장벽으로서의 국경의 역할과 자본주의적 생산관계에서 필요한 경제 교류의 자유로운 흐름은 비록 상호모순적인 양태를 띠지만, 국민국가의 국경과 자본주의 경제는 서로의 요구를 충족시키며 그 기능을 강화시켰다는 점에서 상생관계에 있다. 세금 체계, 봉건주의적 시장의 영토 분열과 비교해 보았을 때, 국민국가의 통합된 영토는 안정적이고 대규모의 부의 축적을 추구하는 조직에 부합하는 진화된 체계를 제공하였다. 뚜렷한 국민국가의 국경은 외부 경쟁으로부터 국가자본을 보호하는 동시에 쉽게 이용 가능한 국내 소비 시장을 안정적으로 제공해 줄 수 있었다. 무엇보다도 특히 국경은 세금 징수를 통해 국가 수입을 올릴 수 있도록 도와주는 중요한 역할을 오랫동안 수행해 왔다.

20세기에 들어서면서 국경은 더 이상 변방 구역으로 여겨질 수 없었다. 영토 경계선은 정치 공간의 조직화를 위한 일반적인 경계 짓기의 과정이 되었다. 울타리, 감시탑을 포함한 유럽국가 사이의 경계 구분이 본격적으로 진행되면서 이제 변방은 지상 위의 선으로 환원되었다. 일련의 국경 강화 과정을 거치면서 국경의 장벽 기능은 점차 강화되어 갔고, 국경 양쪽 간의 차이는 더욱 심화되어 갔다. 국경이 사회 공동체 간의 경계로서도 기능을 수행하여 결국 전반적인 일상생활에 제한을 가할 수 있게 되었고, 정치적인 측면에서 문화적, 경제적 측면에 이르기까지 수많은 기능을 갖추게 되었다(Knippenberg and Markusse 1999; Taylor 1994).

더 나아가 국경은 영토 경계선 그 이상의 위상을 갖게 되었다. 국경은 국가기관의 일부로 제도화되었다. 국가 정부기구로서의 경계는 세관 시스템, 국경경비대, 수비대, 검역소 위생검사관 등을 포함한 구체적인 인프라 시설들로 구성되었다.

물론 선분 경계가 경계 짓기의 개념이자 실천 행위로서 상당 부분 보편성을 취득했음에도 불구하고, 국경은 오늘날에도 여전히 변방과 유사한 면모를 유지하고 있는 경우가 적지 않다(Sahlins 1989). 수많은 사례를 통해 우리는 선형적 국경이 물리적으로 명확히 존재하더라도, 이것이 두 부분으로의 완전한 분리로 종결되지는 않는다는 것을 확인할 수 있다. 그보다는 오히려 로컬 스케일에서의 사회적 관계가 국제적으로 공인된 국경선을 넘어 계속 유지되는 경우도 적지 않으며, 이는 결국 독특한 지역적 패턴의 상호작용을 만들어 냈다. 이러한 지역적 패턴의 상호작용은 과거 변방 개념과 여러 가지 면에서 유사성을 띤다. 그러므로 근대의 국가 간 경계를 비판적으로 이해하기 위해서는, 국경선보다 구역으로서의 경계지(borderlands)에 주목하는 것이 더 적절하다고 볼 수 있다.

4. 경계선의 글로벌화

지금까지 근대 경계선 만들기 작업이 본질적으로 유럽의 문제였음을 살펴보았다. 일반적으로 유럽 이외의 국가들은 정치적 변방을 갖추고 있었다. 이는 선분 경계가 세계 어디에도 존재하지 않았다거나 비서구사회가 그러한 국경을 상상하지 못했을 것이라는 뜻이 아니다. 다만, 국민국가의 선형적 경계가, 유럽의 제반 문제들에 주목하고 유럽의 세계관에 기여할 수 있도록, 유럽의 사회, 경제, 정치사의 상황으로부터 출현한 유럽 특유의 발명품이라는 점에 주목할 필요가 있다. 그렇다면 당시의 정치적 영토 경계에 대한 유럽식의 유일무이한 특수맥락적 모델(single context-specific model)이, 오늘날 통용되는 복수의 특수맥락적 모델(several context-specific model)을 대신하여 어떻게 전 지구적으로 확산되었을까? 그 답은 유럽의 식민지 건설 과정에서 찾을 수 있다. 600년간 지속된 유럽 식민주의 시기에 일본을 제외한 전 세계의 거의 모든 지역은 유럽의 영향 아래 놓여 있었다. 독립국가를 유지한 중국, 태국, 이란조차도 사실상 유럽 식민 세력의 영향을 받고 있었던 것이다.

유럽 식민주의가 외부로 확산한 가장 주목할 만한 사건은 자본주의 제도와 국민국가 체제였다. 이 두 가지는 모두 근대의 선형적 경계선을 전 지구적으로 확산시키는 데 크게 기여했다. 오늘날 유럽 이외 지역의 선형의 정치·영토 경계(linear political–territorial borders)는 지역사회 주민의 상상력으로 형성된 것이 아니라 대부분 유럽인의 강요에 의해 혹은 그들로부터 차용한 것이다. 비서구 사회는 (식민주의 시대 동안) 소수의 유럽 열강들이 지배하고 있는 세계의 정치경제 체제에 통합되는 상황에서 이러한 경계에 적응해야만 했다. 19세기와 20세기에 이르러서 많은 국가들이 독립을 이루게 되었지만, 이러한 신생국가 대부분은 식민지 시기의 영토적 경계를 그대로 이어받았다. 식민지 경계가 현재의 국가 간 경계로 자리 잡게 된 데에는 크게 두 가지 방식이 존재한다. 첫째로, 서로 다른 유럽국가의 식민 지배를 받는 동안 그들에 의해 그어진 영토 경계가 그대로 경계선이 된 경우이다. 예를 들어, 프랑스령 니제르와 영국령 니제르 사이의 경계가 니제르와 나이지리아의 국경선이 되었다. 둘째로, 식민 영토 내에서 세부 구역 간에 그어져 있던 행정적 경계가 새로운 경계선이 된 경우이다. 예를 들어, 라틴 아메리카 스페인령 지역에 존재하였던 주(州) 경계는 라틴 아메리카 신생국가들의 초기 경계선이 되었다(Prescott 1965).

유럽의 식민주의는 1400년대 초 포르투갈이 아프리카 서부 해안을 따라 교역소와 보루 시설을 설치하면서 시작되었다. 15세기 말 무렵에는 포르투갈과 스페인이 남아메리카의 식민지를 두고 경쟁하였으며, 이러한 경쟁은 그다음 세기에 아시아와 태평양 지역으로 확대되었고, 이어서 전 세계적으로 확장되었다. 17세기에는 네덜란드, 프랑스 그리고 영국 등 다른 유럽국가들이 주요 식민 세력으로 뛰어들었으며, 이후 19세기에는 독일, 벨기에, 이탈리아도 식민 세력이 되어 비록 작은 규모이지만 해외 식민지를 얻게 되었다.

최초로 주목할 만한 식민지 경계가 형성된 것은 1494년이다. 당시 스페인과 포르투갈은 거의 알려지지 않은 대서양 건너편 영토를 식민화할 권리에 대한 분배 방식을 결정하였다. 두 국가는 토르데시야스 조약(Treaty of Tordesillas)에서 남북으로 뻗어 있는 서경 46도 37분 자오선을 기준으로 식민지를 분할하기로 합의하였으나(Bruslé 2007; Elden 2005a), 콜럼버스가 신대륙을 발견한 지 불과 2년 후였던 이때는 새로운 땅에 대한 지리 정보가 매우 부족한 시절이었다(그림 3.1을 볼 것). 그 결과, 향후에 정확히 결정될 경계선의 위치에 따라 원만하게 식민지를 분할할 수 있을 것이라 생각했던 예상과는 달리 모든 일이 뜻대로 되지 않았다. 더 나은 지도가 발행되자, 포르투갈은 남아메리카에서 그들의 지분이 스페인의 지분보다 훨씬 작다는 것을 알게 되었다. 이에 토르데시야스 경계 너머까지 식민지를 확장하였고 결과적으로 포르투갈의 식민지였던 브라질은 남아메리카 대륙의 3분의 2를 차지하게 되었다.

널리 알려진 이 경계선은 식민지 경계 짓기 원리의 시초가 되었다는 점에서 의의가 있다. 식민지 경계를 설정하는 과정에서는 지역 거주민들의 생활 방식을 고려하지 않은 채 그저 위도와 자오선을 따라 영토 경계를 기계적으로 설정하는 방식이 성행하였다. 유럽인들은 그들이 가 본 적도 없는 영토를 분할하면서 현지의 사정을 고려하지 않은 채, 그 위에 새로운 경계를 얹어 버렸다. 유럽 어딘가에서 지도를 놓고 경계를 먼저 그은 후, 실제 위치를 찾기 위해 사람들이 현지에 파견되었다. 당시에 이러한 절차는 매우 흔한 일이었다. 결국 식민 경계를 선으로 그리는 과정에서 수많은 논쟁과 문제가 뒤따랐고, 나중에는 이를 조정해야만 했다(Foucher 1991; Prescott 1965).

흔히 활용되었던 또 다른 종류의 식민지 경계에는 산맥, 해안선, 하천 유역 등을 따라 그어진 소위 자연적 경계가 있었으며, 또한 완충지대, 보호국, 중립지대와 같은 인위적 경계도 있었다. 후자는 일종의 변방 구역(zonal frontiers)으로 간주되었고 경계 내에 하나 혹은 복수의 종족-언어(ethno-linguistic) 집단들이 거주하는 넓은 영토를 포함하기도 하였다. 이러한 경계들은 팽창하

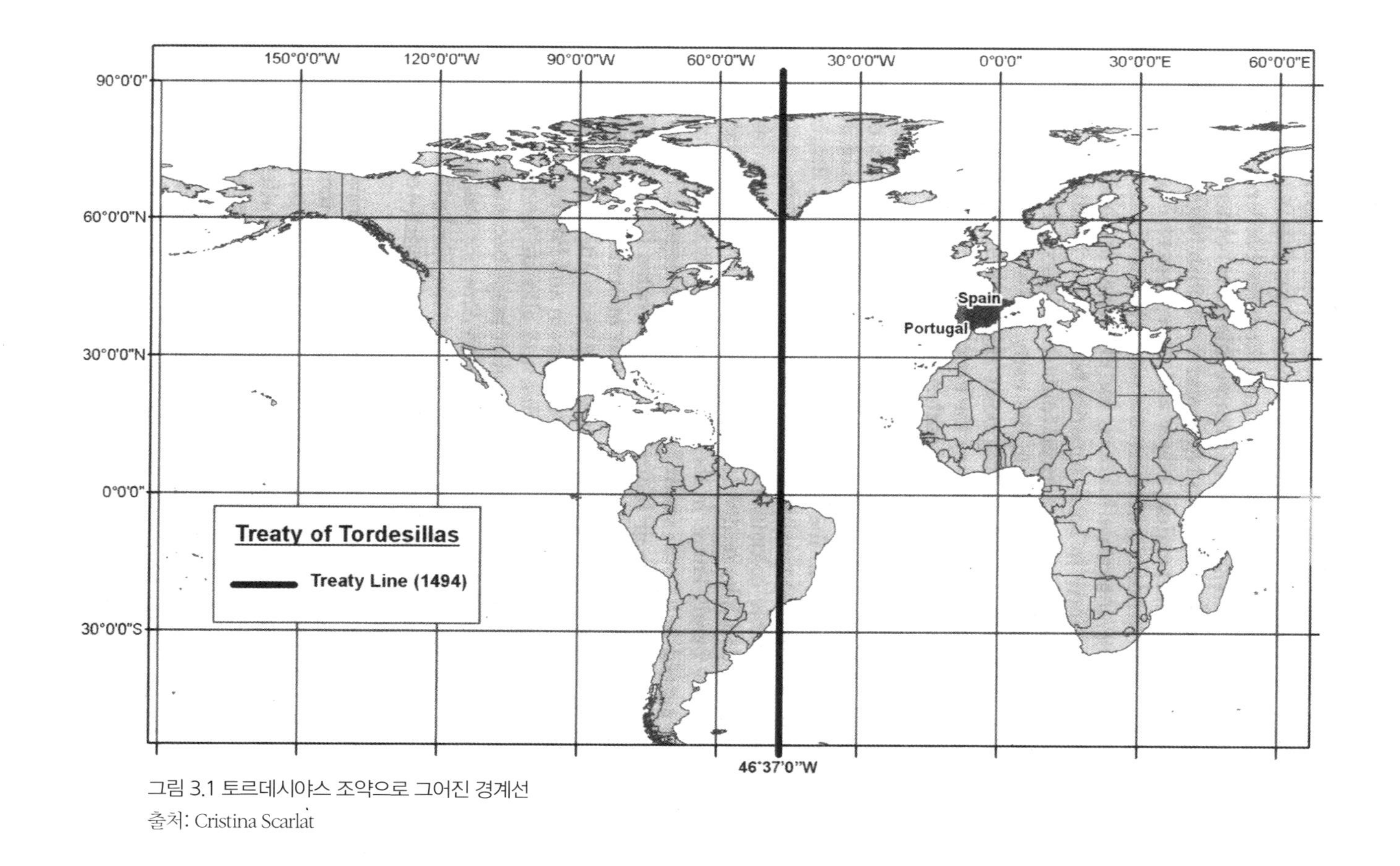

그림 3.1 토르데시야스 조약으로 그어진 경계선
출처: Cristina Scarlat

는 유럽 세력들이 식민지에서 영토를 놓고 서로 다투는 일을 미연에 방지하거나 유럽의 직접 지배에 대한 원주민의 저항을 누그러뜨리는 역할을 수행하였다(Kratochwill 1986). 일반적으로, 식민지 경계는 지도상에서는 뚜렷하게 표시되지만, 인근에서 주요한 자원들이 발견되지 않는 한 지표면의 현장에 직접 표시되는 일은 거의 없었다. 즉, 식민지 경계는 사실상 통과 가능한 변방 혹은 경계지에 가까웠다(Buslé 2007). 대부분의 경우, 오랫동안 경계를 자유롭게 넘나들었던 지역주민들에게 이 경계는 유명무실한 것이었다. 요컨대 식민지 국경의 주요 목적은 유럽 스타일의 국가 영역에 대한 통치권을 드러내려는 것이 아니라 유럽의 식민지 세력권을 나타내려는 것이었다. 식민지 경계는 질서를 만드는 효과적인 장치가 되어 유럽 세력이 지배하는 전 세계 정치경제 체제를 체계화하는 데 도움을 주었다.

1884~1885년 베를린 회의에 집결한 유럽 열강은 아프리카 대륙에 대한 그들의 세력권을 설정하고자 전형적인 식민지 경계 만들기를 실행하였다. 19세기 후반까지도 아프리카 대륙은 대부분 유럽의 식민화의 물결에서 벗어나 있었다. 하지만 1880년대에 이르러 주요 유럽국가들 사이에서 자원 확보를 위한 자본주의 경쟁이 심화되자, 그들의 관심이 아프리카로 향하기 시작했다. 1880년에는 아프리카 국가 중 약 10%만이 유럽의 지배를 받았으며 대부분 해안 지역에 국한되어 있었다. 내륙까지 확장된 큰 규모의 식민지는 아프리카 남쪽과 북쪽 몇 군데만 있었다. 독일, 영국, 프랑스, 벨기에, 포르투갈 등은 여러 영토에 대한 소유권을 주장하면서 대륙의 자원 쟁탈전에 뛰어들었다. 베를린 회의는 아프리카의 식민지배에 대한 규약을 마련하여 향후 갈등 유발 가능성을 미연에 방지하고자 개최되었다(Prescott 1965). 그 결과 1000여 개의 부족들이 55개의 국가로 재편되면서 대륙이 분할되었고, 회담 후 10~20년간 식민 열강에 의해 그어진 국경이 유지되었다. 내륙 지역은 아직 그 정보가 부족

했기 때문에 주로 기하학적 경계가 사용되었다. 1914년 제1차 세계대전이 발발했을 당시에는, 아프리카에서 라이베리아와 에티오피아를 제외한(그러나 이들 역시 이후 이탈리아에 점령되었다) 모든 국가가 식민 지배 아래 편입되었다.

유럽 식민주의와 선분 경계의 글로벌화 간의 관계는 1820년대에 일어난 스페인·포르투갈령 라틴 아메리카 국가들의 독립을 통해서도 살펴볼 수 있다. 북쪽의 멕시코부터 남쪽의 아르헨티나와 칠레까지, 라틴아메리카 국가들의 독립은 초창기의 대규모 탈식민화가 어떻게 진행되었는지를 잘 보여 준다. 이 과정에서 신생국가는 국가 정치 조직의 형태를 새롭게 구현할 수 있는 절호의 기회를 갖게 되었다. 그러나 라틴아메리카의 서구화된 엘리트 계층은 유럽의 민족주의 이데올로기를 그대로 차용해 민족 국가 건설에 착수했다. 이러한 현상은 식민지의 독립이 이루어질 당시 이미 전 세계적으로 유럽이 구현하고 있는 정치경제 체제가 보편적으로 자리 잡고 있던 데에 연유한다. 분명 정치적 영토와 변혁을 새롭게 재편할 수 있는 기회가 주어졌지만, 새로운 정치기구는 무기력했고, 이로 인해 기존의 식민지 체제를 벗어나 새로운 고민을 시도하는 라틴아메리카의 지도자는 거의 없었다.

신생국가들은 스페인 식민 영토의 행정 구역을 그대로 계승하여 생겨났다. 브라질은 이전에 포르투갈 식민 지배를 받을 때의 경계를 유지하여 연합한 형태로 독립하였다. 독립운동의 과정에서 그 지역 토착원주민의(Native Indian) 참여는 배제되었는데, 이러한 현실로 유럽 식민지배 이전의 정치-영토적 독립체와 경계를 되살리거나 새로운 방식으로 고안해 내는 계기는 애당초 거의 마련되지 못했다. 새로운 엘리트층인 크레올(아메리카 대륙에서 태어난 스페인 혈통의 사람들)은 식민지배로부터 물려받은 행정 경계 체제를 사용하는 것이 새로운 경계 체계를 만들어 독립국가를 운영하는 것보다 효율적이라고 생각했다. 문제는 기존의 행정적 구역 경계들이 불분명하게 그어져 있었고, 때로는 식민지 행정기구의 일상적인 업무 수행 과정에서 경계가 무시되는 경우도 많았다는 점이다(Prescott 1965). 독립 이후 이러한 상황은 많은 국경 분쟁과 논쟁 그리고 변경으로 이어졌다. 공식적으로 1820년대 이후 라틴아메리카의 정치 지도상에 선으로 표시된 국경선들이 나타났다. 그러나 실제로 이들의 국경은 오랫동안 정치적 변방으로 남아 있었다. 끊임없는 경계 분쟁만큼이나 밀도 높은 열대 우림과 험준한 안데스산맥과 같은 지리적 복잡성도 경계의 구분을 난해하게 만들었고(Amilhat-Szary 2007), 결국 20세기 후반에 와서야 많은 분쟁 지역의 경계가 마침내 설정되었다.

5. 현대 국경의 출현을 가져온 주요 사건들

국민국가의 선분 경계는 20세기로 들어서면서 전 지구적으로 확산되었다. 그러나 이후에도 경계 만들기는 여전히 진행되고 있다. 새로운 국경은 계속해서 생겨났다. 21세기 초와 비교해 보았을 때, 20세기 초의 국경은 비교도 할 수 없을 만큼 적었다. 그 기간에 독립국가는 55개에서 195개로 늘어났으며, 이 중 120개 국가는 제2차 세계대전 이후 생겨났다(Passi 2005). 오늘날에는 300개 이상의 국가 간 영토 경계가 존재하며, 그 숫자는 신생국가가 생겨나면서 계속 증가하고 있다. 이는 세계 경계가 여전히 유동적인 상태라는 것을 의미하며, 이에 따라 국경선은 끊임없이 생겨나고 사라지거나 바뀌고 있다.

20세기 동안 발생한 세 가지의 주요 경계 만들기 사건들을 살펴보면, 오늘날 세계 정치 지도가 어떻게 탄생하게 되었는지 확인할 수 있다. 첫 번째 시기는 제1차 세계대전이 종결될 무렵인 1918년으로, 유럽에서 새로운 국가들이 집중적으로 전개되었다. 오스트리아-헝가리, 독일, 러시아, 오스만 튀르크가 붕괴되면서 중부유럽과 동부유럽에서 신생국가들이 출현하였고, 기존 국가의 영토에도 변화가 일어났다. 이러한 상황은 유고슬라비아와 체코슬라바키아부터 핀란드와 발트해 국가에 이르기까지 넓은 범위에 걸쳐 일어났으며, 이에 따라 유럽의 국경선 수는 급격히 증가하게 되었다.

같은 시기에 중동 지역의 여러 경계도 세계 정치 지도에 등장하였다. 물론 제2차 세계대전 이후에야 비로소 중동 지역 대다수의 국경이 확립되기는 했다. 중동 국가들과 이들의 경계선이 탄생하는 과정에서는 영국과 프랑스가 특히 중요한 역할을 수행하였다. 이 두 국가는 오스만 튀르크가 위치해 있던 아랍 지역의 상당 부분을 점령한 후에 임의적으로 영토를 분할하고 경계를 그었다. 사실상 이것은 아랍 지역이 식민지로 분할된 것과 마찬가지였다. 레바논, 이라크, 쿠웨이트, 요르단 등 새롭게 탄생한 영토적 독립체들의 경계 내에는 공존에 대한 열망이 거의 없던 집단들이 포함되어 있었다(Blake 1992).

국가 간 경계의 출현과 관련하여 두 번째 중요한 사건은 제2차 세계대전 이후 발생했고 1960년대까지 이어졌다. 일반적으로 탈식민지화 시기로 알려진 이 시기에 유럽의 패권주의가 붕괴되었고 양극의 냉전 질서가 자리 잡았다. 탈식민지화가 진행되면서 세계에서 국가 간 경계가 대부분 생겨났고, 중동과 아프리카에서 아시아와 태평양에 이르는 지역까지 신생국가들이 출현하면서 지리적으로도 가장 넓은 범위에 걸쳐 경계 만들기가 진행되었다. 이 시기에 첫 번째로 형성된 국가 사이의 경계는 1946년 시리아, 레바논, 요르단의 독립에 따라 중동에서 나타났다. 뒤이어 1947년 인도, 1948년 미얀마, 1949년 인도네시아, 1954년 베트남, 캄보디아, 라오스, 1957년 말레이시아 등 여러 아시아 국가들이 독립하였고, 그 결과 새로운 국경들이 이 지역에서 형성되었다. 마지막으로 1950~1960년대 아프리카 국가 대부분이 독립을 쟁취하면서 국경선 형성의 거대한 물결은 아프리카로 확산되었다.

일부 예외적인 경우를 제외하고, 새롭게 독립한 주권국들은 식민지 시대에 그어진 경계를 그대로 유지했고, 따라서 이러한 경계가 애당초 지니고 있던 문제들을 고스란히 이어받았다. 더군다나 식민지 시대에 이루어진 일련의 개발로 인하여 기존의 경계 문제들은 더욱 악화되었다. 예를 들어, 종족적, 종교적 소수집단에게 식민지의 행정업무을 담당하게 했던 식민지 정부의 관행은 뒷날 로컬의 종족 및 종교집단 간의 반목과 충돌을 불러일으켰고, 독립 후에는 수많은 분리 독립 요구와 내전, 그리고 국가 간 갈등으로 이어졌다. 동시에 상황이 더 양호했던 해안 지역과 열악한 주변부 내륙 지역 간의 정치경제적 양극화는 여러 집단을 분노케 하여 적잖은 동요로 이어졌다. 그런데 이러한 문제들이 경계 변화에 대한 커다란 압력을 유발하였음에도 불구하고 실제로 독립 이후 시기에 국경 변화가 거의 발생하지 않았다는 점을 주목하지 않을 수 없다. 과거 식민지 경계의 망이 그대로 지속될 수 있었던 가장 근본적인 이유는 세계 체제의 안정성에 대한 우려 때문이었다(Herbst 1989). 새로운 지도자뿐만 아니라 냉전시기 양 진영의 초강대국 지도자들도 식민지 경계의 문제는 다루기 어려운 문제일 수밖에 없었는데, 그들은 경계가 바뀌면 전 세계적인 혼란이 야기될 것이라 생각했다. 반면, 이러한 경계를 그대로 유지하는 것이 혼란을 더 국지화하고 관리하기 쉽게 만든다고 보는 입장도 있었다. 미국과 소련은 식민지 시대가 종식된 이후 내내 반대 세력(분파)을 무장시켜 대리전쟁을 치렀지만, 그럼에도 불구하고 세계 체제를 불안정하게 몰고 갈 수도 있다고 여겨지는 광범위한 국가 간 경계의 변화에 대해서는 별로 탐탁지 않게 생각했던 것이다.

현대의 국가 간 경계 체제 확장의 세 번째 국면은 냉전시대가 종식된 이후인 1990년대에 찾아왔다. 다민족으로 구성된 몇몇 국가들이 해체되어 새로운 국가들로 계승되었고, 한편으로는 분리되어 있던 국가들이 하나로 합쳐지기도 했다. 지리적으로 보았을 때, 이 당시 새로운 경계들은 주로 유럽에서 출현하였으나 동아프리카, 중동, 중앙아시아에서도 경계 변동이 일어났다. 체코슬로바키아는 체코 공화국과 슬로바키아 공화국으로 분리되었고, 유고슬라비아는 내전에 휩싸이면서 7개의 분리된 국가로 재탄생하게 되었다. 소련이 해체되고 15개의 신생국가가 탄생하였는데, 그중 5개는 중앙아시아에 위치한다. 에리트레아는 에티오피아에서 독립했고, 동독과 서독뿐만 아니라 북 예멘과 남 예멘도 하나로 결합하였다. 수많은 사례에서 확인할 수 있듯이, 이러한 신생국가들의 경계는 안팎에서 모두 갈등을 야기했고, 계속해서 분쟁으로 이어졌다. 이에 따라 코카서스 지역, 몰도바 등에서와 같이 경계를 놓고 벌이는 갈등은 더욱더 심화되었다.

이러한 변화들은 국가 간 경계의 수를 급격하게 증가시키는 결과를 초래했다. 수천 킬로미터의 새로운 경계들이 1990년대 세계 지도에 등장하게 되었다(Foucher 2007). 이 시기의 영토적 격변은, 2008년 코소보 독립과, 같은 해에 코카서스 지역의 남오세티야와 압하스 자치 공화국의 분리주의 소수민족집단을 놓고 벌어진 러시아와 조지아(그루지아) 간의 전쟁에서 볼 수 있듯이 오늘날까지 지속되고 있다.

20세기의 세 가지 주요 경계 만들기 사건들은 근대적 국가 경계가 사회적·정치적 삶에 관한 지리적 상상력을 뛰어넘어 독점적 지위를 누려 왔음을 입증한다. 사회는 선형의 국가 경계 내에 영토적으로 포함되는 것으로 개념화되었고, 국경선이 없는 정치적 독립이란 상상할 수 없는 일이 되어 버렸다. 비록 어떤 때에는 특정 집단 혹은 상대 집단이 기존 경계가 축소되었다고 인식함에 따라 경계가 와해되기도 하지만, 오랜 역사를 지닌 경계가 붕괴되는 것은 순환논리에 따라 오직 새로운 경계의 재건을 앞두고서만 발생한다. 새로운 경계가 '합당한' 것이며 영원히 지속될 것이라는 믿음과 함께 말이다. 새로운 경계는 일반적으로 이후에 다른 집단이 그보다 훨씬 더 나은 경계를 만들 수 있다고 판단하기 전까지만 지속된다. 하지만 여기에서 간과하고 있는 것이 있다. 바로 경계와 경계 짓기 너머에서 해답을 찾아보려는 의지 그리고 경계와 경계 짓기를 뛰어넘고자 하는 의지이다.

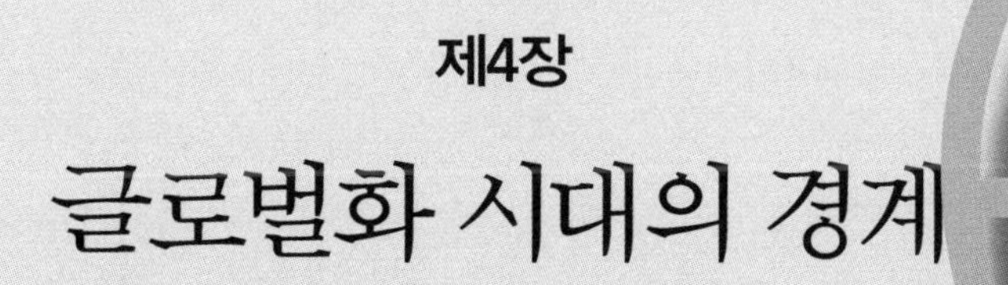

제4장

글로벌화 시대의 경계

1. 경계선과 지구적 흐름의 만남

20세기 말 수십 년 동안 글로벌화와 관련된 발전이 가시화되면서 종전까지 국민국가가 한 묶음인 것처럼 배타적으로 주장해 오던 주권, 영토, 정체성, 경계 등의 개념이 재고되기 시작하였다. 경제적, 정치적, 사회적, 문화적 글로벌화의 영토적 범위가 국경선과 일치하여 형성되는 경우는 점점 줄어들고 있는 반면, 그것을 초월해서 독자적인 경계가 형성되는 사례는 점점 더 늘어 가고 있다. 즉, 각 영역의 글로벌화 과정은 상이하게 경계 지어진다(Christiansen and Jorgenson 2006). 공간을 조직하던 국경의 패권적 역할은 이제 위기에 처하게 되었다. 전통적으로 국경은 사회적 관계의 담지체이자 국가 간 상호 작용의 규제 도구로 이해되었으나 이러한 관점은 자본, 사람, 상품, 아이디어의 지구적 흐름의 증가를 더 이상 정확하게 설명하지 못한다(J. Anderson and O'Dowd 1999; M. Anderson and Bort 2001). 지구적 흐름은 국가기구를 초월하여 다양한 방식으로 공간과 연관된다는 점에서 초국적 또는 무국적(nonstate)인 현상이라 할 수 있다. 이 흐름은 국경신이 표상해 주는 영토적 담지체의 단일 논리가 아니라 국가에서 분기된 다양한 공간 조직의 논리들을 따른다. 경계 만들기(bordering making)는 고착된 국가 영토보다는 이러한 흐름을 돕는 방식으로 다양하게 작동한다.

이 과정에서 발생하는 국경선과 교역 흐름 사이의 긴장관계는 새삼스러운 현상이 아니다. 근대 시대에도 국경을 가로지르는 형태의 투자, 무역, 이주가 자연스럽게 존재했고, 따라서 국경이 영토 내 사회적 관계를 온전히 포함할 수 있는지에 대한 문제 역시 늘 제기되었다. 국가 간 협력이 필요한 경우에는, 이를테면 국제기구나 지역 공동체 또는 대단위 인프라 구축 프로젝트를 이끌어 내기 위해서, 국경선의 경계 투과성(border permeability)은 일정 부분 반드시 유지되어야 한다. 이런 측면에서 경계 투과성은 국가 간 교역 흐름의 조정 장치로 기능해 왔다.

하지만 최근의 지구적 흐름은 이러한 국경과의 전통적 관계에서 벗어난 특징을 보인다. 과거에 경계를 가로지르는 교역은 대부분 간헐적으로 발생했고 지리적으로도 제한적이거나 선택적이었다. 지금처럼 하루 24시간 내내 발생하는 교역은 없었으며, 오직 특정 지역 내에서 제한된 상품과 활동을 바탕으로 교류하였기 때문에 경계 투과성이 모든 흐름에서 일반적으로 나타나는 특성은 아니었다. 이와는 달리 21세기 지구적 흐름은 다음과 같은 특성을 보인다. 첫째, 인터넷이나 광섬유 등의 새로운 통신기술과 육해공상 교통 네트워크의 발전에 힘입어 공간을 관통하는 속도가 극적으로 빨라졌다. 둘째, 흐름이 점차 상시화되면서 그 지속력이 변하였다. 셋째, 흐름의 양과 다양성이 상당히 증가하면서 대다수 사회에서 지구적 흐름이 일반적인 현상으로 자리 잡게 되었다. 넷째, 지리적으로 주로 국가 간(interstate)에 발생했던 흐름이 초

국가적(super-), **하위 국가적**(sub-), **다국적**(multi-), **트랜스국가적**(trans-state) 스케일로 다양해졌다. '지구적 흐름'이라는 개념을 통해 포착하고자 하는 것은, 바로 지구적 흐름이 단순히 국민국가 영토 **사이**(between)가 아니라 그것을 **통과해서**(through) 지나간다는 것이다. 지구적 흐름의 주요 시발점 또는 목적지로서 국가는 탈중심화되고 있다(Sassen 2006). 이것은 전 지구적 흐름이 영토적 토대 없이 이루어진다거나 국가 영토가 이 흐름에 부적절한 것이라는 것을 의미하는 것이 아니라, 국가가 배타적으로 교역의 흐름을 조직하거나 규제하지는 않게 되었음을 의미한다. 이런 맥락에서 지구적 흐름은 공간 내에서 교역을 조직하는 구조로서 국가 간 흐름(interstate flows)을 대체하는 개념으로 쓰이게 되었다.

국경이 영토 내 사회적 관계를 통제하는 힘에 도전하는 사례들이 최근 경제, 정치, 문화 등 수많은 사회의 장에서 나타나고 있다. 이러한 도전의 성과는 다양한 범위에 걸쳐 있으며 구조적 변화를 생산할 수 있는 힘으로 작용하고 있다. 이어지는 절에서는 지구적 흐름이 경계선들과 만나는 사례를 살펴보고 이와 관련된 용어들에 대해 논의해 보고자 한다.

2. 국제 경제의 구조

전 지구를 아우르는 경제 과정(economic process)은 다른 그 무엇보다도 근대적 형태의 국경을 초월하는 현대사회의 가장 선도적인 변화다. 여기서 핵심은 자본주의 내에서 대대적인 구조 변화가 일어나고 있다는 점이다. 자본주의와 국민국가가 공생 관계로 재조정되는 등 자본주의와 공간의 관계가 새롭게 구성되고 있는 가운데, 상호 배타적이던 국민국가의 경제 조직 논리가 이제 생산과 교환에 토대한 자본조직의 내부 논리로 수렴하고 있다(Harvey 2000). 자본주의가 20세기의 지배적인 국제 경제 및 이데올로기 체제로서 위상을 굳히면서, 외부의 경쟁으로부터 내수 시장을 지켜 왔던 메커니즘으로서의 국경선의 역할은 미약해졌다.

자유 시장 경제와 시장 주도식 개발을 앞세운 신자유주의 논리는 글로벌 스케일에서 부를 축적하는 새로운 전략으로 1970년대 이후 세계적으로 환영을 받았다. 이런 맥락에서 국가보호주의는 시대착오적인 개발 전략으로 격하된다. 200여 년간 이어진 자본주의의 '자유 무역'이라는 슬로건(mantra)은 이제 글로벌화의 비공식 강령이 되었다. 국경은 교환 **비용(costs)**을 고려하면서 조명되기 시작했고, 자유 시장 경제의 운영에 필수적이고 방해받지 않는 무역 흐름이 보장되도록 극복해야 하는 **장애물**로 간주되었다. 경계를 이해하는 관점이 (무역 통로로서의) '해결책'에서 자본 축적을 방해하는 '문제적 대상'으로 바뀐 것이다. 이처럼 개방 경계 담론(open borders discourse)이 1990년대에 우위를 점하면서 새로운 글로벌 국경 레짐(a new global border regime)이 구성되고 있다.

1) 금융 서비스

글로벌 스케일에서 경제 활동의 공간 논리를 잘 보여 주는 사례는 국제 금융 시장이다. 은행업무, 보험, 증권 등 금융 서비스는 오랫동안 경제의 글로벌화를 선도해 왔다. 이 서비스들은 글로벌 무역 흐름에서 국경을 개방하는 데 주요한 역할을 담당했다. 상당수의 국제 금융 시스템은 전략적으로 몇 개의 무역센터에 집중되어 있고, 초고속디지털 텔레커뮤니케이션 망을 이용한 글로벌 네트워크를 통해 연결된다(Sassen 2001). 이러한 디지털화에 힘입어 글로벌 펀드는 유동화폐의 형태로 완전히 전환되었다. 수조 달러에 달하는 엄청난 전자 금융 흐름이 국경과는 거의 무관하게 빛의 속도로 전 지구를 매일 순환한다. 24시간 매매는 뉴욕의 저녁 시간에 도쿄에서 시작해 런던을 거쳐 뉴욕으로 이어져 도쿄에서 다음 장시가 열리 때까지 지속된다(Warf 1989). 홍콩, 싱가포르, 아부다비, 파리, 로스앤젤레스로 이어지는 일련의 2차 금융센터들은 매매 시간 도중 불가피하게 생기는 금융센터 간의 시차를 메꾼다. 일일 전자 금융 거래량은 가히 놀랄 만한 수준이다. 2010년 기준 일평균 외화 거래량은 4조 달러에 달했으나, 일평균 재화 및 서비스 거래량은 300억 달러에 그쳤다(Bank for International Settlements 2010). 이는 국제 금융 시장의 일일 화폐 거래량이 재화와 서비스의 1년치 거래량의 20% 이상과 맞먹는다는 것을 의미한다.

국제 금융 흐름의 공간 논리는 국가의 영토적 경계가 지닌 규제력과 관련하여 시사하는 바가 많다. 엄청난 속도와 규모로 움직이는 전자화폐 흐름은 국가의 화폐 공급과 인플레이션, 이자율, 환율, 그리고 오랫동안 국가 주권의 구성 요소로 여겨져 왔던 다른 문제들에도 영향을 끼쳤다. 전통적으로 국경선이 그 범위를 정의해 왔던 문제들이 21세기로 접어들면서 국가 정부의 배타적 통제권 밖에서 즉, 글로벌 스케일에서 작동하기 시작했다. 오늘날 투자자들은 특정 국가의 시장이 자본 축적에 유리하다는 것을 포착하는 순간 바로 막대한 자본을 투자할 수 있다(Warf 2002). 마찬가지로 만약 투자에 불리한 경제 정책이나 정치적 불안정성이 파악될 경우, 이들은 빠른 속도로 해당 국가의 시장에서 자본을 회수한다. 이런 경우 그 결과는 로컬 경제에 치명적일 수 있다. 1990년대 동남아시아, 러시아, 멕시코 금융 위기와 2008년 미국에서 시작되어 전 세계 경제를 빠르게 집어삼켰던 세계 공황에서 확인할 수 있듯이, 국가 정부들은 국내로 들어오고 나가는 돈의 흐름을 거의 통제하지 못한다.

2) 제조업

초국적 기업은 국경과 지구적 흐름 사이의 긴장을 보여 주는 또 다른 사례이다. 초국적 기업이란 글로벌 생산 네트워크에 통합된 자회사 및 하청업체를 통해 하나 이상의 국가에서 운영되는 자본 집약적인 기업을 지칭한다. 지난 20년간, 초국적 기업의 수와 범위는 기하급수적으로 증가했는데, 이는 저렴한 노동력, 세금 혜택, 소비 시장, 기타 국내 시장이 제공할 수 없는 비교 우위를 통해 이익을 얻고자 하는 열망 등에 기인한다. 2007년 당시 전 세계적으로 7만 9,000개의 초국적 기업에서 1억 명 이상을 고용했고, 이들 기업의 해외 지부는 79만 개에 달하는 것으로 추산되었다(United Nations Conference on Trade and Development 2008). 초국적 기업은 국제 무역과 외국인 직접 투자액의 3분의 2 이상을 발생시키는, 국가를 대체할 국제 무역의 주체(agent)로 부상했다. 월마트, 엑손 모바일, 제너럴 일렉트로닉, 도요타 등 거대 초국적 기업의 연매출 총액은 웬만한 국가의 GDP를 상회한다. 따라서 초국적 기업의 투자 결정은 한 국가의 경제와 정책에 상당한 영향력을 행사한다. 국가 정부들은 초국적 기업이 자국 시장에 매력을 느끼도록 하기 위해 국경 밖에서 합리적이게 보일 경제 정책을 추진한다.

21세기 초국적 기업은 본국의 영토보다는 글로벌 공간을 전제로 기업 활동을 조직한다. 바로 이것이 초국적 기업 공간 논리의 핵심이다. 이 과정에서도 국경은 여전히 유효한데, 왜냐하면 국경선은 지역 차를 유발하고 초국적 기업은 이런 지역 차를 이용해 혜택을 볼 수 있기 때문이다. 하지만 초국적 기업의 활동이 국경선에 의해 제한되는 것은 아니다. 초국적 기업의 핵심 기조는 이러한 국경선을 넘어서 더 넓은 공간 범위에서 작동하는 것이다. 낮은 운송료와 자유무역 협약에 따라 기업들은 실제로 보다 쉽게 국경선을 넘을 수 있게 되었다.

일반적으로, 초국적 기업 활동은 이용 가능한 로컬 자원을 착취(exploit)하기 위해서 국경선 내부로 침투한다. 획득한 자원들을 가공하기 위해 다른 나라 또는 지역으로 반출하고, 마지막으로 세계 시장에서 최종 상품의 형태로 교환한다. 예를 들어, 주요 자동차 브랜드의 경우 기업 본사는 선진국 내에 두는 반면, 조립공장들은 세계 도처에서 유지한다. 최종 상품은 세계 곳곳의 수많은 장소에서 생산된 자동차 부품과 반제품을 결합하여 만들어진다. 따라서 가령, 미국에서 구입한 폭스바겐은 독일제라고 하기 어려울 수 있다. 그 차의 대부분을 독일 외의 다른 지역에서 생산하고 최종 조립은 멕시코에서 이루어질 수도 있기 때문이다. 이처럼 생산의 글로벌 공간 논리(global spatial logic of production)가 작동하기 위해서는 국경선의 투과성이 높게 유지되어야만 한다.

이와 유사하게 세계 시장 논리가 작동한 사례로 21세기 최초 미국, 중국, 기타 다른 국가에서 대대적으로 발생한 공중보건 불안증(public health scares)을 들 수 있다. 2007년 반려동물들이 갑작스럽게 죽는 일이 발생했는데, 그 사인은 미국 슈퍼마켓에서 판매된 사료에 섞여 있던 방대한 양의 멜라민(melamine)으로 밝혀졌다. 얼마 안 돼 닭고기, 어류, 분유 등 사람들이 먹는 식품에서도 멜라민 오염이 발견되었다(Fuller et al. 2008). 이 재앙은 납 성분의 염료로 코팅된 독성 장난감으로 확대되었고, 미국을 포함한 여러 국가에서 수십 억 달러에 달하는 식품 및 장난감의 리콜 사태로 이어졌다. 한편, 오염된 상품이 중국 국경 내에서 생산된 것들이었기 때문에 이 스캔들의 지리는 명백히 중국을 향하고 있었다. 중국은 사태에 대한 비난을 정면으로 받았다. 멜라민은 특정 식품의 단백질 양을 인공적으로 높여 원가를 낮추는 데 활용된 것으로 밝혀졌다. 납 성분이 포함된 염료 역시 다른 대체재보다 저렴하다는 이

점이 있었다. 몇몇 중국 제조업자들이 제조 단가를 낮추기 위한 지름길을 찾다가 결국 불법 원료를 사용하기에 이른 것이다.

그런데 이 스캔들의 지리를 엄밀히 따지자면, 중국과 미국의 경계가 상당히 모호한 측면이 있기 때문에 둘 중 어느 한 국가에만 비난을 가하는 것은 부적절할 수 있다. 두 국가의 관계는 한 국가의 회사에서 생산한 제품이 다른 나라로 수입되어 그곳 내수 시장에서 판매되는 전통적 형태의 무역에 기반한 것이 아니었다. 마트에 진열된 오염 상품들은 중국 브랜드를 달고 있지 않았다. 대신, 미국 내에서 크고 인지도가 있는 브랜드, 가령 타이슨 푸드, 메텔, 피셔프라이스 등의 이름으로 세계 시장에서 팔렸다. 이들 제품을 구입할 때 소비자들은 중국 기업이 아니라 미국 기업에 값을 지불했고, 이들이 광고하는 미국의 품질관리 수준을 기대했다. 오늘날 식료품과 장난감 등의 제조품을 판매하는 초국적 기업이 따르는 글로벌 생산 모델이 이런 류의 문제를 만든다. 이들 기업은 중국처럼 저렴한 노동력을 확보하고 원가를 낮출 수 있는 국가에 생산라인을 설립한다. 초국적 기업은 이런 해외 생산 공장들을 직접 소유하거나, 지역 내 다른 하청 업체를 통해 완성품의 다양한 부분을 공급받을 수 있다. 어떤 경우든 중국에서 만든 최종상품에 초국적 기업의 라벨이 붙고, 상품의 막대한 판매 수익은 라벨을 소유한 기업으로 들어간다. 따라서 중국 내에서 오염원이 있더라도 여기에 대한 책임은 이름을 걸고 상품을 판매한 초국적 기업에 있다. 국민국가의 경계 논리(logic of nation-state border)를 따르자면, 중국과 미국의 국경 모두에게 이러한 오염을 방지하지 못한 책임이 있을 수 있다. 국경을 넘는 지점에서 오염된 상품을 검출 및 차단하는 데 실패했기 때문이다. 그러나 글로벌 시장의 논리(the logic of the global market)를 적용한다면, 초국적 기업의 공간 논리가 애초에 국경을 초월하고자 의도하는 한 어떤 국경선도 오염된 상품을 멈출 수는 없을 것으로 보인다. 그러므로 이 문제의 궁극적인 책임은, 전통적으로 국경선이 맡아 왔던 규율적 기능을 대신해야 할 초국적 기업 자체에 있다.

3) 글로벌 경제기구

널리 알려진 국제통화기금(International Monetary Fund: IMF, 이하 IMF), 세계은행(World Bank), 세계 무역기구(World Trade Organization: WTO, 이하 WTO)와 같은 국제기구들은 글로벌 경제구조의 중심에 있다(Sassen 2006). IMF와 세계은행은 글로벌 시대가 도래하기 전부터 존립해 온 기구이다. 기구들은 국제투자 개발은행과 마찬가지로 자금이 필요한, 주로 개발도상국 국가 정부의 차관을 돕고 있다. 국가정부들은 가맹국이 되기 위해서 자국의 경제 규모에 준해 일정한 할당액을 지불해야 한다. 이러한 가입 조건 때문에 선진국은 경제 정책과 전략을 결정할 수 있는 막강한 힘을 갖게 된다.

1980년대에 이르러 이들 기구는 신자유주의 '자유 시장' 정책을 지침 논리로 삼았다. 따라서 차관을 끌어오려는 국가들은 일련의 긴축 정책을 수용함으로써 자국의 경제를 '자유 시장'의 규준에 맞춰 구조조정해야만 한다. 인플레이션 완화, 통화 평가 절하, 빈곤층을 위한 보조금과 사회 정책에 책정된 정부 지출의 삭감, 주요 공공 서비스의 사유화 등의 정책은 선진국에 본사를 둔 초국적 기업과 금융센터의 투자 조건을 만족하기 위해서 주로 고안되었다. 구조조정의 이행은 표면적으로는 돈을 빌린 국가들이 자금을 모아 대출금을 상환할 수 있도록 하는 데 목적이 있다. 그러나 실제로 구조조정 정책들은 이들 국가가 직면한 위기로부터 파생된 효과들을 완화하기 위해 고안된 것이 아니다. 경제 위기를 극복하기 위해서 정부지출을 늘려야 할 시기에, 치솟는 실업과 더불어 진행된 정부의 긴축재정은 결과적으로 지역사회에 큰 부담으로 작용했고 대중들의 원성을 샀다.

지난 20년간 수많은 개발도상국이 IMF와 세계 은행에서 대출을 받았다는 사실은 이들 기구가 '자유 시장'과 '국경 개방'의 기조에 따라 세계 경제를 재조직하며 영향력 키워 왔음을 의미한다. 최근에는 아이슬란드와 영국 같은 선진국들도 IMF에 대출을 요청한 바 있다. 1997년 불가리아, 2002년 아르헨티나와 같이 IMF가 경제 위기에 처한 국가의 금융 업무를 일시적으로 운용하기도 했던 사례들은 세계 금융기구의 영향력을 더 극적으로 보여 준다. 국가정부가 국경 밖에서 고안되고 통제되는 경제 정책을 이행한다는 것은 초창기 근대 시대에 구성된 국경선과 국가 주권 사이의 관계를 와해시키는 데 암묵적으로 동의하는 것과 별반 다르지 않다.

WTO는 국제무역에 필요한 다국가적 규준을 제공하기 위해 1995년에 설립되었다. 이 기구는 국가 간 관세, 보조금, 수입 쿼터제, 그 외 보호무역주의 장치와 같은 무역 장벽을 제거함으로써 '자유 무역'을 도모하는 것을 목표로 삼는다. WTO의 가맹국은 국제무역의 97%를 담당하고 있는데, 이 기구는 이들 간 무역 분쟁을 중재하거나 무역 규칙을 제정한다. 또, 이에 대한 불복종 가맹국에게는 무역 제재를 가할 수도 있다. 국가정부가 WTO 조약을 체결한다는 것은, 곧 무역 흐름을 조정하는 국경선의 역할을 축소하는 데 일조하는 것과 같다고 할 수 있다.

3. 환경

환경 문제는 언제나 국경선을 초월한다. 가뭄이나 홍수가 어떤 국가의 경계에서 멈추는 법은 없다. 공기, 물, 토양오염, 예컨대 산성비, 독극물 오염, 독성

쓰레기 등의 문제는 국경선과 거의 무관하게 광범위한 영향을 미친다. 사회적으로 구성된 국경신이 자연환경에 미치는 인간 활동의 영향력을 좌지우지할 수 있다는 생각은 모순일지 모른다. 그럼에도 불구하고 근대의 국가 영토 주권 개념은 국가가 국경선 내의 자연환경을 어떤 방식으로든 마음대로 사용할 수 있다고 전제해 왔다. 그런데 특정 공간 스케일에 한정적으로 환경 문제를 개념화할 경우 그 문제를 제대로 이해하고 지속가능한 방식의 해결을 찾는 것기 어려워질 수 있다(O'Lear 2010). 그러나 21세기 초까지도 법적 제재가 가능한 국제 환경 기준은 많지 않았고(Angel et al. 2007), 국경선은 여전히 복잡한 글로벌 환경 문제를 설명하는 주요한 공간적 틀로 이해되었다.

그런 가운데 글로벌화는 적어도 두 가지 방식으로 환경과 국경선의 관계를 바꾸어 놓았다. 먼저, 글로벌화는 현존하는 환경 문제의 결과를 악화시키고, 새로운 문제를 파생한다. 따라서 환경 문제에서 국경선은 특히나 더 무용지물처럼 보인다. 둘째, 글로벌화는 환경 문제에 대한 지구적 자각을 증가시켜 결과적으로 초국가적 연대와 지구적 활동에 대한 필요를 이끌어 내고 있다. 지구 기후변화와 교토의정서는 위의 두 방식을 살피기에 좋은 사례이다.

1) 지구적 기후변화

인간 활동에 의한 지구의 기후변화는 21세기 초반 10년 동안 가장 심각한 환경 이슈로 부상했으며, 전 세계적으로 지속적인 관심을 받고 있다. 이산화탄소, 메탄가스 등 화석연료의 연소와 삼림 벌채로 인한 대규모의 가스 배출은 수십 년간 지구 대기의 평균 기온을 꾸준히 상승시켰다. 대기에 축적된 이들 가스는 온실효과를 일으켜 지구 표면의 온도를 빠르게 증가시킨다.

역사적으로 볼 때, 상대적으로 소수의 선진국이 국가 경계 내에서 인간이 만들어 내는 온실 가스를 배출하는 경우가 더 많았다. 이산화탄소의 주 배출 원인 화석연료는 19세기 이래로 산업화 과정의 동력이었다. 같은 맥락에서 볼 때 미국이 최근까지 세계 제1의 이산화탄소 발생국으로서 자리를 지킨 것은 당연한 일이다. 그런데 글로벌화와 함께 중국, 인도 등 개발도상국들이 주요 온실 가스 배출국으로 뒤이어 부상하면서 기존 상황을 더욱 악화시키고 있다. 인구 대비 배출량은 미국이 여전히 가장 많긴 하나, 2006년 이후부터 중국은 미국을 제치고 세계에서 가장 많은 양의 이산화탄소를 배출하고 있다.

삼림 벌채는 온실기체를 발생시키는 또 다른 주요인이다. 첫째, 숲을 없애기 위해 불을 내면 공기 중의 이산화탄소 양이 증가하게 된다. 둘째, 삼림의 감소는 이산화탄소를 효과적으로 저장할 수 있는 토양이 감소하는 것과 같은 효과를 발휘한다. 나무가 자연적으로 대기 중의 이산화탄소를 저장하는 역할을 하기 때문이다. 아마존과 보르네오섬 열대우림에서 만연한 벌채는, 단순하게 말하자면 브라질 혹은 인도네시아 자국의 문제이다. 하지만 이들 국가의 국경선 내에서 이뤄지는 삼림 벌채로 인해 전 지구에 영향을 미치는 온실효과는 더욱 심화되고 있다. 더 엄밀히 보면, 이 지역에서 만연한 삼림 벌채가 자국의 소비를 위한 필요에서 발생하는 것이 아니라는 점에 주목할 필요가 있다. 주로 선진국에서 증가하고 있는 고무, 소고기, 콩, 팜유에 대한 수요를 감당하기 위해 개발도상국의 숲은 대단위 플랜테이션과 농장으로 전환되고 있다.

전 세계적으로 지구적 기후변화가 가져오는 유해한 영향을 트랜스국가적인 활동을 통해서만 막을 수 있다는 인식이 생겨나면서, 국제협약의 틀 아래 1997년 교토의정서가 채택될 수 있었다. 교토의정서는 국경을 여전히 정책 이행을 위한 공간적 틀로 이해하면서도, 온난화 가스 배출을 줄이기 위해 최초로 지구적인 로드맵을 제시하였다. 이 협약 아래 가입국들은 합의한 목표를 위해 법적 감축 의무를 갖는다(Kyoto Protocol 1998). 하지만 미국이 조약을 탈퇴하면서 교토의정서의 실효성은 오리무중인 상황이 되어 버렸다.

지구적 기후변화는 국경선에 다른 식으로도 직접적인 영향을 미치고 있었다. 먼저 해수면 상승으로 인도양과 태평양 사이의 저지대 섬들이 침수되고 있어, 이들 섬에서 호주, 뉴질랜드 등의 선진국으로 떠나는 대단위의 환경 난민 사태가 예측되고 있다(K. Marks 2006). 북극해에서는, 북극 빙하가 녹으면서 더 안정적인 항로와 광물자원 개발에 대한 가능성이 열리고 있다. 이 때문에 러시아, 캐나다, 노르웨이 외 기타 주변 국가들은 대륙붕의 대외 경계를 공식적으로 선언함으로써 북극해 통치권을 확대하기 위한 불꽃 튀는 경쟁을 하고 있다. 러시아 잠수정이 북극 바로 아래 해저에 러시아 국기를 상징적으로 심어 둔 2007년의 사례는 이러한 측면을 아주 극명하게 보여 준다.

2) 전 지구적 감염병

전 지구적 감염병은 21세기 환경적 요인들과 국경선 사이의 역학관계를 보여 주는 또 하나의 예이다. 사스, 조류독감, 돼지독감 등의 바이러스가 대륙에서 대륙으로 삽시간에 퍼져 나가는 사례들이 최근에 부쩍 늘었다. 해외 여행과 무역의 빈도 및 이동 속도가 증가하면서 국경을 통해 전 지구적 감염병을 방지하는 것은 거의 불가능한 일이 되어 버렸다. 예를 들어 2003년에 발생한 사스는 항공 여행객들을 통해서 단 며칠 사이에 동아시아에서 북아메리카와 유럽으로 퍼져 나갔다(Ali and Keil 2006). 마찬가지로 2009년 돼지독감은 북아메리카에서 그 외 지역으로 빠르게 확산되었다.

또 다른 예로 조류독감은, 조류 사이에서 자연적으로 발생하지만 인간들에게는 일반적으로 무해한 바이러스이다. 그런데, 2004년에 발생한 조류독감 바이러스는 전염성을 갖는 것으로 바뀌기 시작하여 닭, 오리 같은 가금류로 전이되었고, 그 후 인간을 감염시키기에 이르렀다. 이 바이러스는 베트남과 태국에서 중국, 그다음 러시아로 확산된 후, 2006년에 아프리카와 동유럽에, 같은 해 마지막 무렵에 영국 제도(British Isles)에 도달했다. 이 바이러스는 확산을 통제하는 것이 불가능해 보였는데, 거기에는 그럴 만한 이유가 있다. 조류독감의 매개체는 국경선이 실재하지 않는다는 것을 알고 있는 철새들이기 때문이다. 조류독감과 관련해서 사상자는 많지 않지만 가금류, 특히 닭의 피해는 대단히 컸다. 바이러스를 멈추기 위한 세계적인 노력의 일환으로 수억 마리의 가금류가 대량 살처분되었다.

이처럼 바이러스의 확산을 통해, 국경선이 이러한 상황을 억제하는 데 대단히 제한적인 능력만을 지니고 있음을 확인할 수 있었다(Fidler 2003). 이에 대한 국가정부의 가장 일반적인 대응 방식은, 감염 지역으로 여행 가는 것을 제재하거나 국경 통제를 강화하는 것, 또는 감염 의심자들을 격리하는 것뿐이다. 따라서 이러한 전 지구적 감염병에 효과적으로 대처할 수 있는 초국적 기구가 필요하다. 가령, UN 세계보건기구 같은 초국가적 기관은 사스, 조류독감, 돼지독감을 퇴치하기 위해 글로벌 수준의 조치를 시의적절하게 제공한다.

4. 인권

인권은 법적 영역에서 국경의 기능을 무력화시키는 대표적인 사례라고 할 수 있다. 1948년 채택된 UN의 세계 인권 선언은 오늘날 인권 레짐(human rights regime)의 시작을 알렸다. 선언문의 목적은, 제2차 세계대전과 같은 비극이 반복되지 않도록 국가에 의한 국민의 통치 방식에 대해 국제적 기준을 설립하는 것이었다. 국제 인권 레짐은 국제 조약과 기구들을 통해 인권 기준이 법적 효력을 갖고 국가에 강제력을 행사할 수 있도록 하면서 점차적으로 발전해 왔다. 이 체제는 국제형사재판소(ICC)와 UN 인권 이사회 등의 초국가(supranational) 수준의 기관에서 유럽 인권 재판소 등의 지역 기관, 보편적 또는 치외 법권과 관련된 국가 수준의 인권법, 국제앰네스티 등의 트랜스국가적(transnational) 비정부기관까지 다양한 스케일의 구성체를 갖는다.

1) 외부개입

국제 인권 레짐은 국경선과 종종 대립한다. 문제는 그러한 국제 공동체에 의해서 인권이 강제될 수 있고, 이것이 주권의 무력화로 해석될 수 있다는 데 있다(Camilleri 2004). 전통적으로 인권은 국경선에 의해 그 공간적 범위가 가시화되는 국가 사법권 내에서 논의되었다. 그러나 오늘날 국제 인권 조약은 법적 구속력이 있기 때문에 조약 비준 시 국가는 그 기준을 국내법에 통합시킬 의무가 있다. 뿐만 아니라 이를 비준하게 되면, 이후 조약 불이행 시, 다른 가입국들이 외부 제재를 가할 수 있음을 용인해야 한다. 최근까지는 일반적으로 법률 집행의 최종 집행자가 국가정부라는 인식이 있어서 외부의 개입이 실제로 이루어지는 경우가 많지는 않은 편이다. 그러나 1990년대에 몇몇 국제인권 법원이 국가 경계 내에서 발생된 인권 침해에 대한 관할권을 부여받으면서 이러한 상황이 눈에 띄게 변화하고 있는 것이 사실이다. 1993년 구 유고슬라비아와 1994년 르완다에 설치된 국제형사재판소는 이를 가장 잘 보여 주는 사례이다.

지난 반세기 동안 국제 인권 레짐이 일궈 낸 가장 중요한 결과는 개인뿐만 아니라 국가적 수준에서 인권에 대한 폭넓은 인식을 이끌어 냈다는 것이다(Camilleri 2004). 국제관계는 기본적으로 불간섭주의를 원칙으로 하지만, 지난 20년간 대대적이고 조직적인 인권 침해가 발견될 경우에는 외부의 개입이 국경 내에서 이루어지는 조치가 수용되기 시작했다(S. Murphy 1996). 한편, 이러한 개입으로 오히려 인권 피해가 악화되는 경우도 있는데, 이는 국제관계에서 더 큰 힘을 가진 국가가 '인도주의적 이유(humanitarian reasons)'를 내세워 약소국에 개입하는 신제국주의적 정책을 추진할 수도 있음을 시사한다(Elden 2005b; Falah et al. 2006). UN의 위임을 받았는지의 여부는 차치하고, 국경 내 인도주의적 개입의 흐름을 보여 주는 다양한 사례들을 나열해 보면, 라이베리아(1990), 이라크 북부(1990), 소말리아(1992), 르완다(1994), 아이티(1994; 2004), 보스니아(1995), 코트디부아르(2004; 2011), 리비아(2011) 등 많은 사례가 있다. 뿐만 아니라 미국의 아프가니스탄(2001)과 이라크(2003) 개입도 부분적으로는 인도주의적 이유를 내세워 이루어졌다.

세계 공통의 보편적 사법권 원칙은, 인권 규범을 국내법으로 통합하는 과정에서 생겨난 새로운 결과물로서 최근에 이에 대한 논란이 커지고 있다. 보편적 사법권은 특정국의 법원이 세계 어디에서건 누군가가 저지른 학살 등의 반인도적 범죄를 재판할 수 있는 것을 말한다. 이에 따라 국제 인권 레짐과 경계화된 국가 사법권 사이의 갈등은 새로운 국면에 접어든다. 대표적인 사례로, 1998년에 스페인의 어떤 판사가 재임기간 동안 칠레에서 행한 반인도적 범죄를 근거로 전 칠레 독재자 아우구스토 피노체트를 기소한 바 있다(Byers 2002). 피노체트는 기소 당시 런던에서 치료 중이었는데, 영국 정부는 그가 스페인으로 송환될 수 있도록 런던 소재 병원에서 먼저 체포하였다. 이후에 칠레 판사들도 피노체트를 재기소하자, 2000년에 영국정부는 절충안으로 그를 석방했다. 피노체트가 자발적으로 칠레로 돌아갈 수 있도록 길을 열어 준 것이다. 피노체트는 결국 어떤 선고도 받지 않은 채 2007년에 사망했다. 그 밖에도 스페인 법원이 알베르토 후지모리 페루 전 대통령과 1970년 쿠데타에 연루된 아르헨티나 관료들의 공소를 제기했던 유사 사례도 있다.

최근에는 팔레스타인 하마스 정권과 이스라엘의 2008~2009년 가자 지구 전쟁에서 이스라엘 군인들이 자행한 팔레스타인 민간인 사상자들의 인권 침해 사례가 도마에 올랐다. 개별 이스라엘 군인에 대한 공식적인 기소가 제기되지는 않았지만, 이스라엘 정부는 자국 군인들이 국외 이동 시 보편적 사법권을 주장하고 있는 유럽 법원에 의해 기소될 수 있다며 우려를 표명하였다. 이스라엘 같은 막강한 정부도 외부사법권이 인권 범죄를 조사할 수 있는 가능성을 진지하게 우려하고 있다는 사실로 미루어 보면, 국경에 대한 인권 레짐의 도전이 상당 부분 효과를 발휘하고 있음을 알 수 있다.

2) 국제형사재판소

인권 레짐에 더하여 최근 야심차게 등장한 국제형사재판소는 2002년에 설립되어 세계 주요국의 인가를 받았다. 국제형사재판소는 최초의 상설 국제재판소이면서 처음으로 글로벌 스케일에서 정의 구현을 시도한 사례로 꼽힌다. 이 재판소는 가장 중대한 인권 침해 범죄, 즉 학살, 전범, 가입국의 국경 내에서 발생한, 또는 가입국의 시민이 저지른 반인륜적 범죄에 대하여 사법권을 행사한다(Rome Statute of the ICC 1998). 뿐만 아니라, 유엔 안전보장 이사회의 요청이 있을 경우 가입하지 않은 국가에도 그 사법권을 확대할 수 있다. 그런데 국제형사재판소는 국내법을 대체하기 위해서가 아니라 보완하기 위해서 고안된 것이라는 점을 주목할 필요가 있다. 따라서 오직 국내 법원이 해당 범죄를 기소할 의지가 없거나 능력이 없을 때에만 사법권을 행사할 수 있고, 다른 인권 피해의 경우는 당연히 국내법의 영역으로 남아 있게 된다.

대표적으로 미국, 인도, 중국 등의 몇몇 강대국은 최근까지 국제형사재판소를 인정하거나 가입하는 것을 거부해 왔다. 주권을 침해 받거나, 정치적인 목적에서 자국민이 기소될 수 있는 가능성에 대해 우려하였기 때문이다. 국제형사재판소에 대한 미국의 불신은 글로벌화와 국경 문제가 어떻게 조우하고 있는지와 관련하여 그 특성을 잘 보여 준다. 미국은 오랫동안 세계 인권을 열심히 피력해 온 지지국 중 하나이고, 인권을 적극적으로 보장하는 자국의 정의 시스템에 자부심이 있다. 인권에 대한 국제형사재판소와 미국의 목표가 유사하기 때문에 표면적으로 미국이 국제형사재판소에 의구심을 가질 이유는 없어 보인다. 그러나 미국이 자신의 초월적 지위를 바탕으로 전 세계의 다양한 위기 상황에 개입해 온 만큼 역으로 그곳에서 미국 국민이 인권 침해로 기소될 가능성도 높은 형편이다. 미국 지도자들은 국경 내에서 정의로운 것이라고 이해되던 친숙한 것들을, 세계의 많은 곳에서 더 합법적이라고 간주하지만 미국에는 친숙하지 않을 수 있는 그런 글로벌 정의와 맞바꿔야 하는 가능성을 두려워하는 듯하다.

국제형사재판소는 2002~2003년에 콩고에서 군지도자들에 의해 자행된 전범 문제를 다루면서 처음으로 재판을 열었다. 국제형사재판소는 그 외에 수많은 국가에서 발생한 인권 피해 사례를 접수받아 다양한 갈등에 대한 수사를 시작하였으며, 몇몇 인물에게 영장을 발부하기도 하였다(ICC-Outreach Report 2008). 2009년에는, 다르푸르 지역에서 일어난 반인륜적 범죄와 전쟁범죄에 책임을 묻기 위해 수단 대통령 오마르 알바시르에게 체포영장을 발부했다. 이 사건은 최근의 인권 레짐의 시금석이 되었다. 국제형사재판소가 특정 국가에서 현재 진행하고 있는 인권 위반 문제를 해결하기 위해 현직 대통령을 기소한 것은 처음이었기 때문이다. 물론 이러한 국제적 정의 구현의 결과는 아직 시간을 두고 살펴볼 일이다.

5. 초국적 테러리즘

초국적 테러리즘은 국가 간 경계를 넘나들면서 정치적 혹은 사상적인 목표를 추구하는 폭력 행위를 의미한다. 지리적으로 볼 때, 초국적 테러기구들은 이들이 국가 간 경계를 상대적으로 무사히 움직일 수 있도록 해 주는 네트워크 조직을 갖고 있다. 국경의 경직성과는 대조적으로 이 네트워크가 보장하는 이동성의 이점이 현저하기 때문에, 전통적으로 국경이 담보했던 강제성은 조직의 네트워크를 통해서 발생하는 테러리스트들의 전반적인 이동에 영향을 미치기가 어렵다.

초국적 테러리즘은 다양한 원인에서 발생하며 정부 및 비정부 주체를 포함한다. 국가로부터 후원받는 테러리즘은 냉전시대의 종말과 함께 상당히 줄어든 반면, 비정부 후원 테러리즘은 크게 증가하고 있다. 1990년대 시작된 가장 대대적인 테러 활동은 국경을 넘으면서 활동하는 자립형 조직에 의해 자행되고 있다. 이들의 테러 동기는 주로 종교적 원리주의자들의 사상에 뿌리를 둔다는 점에서 정치적 사상이나 분리주의에 주로 의존했던 초창기 테러 조직과는 차이가 있다. 또한, 초창기 테러 네트워크가 구체적인 정치적 요구와 지역화된 목표를 가지고 있던 것과는 대조적으로, 최근 테러리즘의 정치적 목표는 다소 모호한 편이고 보다 범세계적인 특성을 보이고 있다.

1) 이슬람 원리주의 테러리스트 네트워크

민족 분리주의나 정치적 사상, 혹은 여타 다른 종교의 원리주의적 교리에 바탕을 둔 테러리스트 네트워크가 사실상 와해된 반면, 급진주의 이슬람 테러리즘은 21세기 대표적인 초국적 테러리즘(transnational terrorism)으로 부상하였다. 알카에다는 이슬람 원리주의 테러리즘을 대표하는 초국적 테러리스트 조직으로서, 독특한 특성을 구체화시키고 있다. 알카에다는 일반적으로 느슨하게 연계된 그룹에 의해 형성된 "네트워크들의 네트워크"로서 분산적, 분권적인 특성을 보이며 뚜렷한 명령 체계가 없다. 이들은 인터넷, 핸드폰, 위성통신, 인터넷 뱅킹, 제트기 등의 수단을 사용하여 활동을 조정하고, 국가정부의 감시를 벗어나 국경을 이동하며 사상을 전파한다(Watts 2007). 알카에다의 공격은 경계가 없는(borderless) 동시에 모든 곳에 존재한다.

그런데 이러한 설명은 오해의 소지가 있다. 사람들의 인식 속에 확고하게 자리 잡고 있는 보편적인 국가 영토성 모델(ubiquitous state territoriality model)로 인하여 다른 형태의 영토성(다시 말해, 장소 기반 특성)이 주목받지 못하고 있기 때문이다. 예컨대, 알카에다를 단순히 초국경적이고 탈영토화된 네트워크의 합으로 보는 것은 한계가 있다(Elden 2007a). 알카에다의 네트워크는 특정 국가의 영토에 대한 통치권을 주장하지 않으며 방어해야 할 경계가 없다. 그러나 이들에게는 테러 공격에 앞서 부대집합지와 작전기지를 제공할 수 있는, 즉 네트워크 허브로서의 장소가 분명히 필요하다. 소말리아와 수단에서부터 아프가니스탄, 파키스탄에 이르기까지 준국가적 형태의 세계적인 무슬림 연합체는 영토적 주권의 책무와는 무관하게 테러용 영토적 기반으로서의 장소를 제공하고 있다. 한편, 플로리다, 함부르크, 마드리드, 런던 등지의 테러 조직의 존재는, 초국적 테러리스트 허브가 비단 국경 내 통치권이 미약한 국가에만 한정되지 않음을 보여 준다.

2) 초국적 테러리즘에 대한 국가의 대응

2001년 9월 11일 알카에다의 공격이 있기 전과 후의 미국의 대응을 살펴보면, 글로벌 테러리즘에 대처하는 국경의 역할은 그 한계가 분명하다는 점을 확인할 수 있다. 경계선으로 가득한 세계에서는, 포괄적인 경계 횡단 연합만이 초국적 테러 네트워크에 대항할 수 있는 효과적인 방안을 제공할 수 있다. 그런데 문제는 그러한 시도의 전제가 될 복잡한 제도적 협력을 이끌어 내기가 현실적으로 불가능하다는 점이다. 왜냐하면 다양한 국가의 유관기관들이 국가주권이라는 금기사항(taboo)을 뛰어넘어 타국과 핵심적 정보를 공유하도록 허용할 수 있는 적절한 수준의 글로벌 기반 조직은 존재하기 않기 때문이다. 미국의 테러 대응 방식은 이러한 각 정부 간의 정보 공유의 분절성을 극복하기 위해 필요한 초국적 인프라를 구축하는 것과는 상반되는 것이다. 즉, 미국이 2001년 9월 11일 이후 내놓은 알카에다에 대한 첫 대응은 국경의 프레임을 벗어나서 새로운 대응 방안을 찾는 것이 아니라, 오히려 국경을 완전히 봉쇄해 버리는 것이었다. 이는 많은 사람들이 느꼈던 침해된 안보의식을 회복시킬 수 있는 유일한 방법이 국경선을 더욱 강화하는 것 말고는 없다는 의식에 바탕을 두고 있다. 미국의 정책 입안가들은 이 경계가 애초에 범죄 네트워크를 막는 데 별 효과가 없었다는 사실은 망각한 채로 그러한 국경봉쇄를 단행한 것이다.

초국적 테러리즘을 다루기 위해서 미국은 '테러와의 글로벌 전쟁(Global War on Terror)'을 선포한 바 있다. 이 전쟁의 주요 목적은 알카에다의 허브 역할을 하는 국가들을 파악하여 국가적으로 대응하는 것이다. **글로벌**이란 명명은 테러리즘을 척결하기 위해서 지구적 동참과 다자간의 건설적 노력이 이루어진다는 의미를 내포한다. 반면에 **전쟁**이라는 용어는 강자가 약자에게 행사하는 적대적 권력 정치의 실천을 연상시킨다. 미국의 테러와의 전쟁은 실제로 전 세계 지역으로 파병된 군대와 첩보활동단에 의해 글로벌 스케일에서 이루어졌다. 그러나 이러한 노력은 초국적 테러리즘의 근원을 해소할 수 있는 세계적 수준의 합심된 대응을 기획하기에는 부족한, 대단히 독단적인 것이었다. 이 전쟁의 논리는, 전통적으로 영토적 국가에 대항해 온 군사력으로 비국가적인(nonstate) 초국적 이슬람 원리주의 테러리즘도 제패할 수 있다는 전제를 깔고 있다. 이런 전략은 어떤 국가의 국경 내에 존재하는 테러리스트 근거지와 테러리즘을, 그리고 이를 후원하는 그 국가의 행위를 동일 선상에 놓고 바라보는 것이다. 몇몇 사례처럼, 어떤 국가들은 중앙정부가 국가 내 모든 영토의 구석구석까지를 전부 다 통제하지 못하는 경우도 있으며, 이런 경우에는 그 중앙정부가 테러리스트에 맞서 싸우는 데 소극적일 수 밖에 없다는 사실을 간과했던 것이다(Elden 2007a).

이슬람 급진주의 탈레반 정권과 알카에다의 연계 고리가 뚜렷했던 아프가니스탄은 초창기 테러와의 글로벌 전쟁의 주요 무대가 되었다. 미국은 2001년 탈레반을 권력에서 몰아내면서 아프가니스탄에서 전제주의 정권을 축출했지만, 이슬람 급진주의 테러리스트 네트워크를 몰아내는 데에는 별다른 성과를 내지 못했다. 이후 10년간, 알카에다는 이슬람 테러리즘을 세계적으로 확산시키고 인근 파키스탄 변방 지역의 은신처에서 탈레반과 재결합했다. 그곳에서 그들은 아프가니스탄에 주둔하고 있던 미국군과 쫓고 쫓기는 게임을 계속했다. 이런 상황이 벌어지게 된 이유는 국가 대 국가 방식으로 테러리즘에 대응했던 미군이 동맹국이었던 파키스탄의 국경 안으로 추격을 이어 나갈 수는 없었기 때문이다. 그러나 결국 미국은 파키스탄 내의 미약한 군사력을 보완하기 위해서 알카에다와 탈레반에게 은신처를 제공한 파키스탄 북서부 국경지대의 소수 부족 거주 지역에 폭탄을 투하하기 시작했다. 이 시도는 무고한 시민들의 삶에 막대한 피해를 야기할 수 있음에도, 국경 초월적인 테러리스트 네트워크의 논리에 대응하기 위한 군사 개념으로 정당화되었다. 그럼에도 불구하고 한 국가의 군대가 참전하지 않은 다른 주권 국가의 영토를 폭격하는 행위는 주권의 원칙을 노골적으로 위배하는 것이다. 이에 대한 파키스탄 정부의 묵인은 오늘날 영토적 국경과 국가 주권이 직면한 진퇴양난의 상황을 잘 보여준다.

미국이 주도한 테러와의 글로벌 전쟁은 국제법이 정한 전쟁 법규를 따라야 하는 고정된 국경선을 가진 국가와, 그러한 규칙을 따를 필요가 없는 비국가적 세계 조직 간의 전쟁으로서 기존의 전통에서 벗어난 새로운 전쟁 특성을 띤다. 예를 들면, 전쟁 포로의 법적 지위를 어떻게 볼 것인지의 문제가 대두된다. 국가 간 전쟁의 규칙을 법제화한 제네바 협약에 따라 포로를 보유한 국가는 전쟁 포로의 인권을 보호할 의무가 있다. 2001년 이후 부시 정부는 테러와의 글로벌 전쟁에서 붙잡힌 사람들이 어떤 국가의 정규군에도 소속되어 있지 않기 때문에 제네바 협약이 승인한 형태의 법적 대우를 받을 권리가 없다고 주장했다. 대신 부시 정부는 국제법과 미국의 사법권 밖에 있는 이들을 '불법 무장세력'으로 규정하였다. 따라서 포로들은 시민권과 독립적인 사법부의 감독 없이 무기한 구금될 수 있었다(Gregory 2004; 2007).

지리적으로 보았을 때, 이러한 정책의 결과로 탄생한 것이 바로 미국군과 미국중앙정보국(CIA)의 구금소로 구성된 글로벌 군도(archipelago)로, 이는 아프가니스탄의 바그람(Bagram)에서 이라크 아부그라이브(Abu Ghraib)와 쿠바의 관타나모(Guantanamo)에 이르기까지 전 세계에 흩어져 있다. 이 중에서 관타나모만(灣) 수용소가 테러와의 글로벌 전쟁에서 구금 중심지로 선택된 공간 논리는 눈여겨볼 만하다(Gregory 2006). 관타나모만은 쿠바 내의 미국 해군기지로, 모호한 법적 지위를 갖고 있다. 1903년부터 미군이 이 영토에 대한 완전한 지휘권을 행사하고 있긴 하나 근본적으로는 쿠바가 이곳의 통치권을 보유하고 있다. 즉, 관타나모만에 위치한 수용소는 엄밀히 말해서 미국의 국경 밖에 위치하고 있고, 따라서 인권 수호의 의무를 가진 미국 연방법원의 관할권을 벗어난다. 부시 정권의 입장에서 이러한 입지적 특성은, 구금자들을 효과적으로 통제하면서도 주권 국가의 책임을 경감시킬 수 있는 장점이 있었다. 2002년에 관타나모에 첫 억류자가 도착한 이후, 이곳 수용소는 테러와의 글로벌 전쟁에서 미국이 자행한 인권 침해와 동의어가 되었다. 관타나모만의 사례는, 초국적 테러리즘을 그 시기에 합당한 방식이라고 여겨지는 방법으로 다루기 위해서 미국 정부가 어떻게 영토적 경계의 한계를 넘고자 했는지를 잘 보여 준다. 같은 시기에 미국 정부가 초국적 테러리즘으로부터 국민을 보호하기 위해 국경을 제한하는 데 몰두했던 것은 매우 역설적인 모습이 아닐 수 없다.

'특별 송환(extraordinary rendition)'은 미국이 이끈 테러와의 글로벌 전쟁의 지리를 만들어 낸 또 다른 실천 사례이다. 이는 테러 용의자를 비밀리에 납치해, 국경을 넘어 고문이 용인되는 다른 국가의 심문소로 보내는 것을 의미한다(Gregory 2007). 이 과정에서 억류자들에 대한 어떤 기록도 남기지 않으며, 공식적으로 그들은 존재하지 않는 것으로 여겨진다. 미국에서는 법적으로 이러한 행위가 불법이지만 2001년 이후 테러와의 전쟁에서 폭넓게 행해지고 있다. 하지만 불법적 특성 때문에, 정부 관계자가 그 과정을 분명히 인정한 적은 없었다.

'특별 송환'의 목적은 국경선을 피해 법망의 바깥에서 억류를 지속하는 것이다. 이는 국경선을 통과해 비밀리에 이동할 수 있도록 해 주는 복잡한 지리적 인프라를 활용함으로써 가능하다. 이러한 인프라는 CIA가 운영하는 미국 및 외국 내의 비밀 수용소, 지역 정보부가 운영하는 다른 국가 내의 구금 시설, 감시 센터, 수송지, 신뢰할 수 있는 민간 항공사에 의해 운영되는 비행 경로 등으로 구성된다(Marty 2006). 모든 요소들은 기능적으로 초국적 네트워크와 상당히 유사한 방식으로 엮여 있다. 이런 측면에서, 특별 송환은 국가 주체가 국경선으로 인한 영토적 제한을 극복하기 위해 어떻게 실천 행위들을 네트워크화하는지를 질 보여 준다.

이번 장에서 논의한 이슈들은, 여러 측면에서 글로벌화의 상황하에 국가 통치권과 사회적 관계가 영토적 교집합을 유기하기 힘들다는 점을 보여 준다. 사람들의 삶에 영향을 미치는 힘은 국가 외에도 다른 공간적 스케일에서 발생할 수 있다. 따라서 국경선은 21세기 사회에 영향을 미치는 주요 이슈를 충분히 설명할 수 있는 효과적인 틀을 제대로 제공해 줄 수 없다. 이들 이슈와 관련된 영토적 범위는 국경선 외의 다른 종류의 경계로 규정될 필요가 있다. 다음 장에서는 어떻게 경계의 변화 과정(process of border change)이 작동하는지, 또 그 과정으로 나타나는 결과는 무엇인지를 살펴볼 것이다.

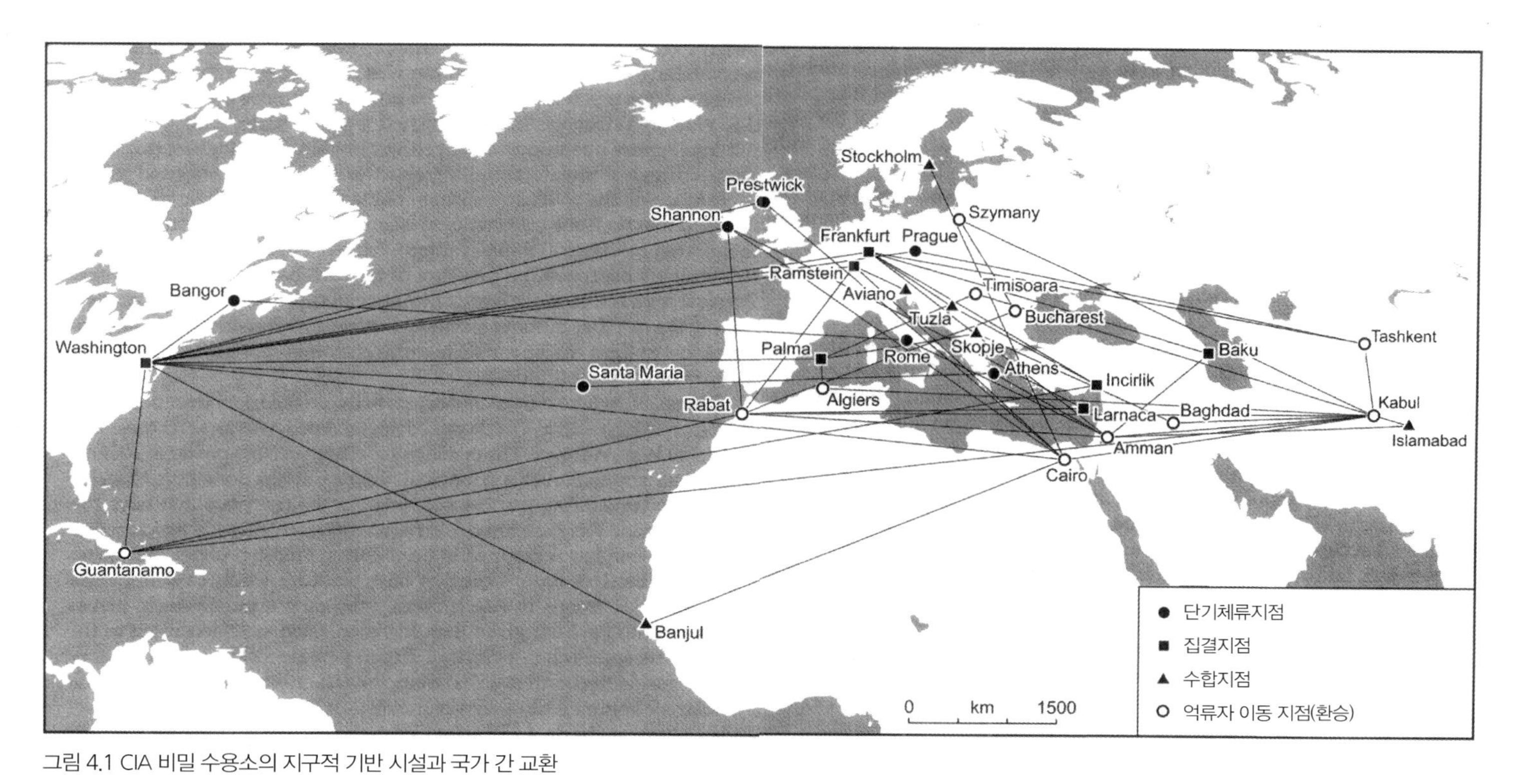

그림 4.1 CIA 비밀 수용소의 지구적 기반 시설과 국가 간 교환

출처: J.D.Sidaway, "Intervention: The Dissemination of Banal Geopolitics: Webs of Extremism and Insecurity," *Antipode* 40, no.1 (2008): 2–8 재인쇄, with permission from John Wiley &Sons

제5장

글로벌 경계 공간의 생산

1. 21세기 경계 생산의 딜레마

전 지구적 흐름은 그간 국가 경계가 유지하던 정치적, 경제적, 문화적 질서를 동요시켰다. 이러한 가운데 국경은 한층 더 우리의 주요 관심사가 되었다. 국경은 과연 사라지게 될 것인가. 국경은 기능적 국경이나 사회적 국경으로 대체될 것인가. 아니면 국경은 오히려 그 우월적 지위를 회복할 것인가. 새로운 국경이 만들어진다면, 과연 그 국경은 누가 만들것이며, 앞으로 어떻게 기능할 것인가 등과 관련된 논의들이다. 본 장에서는 이상의 의문들과 관련하여, 향후 우리의 삶에 영향을 끼칠 수 있는 경계 만들기에 대해 생각해 보고자 한다.

신속하며 믿을 수 있는 공간 이동성에 대한 수요와 안보에 대한 사회적, 개인적 기대가 커져 가는 가운데, 글로벌 시대의 경계 공간(border spaces)이 등장하게 되었다. 여기서 전자는 '개방 경계(open borders)' 담론과, 후자는 '경계의 안보화(border securitization)'에 관한 담론과 관련되어 있다. 즉 21세기의 주요 경계 체제들은 이 두 가지 담론으로 이루어져 있다고 볼 수 있다. 특히 본 장에서 주목하고자 하는 것은 경계의 실천과 과정의 담론들이 생산하는 영역적 결과물에 관한 것이다.

한편 여기서 강조하고자 하는 사실은, 현대 세계에서 관찰되는 경계와 관련된 다양한 문제들의 발생이 결코 피해 갈 수 없는 모순적 상황은 아니라는 점이다. 다시 말해 국경의 필요성에 대한 논의가 촉발된 것은 단순히 글로벌화로 인해 야기된 이동성과 안보 관련 이슈 때문은 아니라는 것이다. 최근 부각되고 있는 대부분의 이슈들은 사회적 관계의 영토 조직에서 국민국가를 지배적인 형태로 보존하려는 노력에서 촉발된다. 경계는 안보와 이동성 사이를 중재하는 기능을 담당하고 있으며, 영토 조직의 대안으로도 검토되고 있다.

이제 글로벌화와 관련하여 상충된 두 가지 논의에 대해 살펴보자. 먼저 지정학적 의미에서의 글로벌 거버넌스의 필요성과 국가 정부의 국지적인 범위 간에 발생하는 모순적 상황들에 대한 논의가 있다. 두 번째로는 정치경제학적 모순에 관한 것으로, 글로벌 경제 발전의 균등성과 지속가능성을 강조하는 논리와, 다른 한편으로 글로벌 경제 발전의 불균등성을 수용하는 신자유주의 경제의 논리이다. 데이비드 뉴먼(David Newman 2006b, 182)이 언급했던 것처럼 '개방 경계'와 '경계의 안보화'는 이러한 '글로벌화 대 글로벌화의 전쟁'에서 비롯된 것이다. 물론 경계가 개방된다고 해서, 모든 사회집단과 장소가 균등한 이익을 취할 수 있는 것은 아니다. 즉 개방 경계는 개발도상국이나 선진국에 관계없이 때로는 집단에 이득을 주기도 하고, 큰 손실을 끼치기도 한다. 특히 손실을 입은 집단은 이러한 손실에 대처하기 위해 경계의 '안보화'를 강조하게 된다.

기존 질서의 복원을 가능케 하는 국경의 강력한 통제를 다시금 주장하는 것은 공간 이동성과 안보가 상충된 것이라는 잘못된 인식을 심어 줄 수 있기 때문에 문제가 될 수 있다. 이러한 오류는 이동성과 안보의 선택에 있어 과오를 범하게 하며(Lyon 2007b), 이동성과 공간적 경직성 간의 영역적 논리 조정을 어렵게 만든다. 초기 글로벌화 시기에는 국경의 역할 중 경제적 측면과 밀접히 관련된 '개방 경계'에 관한 담론이 우세하였다. 하지만 최근 10년 사이 경계 짓기 과정의 주요 담론이 정치적, 문화적으로 고무된 '경계의 안보화' 담론으로 전환되었다. 현실적으로 보았을 때 글로벌화에 있어 국경 폐쇄라는 행위는 강대국마저도 불안정하게 만들 수 있으므로 그다지 매력적이지 않은 요소임에 틀림없다. 그리고 이러한 배경에서 '경계의 안보화' 담론은 물리적으로는 폐쇄성을 줄이되, 경계의 선별성은 강화하는 방향으로 발달하였다.

한편 투과성의 측면에서 볼 때 이동성-안보 논의는 이 모든 것을 뛰어넘은 것처럼 보인다. 선별적 투과성은 처음부터 경계의 개방(border opening)과 밀접한 관계를 맺고 있었다. 선택된 계층의 사람이나 재화는 어떤 제약도 없이 국경을 넘나들 수 있었지만, 선택받지 못한 사람이나 재화는 이동이 금지되었다. 경계의 안보화는 경계를 가로지르는 움직임을 저지한다기보다는 그에 대한 통제를 강화하는 것으로 보인다(Sparke 20006). 그리고 국가 경계는 다양한 수준의 투과성을 지닌 거름망이나 막과 같은 기능을 하게 되는데, 특히 자본의 흐름에 대해서는 투과성을 높이고, 반대로 저숙련 노동력에 대해서는 투과성을 낮출 것이다(Anderson and O'Dowd 1999). 한편 정보통신 사회에 발맞추어, 국경은 합법적인 트래픽은 통과시키고 불필요한 침입자들은 차단하는 '방화벽'에 비유될 수 있다(Walters 2006a). 여기서 누가 합법적인 트래픽을 결정하는가는 주요한 문제이다. 지금은 합법적이며 정당한 것이라고 간주되는 개인의 이동성이 향후 갑작스레 불법적인 것이 되지 않으리라는 것을 어떻게 확신할 수 있겠는가?

높은 수준의 선별적 투과성을 지닌 글로벌 국경 관리 제도는 지구적 흐름과 영토로 경계 지어지는 국가들 간의 공존을 가능케 하리라고 여겨진다. 하지만 이러한 경계의 안보화는 실질적으로 이행하기가 쉽지 않다. 경계의 안보화는 영토 보호 기능의 효율성을 유지하면서 동시에 경계를 넘나드는 자율적인 흐름을 허용해야 한다는 모순적인 상황들에 직면하기 때문이다. 달리 말하면, 고정된 경계선은 이동성과 영토 안보라는 모순적인 공간 논리를 조화시켜야 한다는 과업을 부여받은 것이다(Brunet-Jailly 2007). 그러나 우리는 이미 경계선이 이러한 과업을 수행하기에는 역부족임을 확인한 바 있다. 문제는 국경선이 19세기의 사회, 경제, 정치적 관점을 반영하기 위한 목적하에 고안되었으며, 이는 21세기와는 확연한 차이를 보인다는 점이다.

이 때문에 우리는 최근 영토 선형성의 규범에서 벗어나 네트워크로 연결된 글로벌화의 지리(networked geography of globalization)에 더 잘 적응할 수 있는, 상호보완적인 형태의 국가 경계와 경계 짓기 실천의 출현을 목도하고 있다. 동시에 이러한 맥락에서 새로운 경계 실천에 있어 소요되는 사회적 비용과 관련한 문제들이 민주적 방식으로 현대 경계 만들기의 딜레마를 뛰어넘을 수 있는 새로운 길을 제시할 수 있다고 보며, 다양한 경계 유형이 부상하고 있다고 할 수 있다.

2. 탈·재영토화와 탈·재경계화의 해석

탈영토화와 재영토화는 탈경계화와 재경계화의 과정처럼 일상생활의 영역적 조직에서 발생하는 공간적 재현이라고 할 수 있다. 탈영토화와 재영토화는 포스트구조주의와 포스트모더니즘과 관련된 개념이다. 이 개념은 프랑스

사회학자인 질 들뢰즈와 펠릭스 가타리(Gilles Deleuze and Felix Guattari 1977)에 의해 정립되었으며, 자본주의, 권력, 정체성 간의 역동적인 상호작용이 사회구조와 과정들을 어떻게 정의·재정의하는지를 보여 준다. 경계 연구에서도 지구적 흐름과 국가 경계선과의 복잡한 관계를 이해하는 데 이 개념을 활용하고 있다.

탈영토화는, 근대 시기 국가의 영토가 수행했던 일종의 그릇(container)으로서의 역할을 극복하고, 국가 영토성의 구속으로부터 탈피한 사회적 관계를 암시한다. 그리고 탈경계화란 주로 그릇(container)의 외부 장벽인 국가경계가 장벽으로서의 역할을 상실하거나, 경계 그 자체가 사라지는 것을 의미한다. 전자가 보다 넓은 의미의 국가 영역을 의미한다면, 후자는 국가 경계의 기능과 지리적 측면과 관계된다. 그러나 여기서는 탈영토화와 탈경계화가 개별적인 과정이라기보다는 상호간에 필수적인 것으로 보고자 한다. 영토는 경계를 통해 인지할 수 있고, 사회적 관계의 탈영토화는 영토 장벽의 철폐를 의미하며, 그 반대의 경우도 마찬가지이다.

이와 같이 재영토화와 재경계화의 개념은 서로 연관되어 있다. 재영토화는 일반적으로 일상생활과 관련된 현대적인 영역적 틀의 재구조화를 의미하며, 이는 국가의 범위와 스케일을 초월하는 새로운 사회적 관계의 영역적 아상블라주의 출현을 이끈다고 볼 수 있다(Brenner 1999a; 1999b; Popescu 2008; Sassen 2006; Toal 1999). 재경계화는 경계 역할의 재출현 또는 새로운 경계의 건립을 제안한다(Andreas 2003). 재경계화는 기존의 국가 경계를 다시 강화하는 것뿐만 아니라, 새로운 경계와 경계 기능을 포함한 또 다른 방식의 경계 만들기를 의미한다는 점에서 중요하다.

1) 탈영토화와 탈경계화

탈영토화와 탈경계화는 보통 글로벌화와 관련되어 있으며, 글로벌화의 압력으로 인해 국가 영토와 같은 고정된 공간 구성과 정치·경제·문화 간의 결속력이 떨어지는 것을 시사한다. 보다 넓은 의미에서 보면, 이는 일상생활에서 국가 영토와 경계가 갖는 중요성이 줄어들면서 근대부터 구성되어 왔던 영토성을 해체하는 것으로 볼 수 있다(Sassen 2006; Toal 1999). 글로벌화의 흐름은 경계 없는 자유로운 이동성을 강조하고, 이는 경계로 이루어진 영토성을 수반하는 국민국가의 장소의 공간들을 대체하는 것으로 인지되는 경우도 있다. 또한 네트워크화된 권력은 영토 권력을 대체하고 있는 것처럼 보인다(Castells 2000). 이는 사람들이 영토 경계로 그려진 국가사회보다는, 전 지구로 뻗어 있는 네트워크 사회에서 결절(node)로 살아갈 수 있는 가능성을 열어준다.

특히, 탈영토화와 탈경계화의 과정은 글로벌 시스템 안에서 영토 권력을 가졌던 국민국가의 주권을 겨냥한다. 국민국가들은 최소 세 가지의 지리적 스케일을 기반으로 자신들의 배타적인 권력을 강화하고 있다. 위로는 유럽연합(EU)과 같은 초국가적인(supranational) 조직, 북미자유무역협정(NAFTA), 국제통화기금(IMF) 등이 있으며, 아래로는 지방정부, 지방의회, 개발회사와 같은 하위국가 조직들이 있다. 그리고 옆으로는 트랜스국가적인(transnational) 민간 조직들이 있다(J. Anderson 1996; Blatter 2001; Brenner 1999a). 이렇게 국가적, 지역적, 초국적, 트랜스국가적, 민간 영역의 권력층위를 포개어 보면, 만(Mann 1984)이 주장했던, 시민들에게 영토적으로 중앙집권화된 서비스를 제공할 수 있는 국가의 고유한 역량에 기반한 전통적인 국가권력의 근원이 구시대적인 것처럼 보인다. 이런 진전들은 특정한 규제 체제가 국가 영토를 가로질러 특정 활동을 규제하는 영토적 선분(territorial lines)보다는, 기능에 따른 사회적 관계의 공간 구성이라는 새로운 가능성을 보여 준다.

현대의 국가 간 경계 체제의 발전 과정 초기에서 가장 눈에 띄는 것은 경계의 전면적인 개방으로, 이는 경직된 국경에서 탈피해 보다 쉽게 경계를 넘나든다는 것을 의미한다. 이런 점에서 볼 때, 우리는 **탈경계화**에 주목할 필요가 있다. 사센(Sassen 2006)이 강조하듯이 점차 국가의 경계 기능이 탈국가화(denationalization)됨에 따라, 경계의 기능은 국가 영역만을 중심에 두지 않았으며, 외부를 지향하게 되었다. 글로벌화에 따라 수많은 경계 기능은 경계 밖으로의 상호 연결성을 강화시키기 위해서 바깥으로 향하고 있다. 경계가 사라진 것이 아니라, 신속하면서도 지속적인 경계 횡단 교류를 허용하는 투과성이 향상된 것이다(Newman 2006b). 물론 이러한 과정이 전 지구적으로 비슷한 수준에서 발생하는 것은 아니며, 세계의 주요 지역에서만 경계 횡단(border-crossing) 체제의 자유화가 이행되고 있다(Perkmann and Sum 2002).

정치경제학적 관점에서 보면, 탈영토화와 탈경계화의 과정은 자본축적의 공간적 특성으로 이해된다. 이전의 자본축적 전략이 주로 국내 시장의 스케일에서 발생했다면, 최근에는 글로벌 시장을 선호한다(Harvey 2000). 금융은 정보통신 네트워크를 통해 눈부신 속도로 전 지구를 순환하며 엄청난 부를 창출해 내고 있다(Warf and Purcell 2001). 또한 글로벌 역외 경제가 출현하였는데, 초국적 기업들은 자금조달 및 여타 은행 업무를 위한 조세 피난처(tax shelter)를 제공하는 군도 지역*에 자리를 잡았다(Palan 2006; Warf 2002). 제

---

* 역자 주: 경제협력개발기구(OECD)는 조세 피난처(tax haven)를 소득세나 법인세를 부과하지 않

조업체와 서비스업체는 적기 생산 시스템과 통합된 장소 네트워크를 포함하는 진정한 글로벌 생산 모델을 채택하였다. 그리고 글로벌 시장에서의 경쟁 전략으로, 선진국은 개발도상국에 외주를 주기 시작했다. 한발 더 나아가, 국가 정부는 자국 영토 내에 '특별경제구역'을 두기도 한다. 국가 정부는 자체적으로 설정한 국가 경계의 기능적 규제를 극복하기 위해, 로컬 지역에 인센티브를 제공하여 해외의 투자자본을 유치한다(Park 2005). 이러한 정책들은 국가경제에 대한 국가의 관리통제 기능을 불안정하게 만들고, 국경은 점차 구시대적인 것으로 여겨지게 되었다.

글로벌화로 인한 국경 간의 문화 교류도 활발해졌다. 문화적·사회적 이슈들은 국경 안보다는 전 세계를 무대로 발생하고 있다(Appadurai 1996). 정부의 수많은 사회 정책과 행정 기능이 민영화되면서, 수직적 정부는 네트워크로 연결된 수평적 정부라는 공간 형태로 전환되고 있다. 또한 이주의 흐름과 정보통신기술이 산재된 커뮤니티들을 연결하는 트랜스국가적 네트워크를 형성하고 있으며, 글로벌한 로컬, 지역의 정체성을 활성화시켰다(Leitner and Ehrkamp 2006). 이제 전 세계 사람들은 국경을 넘어 이메일, 비디오 메신저, 채팅방, 블로그, 그리고 페이스북과 같은 소셜네트워킹 사이트를 활용하고, 유튜브 등을 보면서 더 개인적, 직접적으로 의사소통을 하고 있다(Boid 2010;

거나 15% 이하인 국가와 지역으로 규정하고 있다. 이 밖에 세금 제도의 투명성, 세금 정보 공유, 기업의 실질적인 사업 수행 여부도 고려한다. 대표적인 조세 피난처는 바하마·버뮤다제도 등 카리브해 연안과 라틴 아메리카에 집중되어 있으며, 이곳에서는 법인세 등이 완전히 면제된다. 조세 피난 지역은 택스 파라다이스(tax paradise), 택스 셸터(tax shelter), 택스 리조트(tax resort)로 분류하기도 한다. 택스 파라다이스(tax paradise)는 조세를 거의 과하지 않는 나라나 지역을 의미하는데 주로 바하마, 버뮤다, 케이맨 군도 지역이 여기에 해당한다. 택스 셸터(tax shelter)는 외국에서 들여온 소득에 내해서반 과세하지 않거나 극히 낮은 세율을 부과하는 형태로 홍콩, 라이베리아, 파나마 등의 지역이 여기에 해당한다. 택스 리조트(tax resort)는 특정 사업 활동이나 기업에 국한해 세금상의 혜택을 부여하는 형태로 룩셈부르크, 네덜란드, 스위스 등이 이러한 방식을 활용하고 있다(한국경제신문, 2018).

Longan and Purcell 2011).

지정학적으로 보자면 지난 20년간 세계 질서가 해체되면서, 세계 행정 구역 지도는 역동적으로 변화하였다(Toal 1999). 체코슬로바키아나 유고슬라비아 등과 같이 분리·소멸된 국가가 있는가 하면, 벨라루시와 동티모르와 같이 새롭게 등장한 국가도 있다. 많은 지역에서 국경 장벽과 관련된 군사시설들이 점차 해체 또는 축소되고 있으며, 경찰 초소 등이 이를 대체하고 있다. 또한 국내와 외국의 경계가 흐려지는 가운데, 국가는 트랜스국가적 차원에서 벌어지는 위기 상황과 마주하며 어려움을 겪고 있다. 그리고 이러한 위기와 정치의 국제화로 인해 국가의 주권마저 약화되는 경향도 나타나고 있다.

일부 학자들은 앞으로 사회적 관계에서 경계의 영향력이 감소할 것이라고 전망하면서 이러한 탈영토화와 탈경계화 현상을 '지리학의 종말'이라 해석하기도 하였다(O'Brain 1992; Ohamae 1990). 이들에 의하면 탈영토화와 탈경계화는 무영토화와 무경계로 향하는 저지할 수 없는 흐름이며, 국경의 종말을 의미할 수도 있다. 그러나 이러한 글로벌화에 대한 단편적인 이해는, 경계화의 과정을 설명하기에는 너무나 빈약하다. 국경 없는 세계 이론의 가장 심각한 오류는, 데카르트 이론과 마찬가지로 공간이 경직된 독립체로서 수학적인 사고를 기반으로 분리될 수 있다는 해석에서 비롯된다고 할 수 있다(Elden 2005a). 즉 정량화되지 않은 것은 항시 불안정하여 사라질 수밖에 없기에 결국 정량적인 것으로 대체된다는 가정이다. 이러한 사고는 공존, 포개짐, 혼종성은 존재할 수 없다고 보며, 선형의 국가 경계는 트랜스국가적 현상으로 인해 불안정하게 되고, 결국 국경은 전 지구적 흐름에 의해 다른 어떤 것으로 대체되거나 사라진다는 것이다.

탈영토화와 재영토화 개념을 확대해석하지 말아야 하는 이유에는 두 가지가 있다. 먼저, 사회는 어떤 방식으로든 영토와 관계를 맺을 수밖에 없기 때문에, 사회적 관계가 영토성을 완전히 상실하는 것은 사실상 불가능하다. 오히려 사회적 관계는 특정한 방식의 영토 조직과 연관된다고 보는 것이 더 적절하다. 새로운 권력의 아상블라주는 새로운 체계하에서 관리와 조직의 기능을 강화시키기 위해 영토성과 경계를 지속적으로 활용하면서 만들어지고 있다. 전 지구적 흐름은 영토성과 경계를 잘 드러내 주기도 한다. 결절과 연결의 지리는 사회적 관계의 조직에 있어서 장소의 중요성을 더욱 강조하고 있다. 스와인게도우(Swyngedouw 1997)는 이를 글로벌화라기보다는 '글로컬화(glocalization)'라고 명명하며 지구적 흐름과 로컬 장소 간의 친밀한 연결성을 강조하였다. 두 번째로 우리는 새로운 영토국가가 탄생하고 국가 영토성과 경계가 호소력을 잃고 있는 상황 속에서 국가 영토성과 경계에 대해 확신을 가지고 이야기할 수 없게 되었다. 실제로 소련이 지배하던 공간은 재영토화되고 재경계화되어 새로운 국가가 되었으나, 소련 자체는 탈영토화되었으며 그 경계는 사라졌다.

이런 점에서 탈경계화와 탈영토화는 오직 재영토화와 재경계화를 유발하기 위한 것이라고 말할 수도 있을 것이다. 그러나 탈경계화, 재경계화와 같이 탈영토화와 재영토화 또한 동시에 진행되는 과정으로 이해하는 것이 가장 적절하다. 즉 이들은 상호 구성적인 과정인 것이다(Sparke 2005). 어떤 공간들은 탈경계화를 경험하고, 반대로 다른 공간들은 재경계화를 경험할 수 있으며 한 공간에서 동시에 두 가지 과정이 진행될 수도 있다. 사회적 관계들은 재영토화되기 전의 영토적 기반과 경계들을 완전히 상실하지 않는다. 오히려 사회적 관계는 과거의 영토와 경계를 상실하더라도 다시 다른 영역적 배열(configuration)과 경계를 획득하게 된다. 이는 새로운 경계 공간들이 질적으로는 상이할 수 있지만, 과거의 흔적들을 포함할 것임을 의미한다(Toal 1996; 1999).

2) 재영토화와 재경계화

글로벌화는 재영토화와 재경계화의 역학으로 이해할 수 있다(Brenner 1999a; 1999b). 하지만 그간의 사례들을 보았을 때, 글로벌화가 끊임 없는 탈영토화와 탈경계화를 초래했던 것은 아니었다. 지리학은 끝나지 않았으며 국가는 소멸되지 않았고 세계에서 경계가 사라진 것은 아니다. 오히려 지리학은 재인식되고 있으며, 경계는 새로운 역할과 의의를 갖게 되었다. 글로벌화는 국민국가 체계의 영역적 틀을 초월하면서, 공간적 재배열과 사회적 관계의 재경계화를 이룩하였다(Agnew 2009; Sassen 2006; Sparke 2005). 이제 우리가 할 일은 새로운 경계 공간의 생산 방식과 그 실재를 알아내는 것이다.

한편 최근 일어나고 있는 경계화의 역학을 이해하기 위해서는, 우선 이러한 글로벌화의 흐름이 영토국가의 경계들과 관계 맺고 있다는 사실을 인식해야 한다. 글로벌화의 흐름은 가령 글로벌 도시나 자원이 풍부한 지역과 같은 다양한 지리적 장소에 영토적 정박지를 가지며 이루어졌다. 그 결과 글로벌화의 흐름은 영토 안에 뿌리내리게 되었고, 영토는 다시 글로벌화의 흐름에 뿌리내리게 되었다(Axford 2006; Dicken et al. 2001). 이러한 상호 관계 속에서 재영토화와 재경계화가 발생하게 된 것이다.

인터넷과 같은 디지털 정보기술은 경계로부터 가장 자유로운 것으로 간주되었다. 사실 국경을 초월하는 인터넷의 잠재력은 매우 높으며, 그간 정부가 가졌던 정보 독점력을 약화시킬 수 있다는 측면에서 보면 인터넷이 가지는 가능성은 전례가 없을 정도로 엄청나다. 하지만 선진국과 개발도상국, 그리고 이들 국가 내부에 존재하는 지역 간 부의 격차로 인한 불균등한 인터넷 접근성('디지털 분리'라고 불려짐)은 강력한 영토 경계만큼 만만치 않은 장벽이 되었다(Warf 2001). 더 나아가 국경으로부터 자유로울 것이라고 여겨졌던 정보통신 기술조차 국가 규제를 받고 있으며, 정보통신 기술이 국경 안의 인터넷 서비스 제공업체, 라우팅 서버, 소비자 등의 하부구조에 의존하고 있다는 사실을 간과하는 경우도 많다(Eriksson and Giacomello 2009).

중동의 정부들과 유사한 형태로, 중국 정부가 자국 내의 인터넷 콘텐츠를 통제하려는 행위는, 마치 국경이 없는 것처럼 보이는 정보통신사회에서 확인할 수 있는 재경계화의 가장 적절한 사례라 할 수 있다(Warf 2010). 야후, 구글과 같은 대형 인터넷 사업체들은 중국 시장에 진출하기 위해 중국 정부의 검열을 수용할 수밖에 없었고, 그 결과 인터넷 기술의 프라이버시 분야에 대한 독점적인 통제권을 포기하게 되었다. 이로 인해 중국에서는 야후와 구글 웹사이트에 접속하더라도 특정 단어에 대한 검색이 자동적으로 차단되며, 중국 정부의 입장에서 바람직하지 않은 웹사이트들은 접속조차 불가능하다. 인터넷을 통한 재경계화의 극단적인 사례로는, 중국정부가 야후로부터 개인의 이메일 정보를 넘겨받아 반정부인사를 색출해 투옥시켰던 사건을 들 수 있다(Macartney 2006).

금융 분야에서 영토 경계가 전자화폐의 흐름을 거의 통제하지 못하는 경우가 발생할 수도 있으나, 국가 정부는 규제의 경계의 일정 부분을 전 세계로 확대함으로써 세계 금융 시장을 규제하는 역할을 수행하고 있다. 최근의 경우, 선진국 정부들과 초국가적(supranational) 조직인 경제협력개발기구(OECD), 국제통화기금(IMF), 유럽연합(EU) 등이 다자간 협상을 통해 역외 금융센터에서 이루어지는 탈세를 규제하기도 했다(Maurer 2008). 이는 역외 센터가 미국이나 유럽연합의 세법을 준수하도록 압력을 가하면서 발생하는 것으로, 일부는 자율적이지만 일부는 국가가 통제하는 금융 표준의 글로벌 레짐의 출현을 의미한다.

2000년대 말 발발한 세계 경제 불황은 재영토화와 재경계화의 과정을 새롭게 검토해 볼 수 있는 기회가 되었다. 글로벌 금융 체계가 쇼크 상태에 빠지게 되었고, 수많은 초국가적 제조 기업들은 파산 위기에 처했다. 이 상황에서 국가는 정치적, 경제적 영향력을 발휘하여 위기를 극복할 수 있는 유일한 조직으로 주목받았다. 온갖 종류의 지구적 흐름은 영토국가 내 납세자들이 낸 세금을 통해 구제받아야 했는데, 이는 트랜스국가적 흐름과 영토국가 사이에 존재하는 상호의존적인 관계를 보여 주는 것이다. 만약 구제 금융이 시행되지 않았다면, 전례가 없을 정도로 심각한 국가 불안정 상황을 경험해야 했을 것이다. 여기서 가장 중요한 것은 2009년에서 2010년 사이에 수립된 경제 회복 계획이 **국가** 경제를 살리기 위한 **국가**의 계획이었다는 점이다. 모든 선진국들은 자국 내에 있는 기업들의 본사에 대한 구제 금융을 실시하였다. 이러한 경제 위기는 트랜스국가적(transnational) 성격을 띠었지만, **글로벌** 차원의 경제 회복 계획은 수립되지 않았다. 그러나 자체적으로 구제 금융을 실시할 여력이 없는 빈곤한 국가는 IMF로부터 구제 금융을 받았는데, 이러한 경제 회복 계획은 **글로벌** 차원의 행위라 할 수 있다.

게다가 미국의 구제 금융 조치에 '바이 아메리칸(Buy American)*' 같은 조항을 덧붙여야 한다는 요구는 선진국에서 일자리 외주화에 대해 갖는 광범위한 우려를 반영한 것이며, 재경계화의 경향을 다시 한 번 확인하는 계기가 되었다. 이런 조항들은 미국 기업의 일자리 상당수가 경계를 가로지르는 무역 연계에 의존하고 있다는 사실은 간과한 채, 미국 시민에게 미국 국경을 통해 그간 잃어 버렸던 경제적 안정성의 회복을 꾀할 수 있다는 환상을 심어 주었

* 역자 주: 미국 물자 우선 구매 정책을 말한다. 'Buy American'이라는 표현은 대공황 당시의 바이 아메리칸법(Buy American Act)에서 유래한 것이다. 미국은 금융·경제 위기를 타개하기 위해 대규모 공공사업을 시행할 경우 미국산 제품만 사용해야 한다는 의무 조항을 넣었다. 이는 전 세계 각국의 보호무역주의 성향을 자극할 수 있다는 점에서 문제가 되었다.

다. 선진국에서는 아웃소싱과 같은 전 지구적 이슈에 대해 근본적인 해결책이 될 수 있는 국경을 가로지르는 글로벌 규제 체제를 구축하는 대신, 국성 뒤에 숨어서 그 해결책을 찾으려 한다. 가령, 글로벌 최저 임금 및 환경 규제는 아웃소싱을 비롯한 여러 문제들을 해결하는 데 많은 도움이 될 수 있다. 많은 선진국 사람들은 해외의 저임금 노동력을 통해 생산된 값싼 물건들을 구입하기 위해 월마트와 같은 슈퍼마켓 체인을 방문하면서도, 그들의 일자리가 국경을 넘나든다는 사실에 새삼 놀라기도 한다. 다시 말해 사람들의 사고방식이 여전히 국가라는 영토 경계 안에 갇혀 있기 때문에, 사람들은 물질적 행복을 영유하기 위해 국경 간의 무역에 얼마나 의존하고 있는지, 그리고 국경이라는 제한된 공간 안에서 삶을 영위하기 위해서 소비자가 얼마나 많은 비용을 지불해야 하는지에 대해서는 간과하게 된다. 국가의 영토 경계가 규제 없이 진행되는 전 지구적 흐름을 용인하면서 동시에 그 결과로부터 국가를 보호하는 것은 사실상 불가능한 일이다.

세계 정치의 사례에서도 알 수 있듯이, 냉전이라는 양극단의 세계 질서가 종식되었다고 해서 영토권력의 정치가 소멸하고 평화로운 세계가 출현했던 것은 아니다. 미국과 더불어, 유럽연합, 중국, 러시아, 소규모 지역 권력집단과 같은 새로운 지정학적 행위자들이 출현한 것은 영토권력의 정치가 지속되는 것을 보여 준다. 지난 10년만 돌아보더라도 미국은 아프가니스탄과 이라크를 침략했고 러시아는 구소련 지역에 대한 영향력을 재건하느라 바빴다. 유럽연합은 남부와 동부로 그 영향력을 확대했고 중국은 동남아시아와 아프리카로 진출했으며, 이란은 핵무기 보유의 길을 택했다.

이러한 글로벌화의 새로운 모습을 보면서 경계 짓기가 사라지지 않고, 사회적 관계 조직의 원리로 존속할 것이라고 이해할 수 있다. 오늘날 어떤 정체성은 글로벌 스케일에서 만들어지지만, 새로운 민족 및 영토 정체성의 출현은 문화 시장(cultural market)으로서 영토 경계의 중요성을 암시한다. 영토 경계는 과거에 수행하던 기능의 일부를 상실했지만, 동시에 새로운 기능을 갖게 되었다. 다시 말해 영토 경계는 사라지지 않고 재창조되고 있다고 할 수 있다. 이와 동시에 재경계화의 과정을, 단순히 폐쇄적 경계가 개방 경계를 대체하는 폐쇄적 경계 체제의 출현이라고 해석해서는 안 된다. 현재 경계의 현실은 그러한 추론 방식을 거부하기 때문이다(Paasi 2009; Rumford 2006a). 탈·재경계화 과정은 개방 혹은 폐쇄적 경계라는 이분법적인 설명만으로는 불충분하며, 갖은 상호구성적인 속성으로 인해 개방 경계는 폐쇄적인 경계가 될 수도 있고, 그 반대의 경우도 가능하다(Newman 2006a). 즉 최근 일어나고 있는 경계의 변화는 경계의 재영토화 개념을 적용하여 이해하는 것이 적합하다.

국민국가는 21세기에도 그 적실성을 유지하기 위해 탈영토화·재영토화 그리고 탈경계화·재경계화 과정에서 적극적인 역할을 수행하고 있다. 국민국가는 영토 질서와 그 경계가 만들어지는 새로운 아상블라주의 생산 속에서 기본적인 지리적 틀을 유지하고 있다(Brenner 1999a). 국가 권력이 초국가적인(supranational) 층위와 민영기관들에 재위치된다고 해서 결코 주권국가가 종말을 맞이한다는 것은 아니다. 그보다는 주권의 속성이 탈국가화(denationalized)되고 고정된 국가 경계에만 부합하지 않는 방식으로 변화하였다고 보아야 한다(Agnew 2009; Sassen 1999). 이러한 전환은 글로벌 도시, 트랜스국가적 기업, 초국가적(supranational) 기관, 트랜스국가적 사회 네트워크, 하위국가의 지역과 같은 영토국가와 비국가적 조직 간의 공유된 주권이 다중스케일상에서 중첩되면서, 새로운 영토 권력으로 재등장하게 된 것을 의미한다(J. Anderson 1996; A. Murphy 1999; Sassen 2006). 그리고 그 결과 고정된 정치적 영토들이 재조직화, 재스케일화되고, 한편으로 영토에 다양한 방식으로 뿌리내린 이동적 권력이 만들어진 것이다. 이와 같은 재영토화된 질서는 국민국가의 경계가 스케일을 가로질러 초국가적 또는 하위국가적 경계에 의해 대체되는 것으로, 데카르트식의 논리에서 주장하는 영토 경계의 재조정 그 이상의 것을 의미한다. 오히려 최근의 재영토화는 시간적으로 불안정하고 공간적으로 불완전한 영토적 아상블라주를 형성하기 위해, 스케일 간(interscalar) 그리고 기능적-영토적 권력구조의 결합과 재결합을 포함한다.

이제 우리에게는 다음과 같은 의문들이 남아 있다. 이 새로운 영토 질서의 구조가 앞으로 지속될 것인가? 아니면 현 단계는 조금 더 안정적인 경계를 갖춘 새롭고 일관된 영토 체계로 나아가기 위한 과도기적 단계에 불과한 것인가? 전자의 경우는 글로벌 무역과 정보통신기술의 확대, 디아스포라 네트워크의 형성과 관련 있으며, 후자는 유럽연합(EU), 북미자유무역협정(NAFTA), 동남아시아국가연합(ASEAN), 남미공동시장(Mercosur)과 같은 초국가적(supranational) 무역블록의 형성과 관계 있다. 오늘날 분명한 점은 재영토화와 재경계화가 경계 짓기 과정의 복잡성을 증가시켜서 국경의 본질, 공간성, 의미 및 기능적인 차원에서 근본적인 변화를 이끌고 있다는 것이다.

3. 경계 공간의 지리(학)

재경계화와 재영토화의 과정은 국가 간 경계의 지리의 관심사를 영토적 경계선 너머로 확장시켰다는 점에서 영향력이 매우 크다고 할 수 있다. 이는 영토적으로 고정된 위치의 경계선에서, 다중적이며 변화하는 위치들로 상정될 수 있는 유동적인 영토적 경계로 그 관심의 대상이 전환되었다는 것을 의미한다(Arbaret-Schulz et al. 2004; Walters 2004). 이러한 진전은 전례가 없는 경계의 증가, 다양화, 전문화, 민영화와 관련된 것이다. 초국가적(supranational) 경계, 지역 경계, 대도시 경계, 특수목적지구의 경계, 자유 경제 구역의 경계, 빗장 도시(gated community)의 사적 경계, 트랜스국가적 네트워크의 경계와 같이 전보다 더 많은 종류의 경계들을 넘나들 수 있게 되었다.

최근 부상하고 있는 글로벌 체제(regime) 내 경계 짓기의 과정이 발생하는 세 가지의 주요한 공간적 측면이 있는데, 경계지, 네트워크화된 경계, 경계선이 바로 그것이다. 경계에 대한 이러한 공간적 측면들은 상호 배타적이지 않으며, 동일한 지리적 환경에서 동시에 발생할 수 있기 때문에 상호 연관적인 것으로 이해해야 한다. 네트워크화된 경계는 경계선과 경계지에서 나타날 수 있으며, 그 반대의 경우도 가능하다. 더욱이 경계지와 네트워크화된 경계는 국가의 영토 범위에서는 경계선을 대체하지는 못했다. 공식적으로 국경은 여전히 선분의 형태로 남아 있다. 그러나 여러 실용적인 목적으로 인해, 경계 기능은 더 이상 영토적으로 선형적인 패턴을 보이며 수행되지는 않는다. 다시 말해, 글로벌화의 현실 속에서 선형의 국가 경계에 관한 공식적인 주장들이 변화해 가고 있는 것이다.

1) 경계지

20세기 국경이 선으로만 인식되던 상황에서, 경계를 경계지로 바라보는 관점은 국경의 공간감(sense of space)을 회복시켰다. 경계를 선이 아닌 공간으로 인식하게 되면서, 우리는 경계를 비공간적인 방식으로 상상하는 것이 경계 짓기로 만들어지는 현실세계를 이해하는 데 적합한 방법이 아니라는 점을 깨닫게 되었다. 경계지는 경직된 공간이 아니다. 경계지의 규모는 경계 횡단 교역의 유형과 강도, 경계 횡단 교역을 지배하는 경계 레짐의 속성, 국가 내 중심-주변 관계, 분석의 영토적 스케일에 따라 다양하게 나타날 수 있다(Morehouse 2004; Paasi 1996). 경계지는 경계선 주변의 좁은 지역이 될 수도 있고, 미국-멕시코 경계지와 같은 거대한 지역 또는 파키스탄의 북서 영토들, 아프가니스탄, 몰도바의 경우처럼 국가 전체 영역으로 나타나기도 한다.

경계지는 추상적인 공간이 아니다. 경계지는 사람들이 일상생활을 영위하는 거주 공간이며(Paasi 1996), 사람들의 상상 속에서만 존재하는 경계선과 대조적인 것이다. 한편 경계지는 경계의 안쪽과 바깥쪽을 엄격히 분리하려는 경직된 사고를 약화시킨다. 경계지의 공간성으로 인해 경계 짓기의 과정에서 경계 양쪽의 공간들을 모두 고려할 필요가 있음을 인식하게 되었다(그림 5.1을 볼 것). 경계지는 경계선처럼 두 국가의 영토 공간을 갑작스럽고 순식간에 분리하는 것이 아니라, 한 국가의 영토 경계에서 다른 국가의 영토 경계로 점진적으로 바뀌게 되는 과정을 의미한다.

경계지는 경계 만들기의 당연한 결과이며, 그 모습은 다양하게 존재할 수

그림 5.1 파키스탄-아프가니스탄의 경계지
출처: Cristina Scarlat

있다. 대개의 경우 경계 형성의 과정은 평화롭다고 하기는 어려운데, 전쟁과 학살, 강제이주 등이 발생하는 분쟁 지역에서 많이 이루어지기 때문이다(Forsberg 1995; Rumley and Minghi 1991). 경계 양쪽에 소수민족집단을 만들어 내는 국민국가의 자체적인 지역 분할을 통해 경계지가 만들어지는 경우도 있고, 새로운 국가 조직 체계의 경계라는 위치로 인해 국민국가가 형성된 후에 경계지가 만들어지는 경우도 있다. 한편 경계지가 국민국가에 성공적으로 통합되지 않을 경우, 경계지의 위상이 격하되면서 주변부로서의 이미지가 지속되기도 한다(Josson et al. 2000; A. Murphy 1993).

핵심 지역 또는 수도에서 이루어지는 권력의 중앙집권화는 경계지가 '정치와 정책에 있어 주체가 아닌 객체'가 되는 데 기여한다(Anderson and O'Dowd 1999, 597). 경계에서 현대의 영토 주권을 주장하거나 옹호하는 경우가 많기 때문에, 정부는 경계지의 사회경제적 측면보다 정치군사적 측면에 더욱 관심을 보인다. 특히 주변 국가와 긴장 상태에 있는 경우, 정부는 경계지 주민들의 이익은 고려하지 않은 채 경계지 개발 전략을 수립한다. 이러한 상황으로 경계 지역(border region)은 주변부로 전락하게 되며, 경계지에 거주하는 소수민족은 문화적으로도 주변화된다. 그 결과 경계지는 다양한 갈등이 누적되며, 주변부로서의 위상은 한층 강화된다. 그럼에도 불구하고, 초국가적인(supranational) 층위에서 경계지는 국가적인 맥락과는 반대로 중심적 위상을 갖게 될 수도 있다. 한 예로, 경계지가 자원이 풍부한 지역에 위치하거나, 국가 간의 교통요지가 되는 경우, 발전 가능성을 지닌 주요한 지역으로 주목받는다.

경계지가 쉽게 인지되는 공간은 아니다. 경계지는 표지판만으로는 잘 드러나지 않는다. 하지만 국가의 다른 영토와 구분되는 독특한 경관과 사회적 관계를 가지고 있다. 전형적인 경계지의 이미지는 철조망과 감시탑, 관광안내실, 경비대와 군사시설, 그 외 다른 경관들을 포함한다. 사회적 경관으로는 통제된 인구이동, 정착 정책, 밀매 네트워크, 여행객을 위한 편의시설 등이 있다. 또한 교통의 중심지로서 철도와 버스종착지, 트럭센터, 창고, 자유 지역과 수출용 공장, 농장들과 같은 경제적 경관도 나타난다. 그리고 지역정치정당과 영사관, 강제수용소, 난민지원 NGO 등의 정치적 조직들과 연관된 경관도 찾아 볼 수 있다. 문화적 경관도 확인되는데, 동상, 국가 박물관, 이중 언어로 표기된 표지판, 소수민족센터, 다양한 언어가 사용되는 거리 등이다.

경계지는 이상의 모든 경관들로 구성된다. 그리고 경계지는 한쪽에서 다른 쪽으로의 경로를 중재하는 회의 장소와 만남의 장소, 합류지점, 혼종성의 특징을 보여 준다(Amihat-Szary and Fourny 2006; Kramsch 2007; Newman 2006a; Pavlakovich-Kochi et al. 2004; Rumford 2008a). 이는 경계지가 반드시 경계 안이라기보다는, 오히려 경계를 넘나들며 살아갈 수 있는 공간임을 보여 준다. 다시 말해 끊임없이 경계를 넘나드는 삶의 모습은, 다양한 장소와 문화에 걸쳐 발현되는 정체성을 이해하는 데 도움을 준다. 이러한 점에서 경계지는 사이공간으로서 차이과 상호작용을 촉진하는 전이적 공간이다. 이해 당사자들은 경계지의 이러한 특성으로 인해, 경계지가 분리가 아닌 연결의 공간으로, 다리와 관문의 역할을 하는 잠재적 자원이라고 인식하였다(O'Dowd 2002b; Perkmann 2007a). 그리고 이러한 관점은 투과적 경계 체제를 지닌 주변부의 여러 경계지들을 중심부로 인식하는 데 도움을 주었다. 이제 경계지는 수많은 결정권자들이 지역적, 초국가적인(supranational) 통합을 포함한 개발 전략을 세우는 데 있어 중심적 위치에 있다고 할 수 있다. 이 주제는 7장에서 더 다루고자 한다. 이와 동시에 경계지의 전이성과 사이공간으로서의 성격은 경계지가 사람이 살지 않는, 예외의 공간임을 의미하기도 한다(R. Jones 2009a). 아직까지도 경계지는 국가 간의 부정적 에너지를 흡수하는 완충지대, 혹은 분쟁 지역이라는 이미지를 가지고 있으며, 이는 한국의 DMZ와 파키스탄 정부 연합군의 경우를 보면 알 수 있다.

2) 네트워크화된 경계

경계를 네트워크로 보는 관점은 최근에 와서야 발달하였는데, 이는 국가영토의 외곽에서 수많은 장소들에 이르기까지 경계와 그 기능의 분산을 연구한 에티엔 발리바르(Etienne Balibar)의 연구에 기반한다(2002; 2004). '도처에 존재하는 경계'라고도 잘 알려져 있는 이 논의는 많은 경계 연구자로 하여금 네트워크와 흐름, 그리고 경계화 과정을 균형 있게 발달시키도록 하였다(Amoore 2006; Axford 2006; Delanty 2006; Rumford 2006a; 2006b; 2007; 2008a; Walters 2002; 2006a). 특히 발터(Walter 2004; 2006a)와 럼퍼드(Rumford 2006a; 2006b)는 이상의 경계 만들기의 공간적 특성에 주목하여 새로운 경계를 '네트워크화된 경계'라고 명명하였다. 이들에 의하면 경계는 지구 전체와 여러 국가에 걸쳐 네트워크의 형태로 사회 전역에 분산되어 있다.

경계를 네트워크로 인식하면 경계선이 갖는 영토적 경직성을 초월할 수 있다. 경계지는 경계 인식에 있어 공간적 사고를 가능케 하였고, 네트워크화된 경계는 경계에 공간적 이동성을 부여하였다. 경계는 로컬 맥락에 뿌리내리지 않고 다양한 국가 영토에 이식될 수 있다(Balibar 2004). 이러한 경계의 '이익성'은 공간에서 사람과 장소가 만나는 방식에 커다란 변화를 가져왔다. 결점과 연결성으로 이루어진 네트워크화된 경계의 영토성은, 공간에서 사람과 장소를 직접 연결시켰는데, 이는 과거에 인접한 영토를 통해서만 사람과 장소가 연결되었던 국가 경계의 영토성과는 매우 다른 방식이다. 그리고 경계화의 과정에서 전체 지구 공간이 포함되었음을 의미하며, 경계 확산의 가속화와 경계 설정 행위자들을 증가시켰다고 볼 수 있다. 이러한 독창적인 경계의 영토성이 갖는 사회적 함의는 매우 중요하며, 다음 장에서 보다 심도있게 논의해 보고자 한다.

여기서 주목하고자 하는 바는, 글로벌 시대의 네트워크화된 경계가 개방 경계와 안보 사이의 모순을 해결하는 최적의 해결책을 제공한다는 점이다. 네트워크화된 경계의 주요 아이디어는 국가 경계에 도달하기 이전에 사람과 재화를 검증한다는 것이다. 기존의 국가 경계선과 물리적으로 떨어진 곳에서 경계 기능을 수행하는 네트워크화된 경계는, 흐름과 함께 주행함을 의미한다(Axford 2006; Sassen 2006). 그리고 이러한 흐름은 기원지와 목적지의 여정 전체에서 잠재적으로 조사되어야 하므로, 영토적 경계선은 불필요한 것이 된다. 경계선은 추가적인 검문소일 뿐이며, 넓은 네트워크화된 경계 안에서 하나의 결절에 지나지 않는다. 이와 같은 경계와 영토에 대한 관계 재편(영토적 경직성에서 이동성으로)은 이동현상의 안보적 차원에서 더욱 효과적이며, 따라서 한층 강화된 투과적 경계를 만들어 낸다. 결국 네트워크화된 경계는 전 지구적 흐름에 맞추어 경계의 역량이 새롭게 질서화되었음을 의미한다. 다시 말해, 영토적 주권을 수호하는 한편 세계화 흐름의 지속가능성을 유지하기 위해서는 국경을 착근시키지 않고, 분산·확산시키는 것이 중요하다. 현대사회는, 많은 사람들이 희망하였음에도 불구하고, 경계가 없는 하나의 전 지구적 사회가 아닌 글로벌화된 경계로 이루어진 사회가 된 것이다.

네트워크화된 경계에는 최소한 세 개의 서로 연결된 공간적 차원이 있다. 첫번째로 경계 통제의 관점에서의 밖으로의 차원이 있다(Collyer 2008; Walters 2006a). 두 번째로 국내 경계의 관리로서 안으로의 차원이 있다(Coleman 2007a; Paassi 1996; Vaughan-Williams 2008). 세 번째로 사이적 차원이 있는데, 경계 만들기 전략 차원에서는 장소 간의 협력이 필요하다(Hyndman and Mountz 2007). 수많은 구성요소들은 이상의 차원 안에서 다양한 방식으로 교차하면서 전 지구에 걸쳐 경계망을 형성한다.

네트워크화된 경계의 영토성을 지도화하는 경우, 종종 경계의 배열이 변화하거나 경계화된 지 시간이 얼마 경과하지 않은 탓에 그 모습이 매우 부분적으로 나타나기도 한다. 그리고 우리는 이러한 지도화 작업을 진행하면서 국가 경계의 격자와 네트워크화된 경계의 리좀 지리학 사이에 유사성이 적음을 알 수 있다. 다음에 기술한 경계 특성에 대한 설명은 결코 고정되어 있거나, 완성된 것이 아님을 주지하기 바란다. 먼저 네트워크화된 경계는 외국의 영사관이나 대사관에서 조우할 수 있다. 두 번째로 이 경계는 공항, 항구, 버스·기차 정거장, 여행사 등에서 여행객의 서류가 확인되는 순간 발견된다(Walters 2002). 세 번째로 네트워크 경계는 난민의 유입을 막기 위해 해양경비대가 순찰을 하는 플로리다의 남서쪽 해안, 스페인 카나리아섬, 오스트레일리아 북쪽지역, 이탈리아 남부의 바다 등에서 발견될 수 있다(Ferrr-Gallardo 2008). 네 번째는 호텔, 인터넷카페, 경찰서, 슈퍼마켓, 길 코너, 고속도로 등에서 개인 신분이 확인되어야 하는 경우이다(Coleman 2005; Rumford 2006a). 다섯 번째로 요새화된 커뮤니티 공간에서 사람들이 분리되는 경우와 같이, 특정 구역에서 경계를 확인할 수 있다(van Houtum 2002; Walters 2006a). 그리고 여섯 번째로는 난민 캠프장, 이민자 구금센터, 관타나모만과 그 외 사이장소에서 경계의 존재를 살펴볼 수 있다(Mountz 2011). 일곱 번째, 네트워크화된 경계는 법원청사, 병원, 학교, 운전면허장과 같은 공적 기관에서뿐만 아니라 도축장, 건설현장, 딸기밭과 같은 개인 사업장에서도 발견된다. 여덟 번째로 경계는 트럭 집하장, 창고 등과 같이 재화가 유통되는 곳에서도 나타난다. 마지막으로 온라인상에서 나타나는 경우인데, 항공권을 구입할 때 경계는 개인정보가 유출되는 것을 차단하고, 지적재산권을 유지시키는 등의 기능을 한다(Sassen 2006).

이러한 네트워크화된 경계 구성물에 대한 통제가 새로운 현상은 아니다. 제1차 세계대전으로 거슬러 올라가면 출입국 심사를 비롯하여, 비자 발급 영사관, 난민캠프, 엘리스섬(Ellis Island), 이민자 예진센터 등이 이러한 통제 기능을 담당하였다(Walters 2002). 하지만 이러한 통제 방식은 분산되어 있었고, 불규칙했으며 서로 연결되지 않았다. 한편 네트워크화된 경계에서는 일상화된 통합 시스템에서 복합적 경계 레짐이 규칙적으로 이동 관리를 실시한다.

선분이 아닌 네트워크화된 경계의 영토성은 종종 비영토적이라고 잘못 이해되는 경우가 있다. 또한 네트워크로 연결된 분산된 영토는, 가시적으로 드러나기 어려운 탓에 서로 연결되어 있지 않은 것으로 보이기도 하고 경계 자체도 다른 경계에 비해 넘나들기가 수월할 것이라고 여겨지도 한다. 네트워크화된 경계는 사실 눈에 잘 띄지 않으며, 계층의 정치적 경계와는 무관한 것으로 보이는 것이 사실이다. 그 결과 사람들은 일상생활에서 예전에 비해 더욱 많은 경계와 조우하면서도, 물리적 경계가 사라졌다고 느끼는 경우가 많다(Rumford 2006a). 하지만 사실 경계의 공간적 조우에 있어 달라진 점은 경계 넘기의 경험들이다. 다시 말해 경계에 있어 인종, 계급, 민족, 종교, 교육, 건강 등과 같은 사회경제적 특징이 한층 더 중요해졌다. 또한 이러한 속성들은 흔히 사람들이 떠올리는 방식보다 복잡한 방식으로, 시대에 따라 달리 각각의 집단에게 적용된다. 그리고 이러한 변화는 결코 경계를 비영토화시키지 않았다. 사회경제적 경계와 영토적 경계는 서로 맞닿아 있으며, 네트워크화된 경계에서는 사회경제적 특성과 영토성이 동시에 작용한다고 이해하는 것이 바람직하다.

가령 국경선에서 이루어지는 여권 검사는 보통 지리적으로나 사회적으로 특별히 다르지 않다. 모든 사람은 국경 검문소에서 심사를 받아야 하는데, 시민권자와 외국인을 다른 줄에 세우는 것처럼 특정 집단에 속한 사람들을 다르게 취급하기도 한다. 여기서는 유럽 도시에서 출입국 심사가 행해지는 경우, 미국과 멕시코 경계 부근의 고속도로에서 갑작스럽게 검문을 하는 경우와 아프리카 개발도상국에서 비자 발급 상담이 이루어지는 경우를 비교해 보고자 한다. 인접 국가에 사는 사람 중에는 서류나 외모 특성만으로도 자신을 증명할 수 있는 사람이 있지만, 그렇지 않은 사람도 있을 것이다. 고속도로의 검문에서도 아무 문제없이 통과하는 차량이 있는가 하면, 그와 반대로 검문을 받는 차량이 있을 것이다. 또한 어떤 부류의 사람들은 비자 발급이 수월하게 이루어지는 한편, 어떤 이들은 자신의 경제적 부를 입증할 만한 추가적인 서류를 제출할 때까지 비자 발급이 늦춰질 수 있다. 이러한 모든 경우는 사람들의 물리적, 사회경제적 특징을 토대로 국가의 영역적 경계(이때 경계는 선형이 아닐 수도 있다)를 넘나드는 다양한 사례를 보여 준다. 다시 말해 특정 부류의 사람에게는 이웃 국가, 고속도로, 건물의 특정 장소에서 경계가 전혀 작동하지 않으며, 반면 또 다른 사람에게는 이러한 경계가 너무나 뚜렷하고 현실적인 것이 된다. 네트워크화된 경계에 대한 이러한 관점은, 사람들이 경계가 있지만 그 경계를 알아채지 못할 수 있다는 흥미로운 사실을 말해 준다. 사실 그들에게도 경계는 존재한다. 하지만 그들이 경계를 인식하지 않고 경계를 넘을 수 있었던 것은, 그들이 지닌 물리적, 사회경제적 특징이 경계를 넘기에 충분했기 때문이다. 하지만 추후 경계 넘기를 위한 기준이 변경되기라도 한다면, 과연 이들이 다시 경계 넘기를 할 수 있을지는 모르는 일이다.

네트워크화된 경계의 또 다른 특징은, 공간을 넘나드는 지속적인 이동성을 발휘하는 데 네트워크화된 경계가 매우 유리하다는 점이다. 이러한 특징은 경계선과 네트워크들을 비교했을 때 분명해진다. 하지만 네트워크화된 경계가 이동성에 있어 유리해지기 위해서는 조건이 필요하다. 또한 경우에 따라 네트워크화된 경계는 특별히 울타리가 있지 않더라도 이동하는 데 장벽이 될 수도 있다. 물론 모든 사람이 경계 네트워크에 접근할 수 있는 것은 아니다. 어떤 사람에게는 이동에 있어 네트워크가 유리하나, 다른 사람에게는 그렇지 못한 경우도 있다. 여기서 공간이동성을 얻기 위해 필요한 '네트워크화된 경계의 경계들'이 있음을 알아챌 수 있다.

한 예로 해외 소재 미국 영사관은 비자 신청 절차를 온라인 신청으로 대체했다. 비자 신청 서류는 온라인으로 제출해야 하고, 온라인에서 인터뷰 날짜가 결정된다. 인터뷰를 신청하는 데는 미국 달러로 약 100달러가량의 비용이 소요되는데, 보통 특정 지역의 은행에서 납부하도록 지정되어 있으며 대부분의 경우 이러한 은행지점들은 대도시에 제한하여 입지한다. 이상은 비자 발급을 위해 필요한 최소한의 절차이며, 표면적으로는 이러한 과정이 인종, 종교, 계층에 따라 차별을 두지 않고 적용되는 것처럼 보인다. 하지만 사실 이러한 비자 신청 절차를 밟기 위해서는 기본적으로 신청자가 컴퓨터를 다룰 줄 알아야 하고, 경우에 따라서는 대도시로 이동을 해야만 한다. 개발도상국에 거주하는 대부분의 인구와 선진국에 거주하는 소수민족에게 이러한 신청 절차는 결코 수월하지 않은 것이 사실이다. 결국 이들은 비자 신청 대행서비스에 비용을 지불해야만 할 것이며, 경우에 따라 총비자 신청 비용은 한 달 임금 수준이 될 정도로 엄청나다.

이상의 사례는 네트워크화된 경계가 이동성에 미치는 엄청난 구조적 영향력을 보여 주며, 이는 누가 국경을 넘을 수 있고, 그렇지 않은지를 보여 준다. 달리 말하면, 누군가가 국경을 넘으며 이동 혜택을 누리고자 한다면 먼저 다양한 '비자 모임'에 가입할 필요가 있음을 의미한다. 이를 위해 사람들은 항상 경계와 협상을 해야만 할 것이다. 즉 21세기에 있어서 모든 경계가, 선형이건 선형이 아니건 간에, 사람들 삶에 더욱 중요하게 작동함을 알 수 있다.

3) 경계선

21세기 초 이래 사회 질서의 도구로서 기능하였던 경계선은 아직도 사라지지 않았다. 물론 오랜 기간 공간 통제와 관련되어 경계선이 유지하던 독점적 지위은 국경 영토성의 다양화로 인해 많이 쇠약해진 것은 사실이다. 동시에 기존의 경계선에 경계지와 네트워크화된 경계가 추가적으로 발달하였다. 그리고 일부에서는 신자유주의 글로벌화에 맞설 수 있는 몇 안 되는 저항의 수단으로 경계선이 주목받으면서 이에 대한 관심이 높아진 것도 사실이다.

하지만 여전히 경계가 가지는 힘이 유지되는 것은 경계의 친숙함 때문이다. 경계선은 두 개의 상반되는 우리-그들이라는 단순화된 청사진을 제공한다. 많은 사람들은 경계선이 정체성 형성에 필수적이라고 생각한다. 그리 놀라울 것도 없지만, 국가의 다른 전통적 기능들이 사라져 가는 가운데, 아직까지 국가 경계선의 상징성은 그 중심적인 위상을 유지하고 있다. 또한 경계선은 정치가들과 시민사회의 이해당사자들의 담론에서도 중요한 위치를 차지한다. 그 결과 많은 신생국가들은 자신들이 민주적이며, 명확한 국경을 가져야 한다고 주장하게 되었다. 그리고 다른 어떤 형태의 국경도 받아들일 수 없음을 주장한다. 또한 국가들은 경계 짓기에 의구심이 생기면 국경의 아주 작은 영역이라도 민감하게 반응하여 분쟁이 벌이기도 한다. 대표적으로 이스라엘과 팔레스타인의 60년간의 분쟁의 경우, 사람들은 상상의 영역에 있는 영토적 경계를 입증하고자 노력한다.

글로벌 시대에서 국경의 활발한 증가는 다음의 세 가지 경우를 통해 확인할 수 있다. 먼저 국경은 소멸되는 속도를 능가할 정도로 빠르게 다시 생성되고 있다. 최근 20년간 전 세계에 걸쳐 26,000km가 넘는 새로운 국경이 생겨났으며, 그중 유럽과 아시아 지역이 두각을 나타냈다(Foucher 2007). 물론 여기에는 트란스니스트리아와 남오세티야와 같은 (법적으로 받아들여지지 않았지만) 사실상의 국경들과 준국가 지역들, 억류된 영역들이 포함된다.

두 번째로 최근에는 아주 작은 지역과 원거리 지역을 포함한 불확실한 경계구역에서 경계 만들기를 하는 경향이 강하게 나타나고 있다. 또한 이러한 경계 만들기는 강과 바다의 영역까지 확대되고 있다. 측량 전문가들은 경계를 만들기 위해 인공 위성기술을 활용하여 아마존에서 동남아시아 정글 지역, 중앙아시아와 아라비아반도, 북극지방 바다에 이르기까지 정밀한 측량을 실시한다. 그리고 국가들은 경계선 지역에 사는 선주민을 몰아내거나, 또는 물이 범람한 지역, 사막, 정글과 같은 척박한 땅이라 하더라도, 상징적 경계를 설치하여 경계선 경관을 영원히 유지하려고 노력한다. 흥미로운 사실은 많은 국가가 경계지에 높은 관심을 보이면서도, 결국 경계선이 비로소 확실해진 이후에야 실질적으로 대처한다는 것이다.

세 번째로 세계의 주요 지역에서 물리적 경계선을 강화시키는 노력이 진전되고 있다. 경계선 안팎으로 사람을 배치하는 것은 국경 사업의 주가 되었으며, 이는 사실 정책적 의미에서 만병통치약처럼 활용되고 있다. 미국과 멕시코 경계, 유럽연합과 동유럽, 북아프리카의 경계, 사우디아라비아와 이스라엘, 인도와 방글라데시 경계 부근에 수천 킬로미터에 걸쳐 국경선, 철조망, 장벽들이 설치되고 있다(Andreas 2000; Diener and Hagen 2009; R. Jones 2009b). 또한 여기에 추가하여 현재도 수만 킬로미터의 장벽들이 계획 중에 있다(Foucher 2007). 그중 두드러지는 곳은 이스라엘과 팔레스타인 지구 경계, 미국와 멕시코 경계, 모로코의 스페인 고립지인 세우타와 멜리야 등이다. 이들 경계선은 놀라울 정도로 잘 구조화되어 있는데, 콘크리트 벽과 금속 장벽, 감시탑들이 이중, 삼중으로 설치되어 있고 배수로와 철조망이 공간을 분리시키는 경계이다. 이 지역은 경계보호도로에 의해서만 접근 가능하며, 경우에 따라서는 행동감시센서와 적외선 카메라, 전자 등 정교화된 기기들로 관리된다. 이러한 관리 시설은 연결된 구조는 아니더라도, 수백만 킬로미터에 달하며, 높이가 7미터인 곳도 있다(사진 5.1과 5.2를 볼 것).

이러한 경관은 전쟁이 없는, 혹은 군인이 없는 전쟁 구역을 연상시킨다. 그렇다면 과연 이 경계 장벽의 역할은 무엇일까. 도대체 어떤 위험에 대처하기 위해 장벽이 세워진 것인가. 장벽을 유지하기 위해 소요되는 물질적, 사회적, 정치적인 비용 이상의 이득이 과연 돌아올 수 있는가. 이상의 의문들은 아직 풀리지 않고 있다. 경계 장벽은 과대한 시설, 장비들이 투입되어 있어 큰 문제거리가 되고 있다. 하지만 수백만 달러의 높은 비용이 소요되는 이러한 문제를 은폐하거나, 그 사실을 숨김으로써 의외로 손쉽게 해결되기도 한다. 분리를 원하는 사회에서 경계가 가지는 상징적 의미는 매우 크다(Andreas 2000). 군대가 주둔하지 않는 경계라도 항상 장벽은 관리된다. 다시 말하면, 이는 빈약한 군인에 대한 두려움보다 사람과 밀수업자에 대한 두려움이 크다는 것을 보여 주기도 한다. 우리는 경계 장벽의 사례를 통해 부와 권력이 스스로를 보호하기 위해 장벽을 세운다는 것을 알 수 있다.

이상에서 설명한 세 가지의 경계들을 통해, 다양한 영토 경계가 중첩되면서 글로벌 경계 지도가 다소 복잡하게 나타남을 알 수 있다. 첫 번째 층위는 우리에게 친숙한 국가 경계선의 망이며, 두 번째는 이 장의 앞부분에서 다룬 네트워크화된 경계이다. 마지막으로 세 번째는 경계지의 퍼지공간의 층위이다. 이러한 복잡한 지도는 글로벌 시대의 경계가 갖는 공간성을 재현한다. 물론 이 복잡한 경계 지도가 일반시민에게 어느 정도 또렷이 인식될 수 있는가는 미지수이지만, 확실한 것은 모든 장소에서 경계가 증가하고 있다는 사실이다.

사진 5.1 몬테수마 통로에서 본 미국과 멕시코 사이 경계
출처: Jussi Laine

사진 5.2 예루살렘에 위치한 이스라엘과 팔레스타인 사이의 분리 벽
출처: 저자

제6장

이동성의 통제

1. 안보 패러다임과 경계 만들기

경계의 안보 기능은 인간사회의 가장 기본적이고 오래된 관심사이다. 다른 국가로부터의 침입과 같은 외부 위험에 대비하면서, 근대국가의 경계는 영토의 군사적 방어를 통해 안전을 지키는 필수요소가 되었다. 고정된 영토의 관점에서, 국가 안보는 국가라는 제도를 수호하는 것과 관련된 군사적, 지정학적 문제로 여겨졌다. 국가를 수호한다는 것은 국가의 영토 주권을 방어하는 것이었다. 이후 국가의 임무는 시민의 일상을 지키는 것이 되었다. 이러한 임무는 국민국가가 오랫동안 유지했던 외부/내부라는 이분법적 구분을 반영한다(Walker 1993). 국가의 안보는 군대가 지켜야 할 대외적 문제로 여겨졌던 반면, 개인의 안보는 경찰이 지켜야 할 국내적 문제로 인식되었다.

그런데 글로벌화와 더불어 이동성이 증가하면서, 전통적으로 국가가 담당했던 경계의 안보 기능이 변화하고 있다(Dillon 2007; van der Ploeg 1999a).

타국 군대의 침입 위험이 줄어들면서, 안보 담론은 국가 안보를 저해하는 것을 초국직 현상의 관점에서 재구성했다(Lipschütz 1995; Terriff et al. 1999). 특히, 이 현상의 이동성 측면은 안보의 핵심적인 사항으로 부상하였다. 이주, 테러리즘, 경제 흐름(economic flows), 전자 범죄, 환경오염 등이 국가 영토의 내부와 외부를 넘나들면서 발생하고 있다는 사실은, 내부와 외부의 위협을 구분하는 기준으로 작동했던 경계의 역할을 감소시켰다. 내부 안보와 외부 안보의 기준이 모호해진 결과, 이 두 영역을 구분하는 지점 또한 흐릿해졌다(Bigo 2001).

안보 이슈는 이제 점차 국가 관리의 차원에서 벗어나 개인의 일상과 직접적인 관련이 있는 것으로 이해된다. 이러한 변화는 (국가 안보 개념을 뛰어넘는) 사회 안보(Buzan 1993; Waever 1993) 개념을 통해, 그리고 인간 안보(de Larrinaga and Doucet 2008; Hyndman 2007) 개념을 통해 포착할 수 있다. 사회 안보 개념은 어떤 초국적 현상이 사회집단의 정체성에 실제적 위협이 될 수 있다고 보며, 인간 안보 개념은 개인의 일상생활의 안위와 관련된 개념이다. 이에 따라 개인과 안보 위협의 연관성은 더 직접적이고 사적인 수준에까지 이르렀다. 많은 사람은 이제 국가가 개입하지 않은 상태에서도 이러한 위험을 직접 경험하곤 한다. 이러한 인식은 강한 자기방어적 반응을 촉발하는데, 이는 위험의 수준을 개인 문제에서 집단 생존의 문제로 증폭시킬 수 있다(Lipschutz 1995). 이렇듯 사람들이 개인의 삶에서 갖게 되는 공포, 가령 직업 불안정 또는 범죄의 희생이 되는 것과 같은 공포는 국가 안보의 영역으로 쉽게 이전된다(Pickering 2006). 정부는 이러한 개인적 공포를 국가의 안보 담론에 결부시키며 대응하고 있다. 2001년 9·11 테러 이후 미국 정부가 국토안보부(Department of Homeland Security)라는 안보기관을 신설한 것은 그러한 대응을 잘 보여 주는 사례이다. 이 기관의 명칭에 국토(homeland)라는 용어가 사용된 이유는 국가적(national)이란 용어와 비교하여 가정의 평안과 안보를 환기시키면서 보다 개인적 의미를 함축하기 때문이다. 국토에 대한 위협은 국가집단이 아닌 미국인 개인에게 가해지는 위협인 것이다.

이러한 안보의 의미 변화는 안보 정책의 위상을 강화했고, 사회구조가 개인적 수준에서 더 구체적으로 인식되는 결과를 가져왔다. 개인의 안보를 위해 가장 먼저 보장되어야 하는 것은 국가의 영역이 아니라 일상생활인 것이다(Dillon 2007; Muller 2008). 개인의 안보를 위해 국가집단을 지키는 것에서 국가집단을 보호하기 위해 개인을 지키는 것으로 변화한 것이다. 즉 안보를 영역적으로 고정된 것이 아닌, 이동하는 것으로 인식하는 인식의 전환이 일어났다(Lyon 2007a; 2007b). 일상적 이동의 흔적은 더 이상 경계 내부에서만 작동하지 않기에 안보 전략은 글로벌 스케일에서 상상되어야 한다(Cresswell 2010; Sheller and Urry 2006).

안보와 관련하여 이러한 패러다임의 전환이 의미하는 바는 매우 크다. 개인의 일상을 안보 전략의 대상으로 바라보는 것은, 일종의 범주로서 안보 개념이 지닌 상대적 속성(relativity)을 증진시켜 준다. 그 어떤 것도 일상생활을 모든 위험으로부터 완전히 지켜 낼 수는 없다. 따라서 명시적으로 드러나는 위협으로부터 개인을 보호하는 것이 아니라, 가능성 있는 위험을 잘 관리해 나가는 것이 안보의 더 중요한 문제가 되었다(Aradau and van Munster 2007; Beck 1998). 그러나 이러한 인식 변화는 두 가지 측면에서 문제가 있다. 첫째, 사람들이 일상의 삶에서 직면하게 되는 수많은 위험 중 어떤 것이 사회에 실재적인 위협으로 구성되는지를 결정하는 것은 어려운 문제이다. 수많은 공공 및 민간 이익집단이 정부 엘리트와 야합하여 국가적 안보 위험 담론을 만들어 내고 있다는 사실을 통해 알 수 있듯이, 어떤 것이 위험한 것인지에 대한 결정의 모호성은 위험이 정치화될 수 있는 여지를 제공한다(Amoore 2006;

2009). 예컨대, 일부 안보 담론은 자유무역, 환경오염과 관련 있는 사회적 위험은 경시하는 반면 이주와 조직범죄에서 연유한 위험은 강조한다.

둘째, 위험 관리란 알려지지 않은 것을 예측하는 것으로, 이는 사실에 기초한 분석보다 상상과 추측에 의지하곤 한다. 위험은 확률의 영역이다. 위험은 아직 발생하지 않은, 그러나 발생할 수도 있는 잠재적 사건에 대한 것이다(Beck 1998). 위험 관리는, 보다 분명하게 안보를 위협할 것으로 판단되는 위험의 패턴을 식별하기 위해 사회에 대한 충분한 정보를 수집하는 광범위한 안보망을 필요로 한다. 달리 말하면, 위험은 감시 활동을 통해 '추출되어야(extracted)'한다. 이러한 임무를 효율적으로 수행하기 위해, 사회 전체는 감시 활동의 대상이 되어야 한다(Amoore and de Geode 2008; Lyon 2005; 2007a). 이러한 논리의 타당한 가정, 즉 스스로 무죄임을 입증할 수 있을 때까지는 모두가 잠재적 용의자라는 가정은 지금까지 제대로 주목받지 못했던 인권이라는 근본적인 문제를 제기한다(Tsoukala 2008).

안보 장치의 일부로서 경계는 위험 관리 전략의 핵심 기능을 수행한다. 경계는 초국가적 이동성이 보장되는 지점으로 인식된다(Ackleson 2005a; Amoore 2006; Hyndman and Mountz 2007). 경계의 안보화란 위험을 사전에 예방하기 위해 위험의 개연성(상대적 속성)을 측정 가능하도록 하려는 시도이다. 최근의 무선 기술과 생체 계측 기술의 통합 사례에서 알 수 있듯이, 경계 감시를 강화하여 위험을 식별할 수 있는 가능성은 더욱 높아지고 있다. 이러한 기능으로 인해 경계는 사회의 안보를 보증하는 것이 되었고, 별 이견 없이 일상생활의 당연한 일부가 되어 버렸다.

그러나 경계는 위험 관리의 지점 그 이상의 의미를 지닌다. 경계는 안보가 구성되는 곳이기도 하다. 경계 만들기(border-making) 담론은 사회와 인간의 안보 위험을 만들어 내는 데 적극적인 역할을 수행한다. 왜냐하면, 누군가가 혹은 어떤 것이 안보 위험으로 드러나게 되는 경우는 다름 아닌 경계를 횡단하는 때이기 때문이다. 이러한 담론에서 타자화(othering)는 핵심적 위치를 차지해 왔다. 그러한 담론 속에는 타자의 존재가 단지 고정된 이웃 국가가 아니라 이동하는 현상으로 바뀔 수 있다는 점이 암시되어 있다. 달리 말하자면, 근대국가의 영역을 내부와 외부로 구분하는 것이 모호해진다고 해서 경계에 기초한 권력의 실천이 소멸되는 것은 아니다. 경계는 계속해서 집단의 소속에 대한 내부/외부 차별화의 토대가 된다. 다만 달라진 것은 타자에 대한 영역적 논리의 유형으로, 영역은 더 이상 고정된 실체가 아닌, 네트워크 관계로 구성되는 유동적이고 다중적인 실체로 인식된다.

안보 위험이 어떻게 존재하게 되는지, 그리고 경계와는 어떤 관계가 있는지 이해하는 것은 많은 의문거리를 던져 준다. 모빌리티 관점이 위협적으로 인식되는 반면 다른 관점은 그렇게 인식되지 않는 이유는 무엇인가? 어떤 위험을 막아야 할 것인지, 이를 위해 어떻게 경계를 안보화할 것인지를 결정하는 것은 누구이고, 그러한 결정의 근거는 과연 무엇인가? 어떤 위험을 방지하기 위해 거기에 배분해야 하는 적절한 양의 자원이 얼마나 되는지를 어떻게 결정할 수 있을까? 어떤 위험이 적절하게 처리되고 있는지는 어떻게 알 수 있을까? 이러한 질문들은 분명한 답을 구하기가 어려운 것들이다. 그러나 이러한 질문들은 사회를 위한 장기적 측면의 경계 안보화 정책과 관련하여 반드시 고민해야 할 과제이다.

1) 이동에 내포된 위험에 대한 두려움 조작하기: 이주, 테러리즘, 범죄의 혼합

경계 안보화 담론은 이민, 테러리즘, 조직범죄에 의해 형성된다. 이 세 가지 범주는 좀 더 세분화될 필요가 있다. 먼저 이민은 일시적/영구적, 기술/일반, 합법/불법으로 구분될 수 있고, 라틴 아메리카, 사하라 이남의 아프리카, 또는 남부 아시아에서 빈곤 때문에 일자리를 찾아 떠나는 이민자뿐만 아니라, 이라크, 아프가니스탄, 수단, 소말리아, 미얀마에서 폭력을 피해 떠나는 정치 난민까지 포함한다. 두 번째, 테러리즘은 알카에다의 종교적 원리주의나 쿠르드족 노동자당(PKK)의 정치 및 종족 분리주의도 포함한다. 또 다른 유형으로는 1995년 티머시 맥베이(Timothy McVeigh)가 행한 오클라호마시의 머라 연방빌딩(Murrah Federal Building) 폭파와 같은 '토착형(homegrown)' 테러리즘도 있다. 세 번째, 조직범죄의 범주에는 인신매매부터 마약이나 무역 밀매에 이르기까지 다양한 범주가 포함된다. 이러한 트랜스국가적 이동성의 다양한 특성은 각기 독특한 방식으로 경계와 연관되므로, 개별화된 안보 접근방식을 필요로 한다.

9·11 테러 이후, 초국가적 테러리즘은 가장 심각한 안보 위험으로 널리 인식되고 있다. 테러리즘은 최근 경계 안보화 담론에서 가장 많이 사용되는 용어이며, 경계 안보의 실천과 관련하여 다양한 사회적 합의를 요구한다. 일반적으로 경계의 안보화를 통해 테러리스트가 국가 영토를 침투해 들어오지 못하게 함으로써 사회를 안전하게 유지할 수 있을 것이라고 여긴다. 테러리스트의 공격으로 죽을 수도 있다는 공포가 확산되면서, 테러리즘의 위험을 막아야 한다는 여론이 확산되고 있다. 하지만 테러리즘이 현 사회의 안보를 위협하는 가장 주된 요인이라고 단언하기 어려우며, 경계 안보가 과연 테러리즘을 방지하는 효과적 수단인지도 불확실하다. 대부분의 사회에서 테러리즘보다 자동차 사고와 총기 폭력이 더 많은 사망자를 유발하지만, 사람들은 이를 잘 알지 못한다. 이러한 사실은 테러리스트의 극단적인 행동들이 마치 사회에 아주 큰 위험을 가하는 것으로 보이도록 정치적으로 조작되고 있을 수도 있음을 의미

한다.

현재의 안보 위험을 분석해 보면, 초국가적 이동성, 이민자 유입, 조직범죄의 모든 측면이 9·11 테러가 발생하기 이미 오래전부터 경계 안보화 담론과 실천을 지배하고 있음을 확인할 수 있다. 사실, 경계 안보 정책은 2001년까지 오랜 시간에 걸쳐 형성되어 가고 있다(Coleman 2007a; Torpey 2000; Walters 2002). 이처럼 최근에는 테러리즘이 안보 위험과 관련하여 가장 명시적으로 주목을 끌고 있지만, 오래전부터 이러한 담론을 계속해서 지배해 온 것은 다름 아닌 이주다.

1990년대 초에 이르러 이민 문제는 대부분의 서유럽 국가와 미국의 초국가적 위험으로 구체화되어 가고 있었다(Huysmans 2006). 냉전이 끝나고 소비에트 연방이 해체되면서, 이주는 매력적인 새로운 '타자'를 제공해 주었고, 이에 대한 반대의 물결도 확산되었다. 이민자들은 글로벌화가 야기한 공포를 누그러뜨리기 위한 정치적 질책의 대상이자 희생양이 되었다. 1990년대 동유럽인들은 자국의 고통스러운 경제적 전환에 직면하면서 상당수가 서유럽으로 이주하기 시작하였다. 이전의 유고슬라비아와 후기 소비에트 공간에서 발생한 전쟁에 의한 난민은 이주 관련 이슈를 더욱 복잡하게 만들었다. 라틴 아메리카 및 동남아시아에서는 직업과 기회 탐색을 목적으로 미국으로의 이주가 지속적으로 증가하였다(Nevins 2002). 미국의 남쪽 경계 지대에서 멀리 떨어진 도시뿐만 아니라, 유럽 도시의 거리에서도 이민자를 쉽게 볼 수 있게 되었다. 한편, 이민자로 인해 건강 보험, 교육 및 다른 공공 서비스 등의 로컬 자원이 악화되고 있다는 기사들이 미디어에 등장하기 시작하였다. 신문에는 프랑스 기차 트랙에서 알제리계 과격주의자에 의한 폭파, 독일에서 발생한 쿠르드족 운동가에 의한 터키인 사업장 폭파, 미국에서의 마약 밀매 관련 폭력의 증가 등이 보도되었다. 밤에 경계를 가로질러 몰래 잠입하고 밝은 대낮에도 경계 울타리를 넘어 플로리다와 지중해의 해변을 따라 들어오는 이민자 집단이 텔레비전 뉴스 미디어에 보도된 바 있다.

위와 같은 현상들은 서구사회를 차지하려 침입해 들어오는 이민자 군대의 이미지를 만들어 냈다(van Houtum and Boedeltje 2009; Wonders 2006). 국가 경계는 이제 붕괴된 것처럼 보였고, 더 이상 사회를 방어할 수 없는 듯했다. 선진국의 많은 사람이 이민자로부터 포위 공격을 당하고 있다고 보기 시작했고 그들의 지도자에게 이에 대한 조치를 취해 줄 것을 요구하였다. 기회주의적 정치가들은 이민자로 인해 조성된 공포 분위기를 이용하여 권력을 차지하는 방법을 알게 되었고, 이민자-타자화 담론을 제기하였다. 이러한 과정은 이주 문제를 심각할 정도로 정치화하였고, 이주에 대한 관심은 증폭되어 갔다. 이주자 유입은 최소한 국가 안보에 대한 새로운 위협으로 인식되었다. 하지만 그러한 '침입자들'은 무장한 사람들이 아니었다. 오히려 이들은 선진국 사회를 유지시키는 데 필요한 직종에서 저임금의 장시간 노동을 감내하며 살아가는 사람들이며, 따라서 그들에게 부여된 위협적 타자의 이미지는 잘못된 것이었다. 많은 이민자가 보호수용소를 찾는 난민이라는 점도 위협적 타자의 이미지와는 거리가 먼 실상이다.

대부분의 선진국 사회에 존재하는 이민자에 대한 타자화(immigrant-Othering) 담론의 기저에는 선진국 사회의 문화적 본질이 훼손될 수 있다는 우려가 자리 잡고 있다. 비록 이러한 담론은 경제 논리로 대개 설명되지만, 이민자를 수용하는 많은 이익집단이 정작 두려워하는 것은 자신들의 권력과 특권이 이민자에게 빼앗길 수 있다는 점보다는 그들과 이웃이 되어 살아갈 수 있다는 점이다. 이처럼 이주 문제는 로컬 스케일에서 합법적이면서도 우려스러운 문제가 되고 있는데, 이민자가 선진국의 사회 안보와 개인 안보에 영향을 미치는 더 큰 스케일의 트랜스국가적 이슈도 많이 있다. 가령, 글로벌 경제의 거래구조, 환경오염, 정치적 부패 등의 문제는 초국가적 이주가 사람들의 삶에 직접적으로 미치는 영향 그 이상으로 큰 충격을 주고 있다. 그럼에도 불구하고, 많은 선출직 행정관료와 공직에 진출하려는 개인은 일부 이익집단과 마찬가지로, 자신들의 입신양명을 위해 가장 힘없는 사회집단인 이민자에게 대중의 우려와 분노가 향하도록 하고 있다. 이렇게 하는 것이 아웃소싱을 할 기업을 물색하고, 도시 빈민 지역의 빈곤과 범죄 문제를 해결하고, 공공 서비스를 위한 자금을 확대하는 데 힘을 쏟는 것보다 훨씬 손쉬운 방법이기 때문이다.

1980년대 중반 미국과 유럽연합에서는 이민법을 강화하려는 입법안이 여러 차례 통과된 바 있다(Ackleson 2005a; Coleman 2005; 2007a; Walters 2002). 이 입법안들은 경계 안보를 이민 통제의 핵심으로 제정하였다. 법률이 새롭게 제정될 때마다 경계 통제 정책은 강화되었으며, 이민자를 강제로 송환하는 근거가 되는 위반 사항이 확대되었고, 경계 시설에 더 많은 투자가 이루어졌다(Lahav 2004; Nevins 2002). 이와 같은 변화는 트랜스국가적 네트워크를 기반으로 활동하는 조직범죄에 맞서기 위한 타당한 조치라고 여겨졌다. 합법/불법이라는 이분법에 따라 선진국의 지속적 성장에 필요한 이주자는 계속 유입되었지만, 경제적, 문화적 또는 정치적 이유로 바람직하지 않다고 판단되는 이주자의 유입은 차단되었다.

이주자를 좋은 이주자와 나쁜 이주자로 명확히 구분하려는 시도는 두 가지 문제를 안고 있다. 첫째, 합법적으로 경계를 넘어 들어오는 이주자라 할지라도 비자 기간을 넘어 체류하게 되면 불법 이주자가 되기 때문에, 경계를 넘는 모든 사람은 잠재적으로 불법이주자라고 주장할 수 있게 된다(Torpey 2000). 둘째, 불법이주자가 무단으로 경계를 넘는 행위에 대해 죄의식을 갖도록 함으로써 경계 통과 행위를 범죄로 규정한다. 이러한 논리에 따라 직업을 이유로

혹은 정치적인 이유로 경계를 넘는 수많은 이주자가 범죄자로 분류된다. 따라서 이주자는 사회적 위험의 대상으로 인식되며, 결국 이주 행위 자체가 범죄로 간주된다. 결과적으로 볼 때 이민법은 다양한 유형의 이민이 지닌 차이를 무시한 채, 경계 넘기의 법적 허용의 조건을 강화하는 데만 몰두하였다. 합법적인 이주 경로가 점점 더 봉쇄됨에 따라 난민과 임시 이주자 같은 대규모 이주자 범주도 역시 점점 더 불법 이주로 변모하고 있다. 이처럼 불법 이주가 꾸준히 증가하는 상황에서, 이민에 대한 주류사회의 공포가 커지면서 이는 자연스레 안보 위험으로까지 이어지고 있다.

위의 두 논쟁을 요약하자면 경계 안보화는 이주 문제를 근본적으로 해결하지 못하기 때문에 이주를 통제하는 데 적합한 해결책이 아니다. 경계 안보화의 역사와 지리를 살펴보면, 이 점이 매우 분명해진다. 캘리포니아 샌디에이고에 멕시코와의 경계 장벽이 세워진 후, 이주 흐름은 애리조나 사막으로 이동하여 재정비되었다. 같은 맥락에서 북아프리카의 스페인 고립지(enclave)인 세우타(Ceuta)와 멜리야(Melilla)에 경계 장벽이 건설된 후, 유럽연합으로 유입되는 아프리카인의 이주 흐름은 서아프리카의 대서양 해안을 넘어 스페인령 카나리아제도로 이동하는 경로로 바뀌게 되었다. 비자를 통해 이주자의 유입을 제한하는 전략은 결국 성공을 거두지 못하고 있다. 왜냐하면 비자 규정이 엄격해지면서 서구국가의 해외주재 영사관 직원들의 뇌물 수수가 더욱 증가했는데, 이전에는 합법적으로 이주할 수 있던 사람들이 별안간 불법 이주자로 내몰리게 되었기 때문이다. 실제로 세계 경제의 침체기였던 2007~2011년 동안 트랜스국가적 이주는 다른 어떤 시기보다도 더 강력하게 통제되었다.

21세기가 시작되는 시기에 초국가적 이주가 광범위하게 진행된 것은 전 세계적으로 불균등한 발전이 더욱 심화된 결과였고, 또한 세계 곳곳에서 발생하고 있는 분쟁으로 인한 폭력의 결과였다. 2008년까지 세계 인구의 약 3%에 해당하는 2억 명의 초국적 이주자가 발생한 것으로 추정된다(International Labour Organization 2008). 이 중에 노동 관련 이주가 가장 큰 비율을 차지하는데(그다음으로는 난민), 글로벌 남북 격차(North-South Global divide)로 인해 라틴아메리카에서 북아메리카로, 아프리카에서 유럽으로, 남아시아에서 서남아시아, 유럽, 호주 등으로의 이주가 나타나고 있다. 글로벌화의 진전에 따라 개인의 이동성은 인생의 기회를 잡을 수 있는 중요한 요소가 되었고(Bauman 1998; Urry 2000), 그 결과 이주에 대한 압박은 더욱 커져만 갔다. 이주를 범죄로 인식하는 것은 글로벌 이주 현상을 이해하는 데 도움이 되기보다 논쟁을 야기한다.

2001년 9·11 테러 이후, 경계 안보화와 트랜스국가적 이동성 간의 연계 문제는 새로운 활력을 띠면서 활발하게 논의되고 있다. 세계 도처에서 발발하고 있는 테러리즘은 전례 없이 경계 안보화에 강한 자극제가 되고 있다. 기존의 트랜스국가적 이주와 조직범죄에 비하면 테러리즘은 훨씬 더 자극적인 이슈이고, 따라서 엄청난 긴박감을 던져 준 것이다. 테러리즘과 관련된 공포는 이제 기존의 이주 문제, 조직범죄 문제에도 스며들었고, 모든 범죄 행동이 이동하는 외부인에 의해 자행된다는 사실에 근거하여 범죄 수사학이 구성되었다. 마침내 9·11 테러 이후 많은 경계 안보 담론은 테러리즘, 이민, 조직범죄 등을 동일한 방식으로 다루기 시작했다. 이처럼 상당히 다른 현상을 동일한 의미로 총괄하는 담론은 그 현상 간의 차이를 지워 버렸고, 이는 모든 상황에 적용될 수 있는 단일한 경계 안보화의 방안을 제시하려는 시도로 이어졌다(Ackleson 2005a; Walters 2002). 전 세계적으로 경계를 넘다가 잡힌 테러리스트는 거의 없으며, 이는 극히 드문 현상이다. 2004년 마드리드의 테러나 2005년 런던의 테러처럼, 세계 도처의 테러 행위들은 이주자가 아닌 내부자에 의해, 즉 해당 국가에서 합법적으로 거주하고 있는 사람에 의해 자행되었다. 이처럼 생포된 테러리스트가 적다는 사실 때문에, 테러리즘과 맞서 싸운다는 명분으로 정당화된 경계 안보화 조치는 결국 이민을 통제하는 것으로까지 이어지게 되었다.

2) 경계 만들기의 네트워킹과 민영화

경계 안보화의 담론과 그 실천은 경계의 본질을 크게 변형시키는 결과를 낳았다. 선별적으로 이주자를 유입할 수 있도록 경계를 관리해 나가면서, 그와 관련하여 많은 부분이 민영화되었으며, 아울러 외주화와 내재화가 동시에 일어나고 있다(Lahav and Guiraudon 2000; Rumford 2007). 첫 번째 변화는 경계의 공간성과 관련 있으며, 국가 경계선으로부터 멀리 떨어진 곳에서도 경계 기능이 적절히 작동되도록 하는 것을 포함한다(Coleman 2007a; 2007b; Hyndman and Mountz 2008; Rumford 2006a). 경계 통제의 외부화와 내재화를 추구하는 주요한 이유는, 경계선(의 관리)만을 통해서는 이민, 테러리즘, 조직화된 범죄에 성공적으로 대처할 수 없다는 것을 깨달았기 때문이다. 이러한 문제들을 해결하기 위해 정부 이해관계자와 수많은 민간 이해단체는 경계 안보화의 실천 범위를 확장하여 이민자가 경계 내부는 물론이고 아예 경계 외부에 접근하기도 전에 관련 문제를 해결할 수 있도록 조치하고 있다. 경계를 강화한다고 해서 관련 문제의 근본적인 원인이 제거되지는 않기 때문에 그것만을 통해서 원치 않는 이주를 막을 수 없다는 점을 간과했던 것이다. 그 대신에, 경계 강화가 그 목적을 달성하지 못하는 이유를 단지 경계 강화가 제대로 시행되지 않았기 때문이라고 보는 견해가 오히려 지배적이었다. 이에 따라서 정부는 경계 통제를 외주화하고 로컬화하는 전략을 추진하게 되었다.

두 번째의 변화인 민영화는 경계에 대한 권한이 누구에게 있는가의 문제와 관련 있으며, 경계 만들기에 참여하는 행위자들의 특성 변화와 그 숫자의 증가와 관련이 있다(Rumford 2008b; Sparke 2004; Vaughan-Williams 2008). 여기에서 핵심 사항은 경계 만들기에 민간 행위자가 참여함으로써 그 책임과 의무가 어떻게 바뀔 수 있는가 하는 점이다. 국가가 공공 제도의 영향이 미치는 영역적 한계를 설정할 수 있다는 맥락에서, 경계는 예전부터 공적인 영역으로 간주되어 왔다. 즉, 역사적으로 근대국가의 경계는 공공 제도를 통해 통제되었다. 그런데 최근 들어 신자유주의의 논리를 따르는 정부들이 다수의 민간집단, 준공공기관, 심지어 민간 시민에게까지 경계 관리의 책임을 일정 부분 위임하고 있다. 이와 동시에, 민간의 다른 이해집단은 정부의 독려 없이도 경계 만들기 사업에 스스로 뛰어들고 있다. 결과적으로 경계 만들기의 행위 주체로서 민간과 공공 사이의 구분이 흐려지게 되었고, 누가 경계 통제에 대한 책무를 쥐고 있는지에 대해서도 명료한 정의가 어렵게 되었다. 일반적으로 이러한 변화는 경계에 대한 민주적 통제가 약화되고 있다는 것을 의미한다. 새로운 행위자들은 이제 국가를 대신하여 그 기능을 활발히 수행하고 있는데(Torpey 2000), 이들이 단순히 국가의 도구가 아니라 그 이상의 존재로 성장했다는 사실을 증명하는 증거는 매우 많다(Rumford 2008b). 경계 관리 의무를 공유하거나 시민사회의 일부가 경계 이슈에서 공적인 위치를 취하는 것은, 경계 정책 결정에 어떤 영향력이 작동하고 있는지를 이해하는 데 도움을 준다. 문제가 되는 것은 경계 만들기와 관련된 행위자가 단지 증가하고 있는 것이 아니라, 경계 만들기 역할에 대한 행위자의 법적 지위가 모호해지는 것이다.

경계의 본질과 구조가 변화하면서 경계 실천에 대한 복잡하고도 네트워크화된 지리가 등장하고 있다. 테러리즘, 조직범죄와 관련된 그러한 실천은 앞서 4장과 5장에서 논의한 바 있다. 여기에는 테러리스트 수용 캠프, 테러리스트 송환, 그리고 역외 금융센터의 통제가 포함된다. 이민 통제를 지향하는 또 다른 경계 관리 실천은 이러한 특성을 잘 드러내 주고 있다.

경계 내재화와 민영화

국가 내부에서 신자유주의 전략을 추진하는 중앙정부는 이민 관리의 책임을 점차 지방정부와 민간 행위자에게 위임하고 있다. 미국에서 이민 관리는 대체로 연방정부의 역할이었으나, 이제 지방 경찰국이 연방정부의 위임을 받아 이민법 집행의 역할을 대신 수행하고 있다(Coleman 2007a; 2007b). 게다가 2005년 이후, 미국의 경계 관리 지역은 경계로부터 안쪽으로 약 160km 범위까지 확장되어 관련 법률의 영향을 받게 되었다(Davidson and Kim 2009). 이 지역 내에서 국경 정찰 요원은 타당한 근거 없이도 이민자의 법적 지위를 확인하기 위해 자동차를 정지시키고 검문할 수 있는 권한을 가지게 되었다. 이러한 권한은 경계 보호에는 어떠한 예외도 없다고 명시한 미국 헌법의 제4차 개정 조항에 근거한다. 기존의 미국 헌법에서는 (이민자의 법적 지위를 확인하기 위해서) 타당한 근거를 제시하는 법적 과정과 집행이 반드시 이루어져야 하며, 사람을 정지시키고 검문하기 위해서는 영장 발부가 전제되어야 한다고 명시하고 있다. 검문을 할 때 영장 발부 없이 법을 집행할 권한이 예외적으로 인정되는 경우는 공식적인 국경 검문소에 소속된 관리에 한정되었다. 2007년 인구센서스 자료를 기준으로 보았을 때, 미국 경계에서 160km 이내에 거주하는 미국인이 전체의 2/3, 약 1억 9700만 명이란 것을 고려한다면, 폭이 160km에 이르는 경계지가 법적으로 지정된다는 것이 어떤 의미를 갖는지 이해할 수 있을 것이다. 보스턴에서 뉴욕, 시애틀에서 로스앤젤레스에 이르는 미국의 가장 큰 도시 밀집 지역이, 그리고 플로리다, 매사추세츠, 하와이, 기타 수많은 주가 이러한 확장된 경계지에 포함되는 것이다.

선진국의 주요 국가들은 불법 이주자를 고용하는 사업체를 통제하고자 고용주 처벌 정책을 제정하고 있다. 이에 따라 고용주는 경계 업무를 수행하고 고용인의 이민 관련 지위를 확인하도록 요구받고 있다. 더군다나 일부 국가의 중앙정부에서는 지방정부와 연합하여 건물주에게 외국인의 거주 정보를 요구하고 있고, 호텔 매니저와 여행사에게 고객의 체류 상황을 기록할 것을 요구하고 있다(Lahav and Guiraudon 2000). 또한 미국 대학은 이민국에 매 학기 외국인 학생의 등록 현황을 보고해야 한다. 이 밖에, 보안 관련 기업과 민간 위탁업체는 이민자 수용소(immigrant detention prisons)를 운영하고 있으며, 국경 보안 검색 업무를 수행하며, 국경 장벽을 설치하고, 정교한 국경 관리 기술을 적용하고 있다. 최근, 경계 안보화는 사이버공간으로도 확대되고 있다. 많은 국가에서 인터넷 카페 이용자는 자신의 개인정보를 등록해야 한다. 미국의 국경 관리국은 오비츠(Orbitz), 익스피디아(Expedia) 등의 온라인 여행사에 홈페이지를 업데이트하게 하여 보다 상세한 여행자 정보를 수집할 수 있도록 요구하고 있다.

2001년 뉴욕, 그리고 2005년 런던의 테러리스트 공격 이후, 공익 광고 캠페인은 시민들로 하여금 주변 사람의 행태를 감시하고, 의심스러운 행동을 보면 신고하도록 독려하고 있다(Vaughan-Williams 2008). 한편, 시민사회단체는 경계의 문제를 그들의 사회적 어젠다의 중심에 상정하고 있다. '경계 없음', '불법이주자는 없다'와 같은 슬로건을 공표하는 진보적 사회운동은 국경 통제를 폐지하고 사람들의 자유로운 이동을 보장할 것을 주장하지만, 미국의 '미니트멘(Minutemen)' 같은 국경 감시 단체는 경계를 넘나드는 이동을 제한해야 한다고 주장한다(Rumford 2008b). 이탈리아 정부는 시민이 자발적으로 도시의 거리를 순찰하고, 잠재적 불법 이주자 또는 범죄적 행위를 경찰에 신고하는 것을 용인하고 있다.

경계 외부화와 민영화

운송 규제(carrier sanctions)는 경계 외부화와 민영화의 초기 특성 중 하나였다. 외부화와 민영화는 합법적 여행 서류 없이 비행기, 트럭, 화물선, 기차 등 다양한 교통수단을 통해 경계를 넘으려는 이주자를 단속하고자 고안되었다. 만약 불법 이주자가 경계에서 붙잡힌다면, 그들이 도착하려는 국가가 그들에 대한 단죄 권한을 갖는다. 운송 규제를 시행하게 된 계기는, 이유를 불문하고 정당한 여행 서류 없이 목적지로 유입되는 승객을 운송하는 회사에 벌금을 물리기 위해서였다. 이러한 정책은 승객이 목적 국가의 경계에 도달하기 전에, 출발 국가의 운송 회사 직원에게 이주자의 여권과 비자에 대한 관리 책임을 부과한다(Walters 2006b). 이는 분쟁 상황에서 도피해야 하는 사람들, 어떤 이유에서건 적법한 방문 서류를 갖지 못한 사람들의 경우, 법적인 측면에서 할 수 있는 일이 아무 것도 없음을 의미한다. 이들은 (생존을 위해서) 위험을 무릅쓰고 불법적으로 이주해야만 한다. 예를 들어, 소말리아에는 비자를 발급할 수 있는 외국 영사관이 하나도 없으며, 여권을 발행할 국가 기관도 없는 실정이다.

최근 경계 안보화와 관련한 실천에는 불법이주자가 선진국 영토에 접근하는 것을 제한하는 공간적 전략이 지속적으로 도입되고 있다(Hyndman and Mountz 2007). 많은 선진국은 해외의 주요 공항과 항구에 자국의 이민 연락관을 파견하여, 현지 당국과의 협조하에 잠재적 불법 이주자의 출발을 현지에서 바로 막을 수 있도록 지원하고 있다. 최근 유럽연합은 그 경계에서의 입국 절차를 더욱 까다롭게 하고 있다. 이 때문에 잠재적인 망명자들은 유럽연합의 경계로 이동하는 여정 중에 경험하게 될 위험을 기꺼이 감수하지 않고, 해외 영사관에서 바로 난민 비호(asylum)를 신청하고 있다. 해상의 최첨단 국경 정찰단은 불법 이주자가 공해상으로부터 해안에 상륙하는 것을 사전에 차단하고자 불법적인 방법을 동원하기도 한다. 정찰단의 활동은 경비정, 정교한 레이더 시스템, 비행기와 헬리콥터 등을 동원하여 이루어진다. 미국 해안 경비대는 1980년대부터 카리브해를 순찰했다. 호주 해군은 인도네시아와 파푸아뉴기니 근처의 해상을 순찰하며, 이탈리아와 스페인 경비정은 지중해와 서부 아프리카 해안을 따라 순찰한다. 최근 경계 안보화는 트랜스국가적으로 전개되고 있다. 2004년 유럽연합은 외부 경계 관리를 통합적으로 책임질 기관으로 프론텍스(Frontex)를 설치하였다(Vaughan-Williams 2008). 유럽-리비아 합동 감시단은 리비아 영해에서 순찰하고 있으며, 유럽-모리셔스 합동 감시단도 모리타니 해안의 영해와 영공을 순찰하고 있다.

경계 네트워킹의 실천은 이 외에도 다양한 방식으로 전개되고 있다. 이제 경계 네트워크는 많은 선진국에서 표준적인 정부 정책으로 편입되었고, 전 세계로 확대되고 있다. 원래 경계의 안보화 실천은 선진국에만 국한된 일이었다. 비록 개발도상국에서도 엄청난 규모의 이주가 발생하고 있긴 하지만, 대다수의 개발도상국 정부에게는 이보다 먼저 해결해야 할 사안들이 쌓여 있었기 때문이다. 그러나 2000년대에 접어들면서 이러한 상황에 변화가 일어났고, 경계 안보화는 전 세계가 실천해야 할 문제로 부상하였다. 선진국은 우호적 비자 정책, 개발 원조, 그리고 경계 안보화에 대한 원조 등을 통하여 (이민자) 송출국 및 통과국과의 외교 관계에 이민 문제를 포함시켰다.

1990년대 동안 유럽연합은 폴란드와 루마니아 같은 동유럽의 가입 후보국들에게 그 동쪽 바깥의 우크라이나, 몰다비아 등 이웃 국가와의 경계를 강화할 것을 요구하였다. 이러한 경계 안보화 정책에는 비자 제도의 도입, 정교한 경계 통제 기술의 도입 등이 포함되었다. 유럽연합은 이 프로젝트에 자금을 제공하는 것 외에도, 동유럽의 후보 회원국 시민들의 비자를 면제하는 조건을 제시하였다. 이러한 방법으로, 유럽연합의 경계는 이미 동유럽으로 확장되어 있었다(Popescu 2008). 현재 유럽연합은 유럽 인접국 정책(ENP: European Neighborhood Policy)을 통하여 이러한 정책을 계속 이어 가면서, 새로운 이웃 국가와의 협력을 강화하고 있다. 유럽 인접국 정책 협정은 동유럽, 남부 코카서스, 중동, 북아프리카 등의 16개 국가를 포함하며, 이는 유럽연합의 동쪽과 남쪽으로 경계를 확장하는 데 기여하고 있다. 미국은 북미자유무역협정(NAFTA)에서 비슷한 정책을 추진하였다. 이 협정은 멕시코 정부로 하여금 남쪽 과테말라와의 경계를 강화하도록 독려하였고, 이를 통해 북쪽의 미국-멕시코 공동 국경 지대의 국경 통과 절차는 상당 부분 완화될 수 있도록 노력하고 있다(Coleman 2007a).

널리 활용되고 있는 또 다른 외교정책은 재입국 협정(Readmission agreement)*과 안전한 제3국 협정(Safe Third Country Agreements)**이다. 이는 정착 국가가 불법 이주자를 본국으로 송환할 수 있으며, 망명 신청자가 가고자 했던 목적지에 도달하기 전에 통과했던 국가로 되돌려 보낼 수 있도록 하는 제도이다(Hyndman and Mountz 2007). 이 정책의 도입으로 제3국 경계 내에 해외 난민 수용소와 심사 기관(processing center)이 생기게 되었다(그림 6.1을 볼 것). 유럽연합, 미국, 또는 호주로 이민가려다 제지당한 사람들은 상습범 취급을 받거나, 난민 신청에 대한 심사도 없이 본국(예를 들어 우크라이나, 터키, 리비아, 모리타니, 과테말라, 또는 나우루와 같은 다양한 국가)으로 송환되곤 한다. **강제송환(refoulement)**이라 불리는 이러한 제도는 유럽국가의 헌법과 제네바 난민 협약에는 위배되는 것이다. 이주자가 **송환되는**

---

* 역자 주: 재입국 협정이란 유럽연합의 공동비자정책으로, 유럽연합 회원국의 영토에서 체포된 불법 이민자의 재입국과 관련한 협정이다. 이는 정착국에서 진입 조건이나 거주 조건이 충족되지 않은 이민자를 제3국으로 추방하는 것을 골자로 하고 있다.

** 역자 주: 이 협정은 최초 입국항에서만 비호 신청을 할 수 있도록 하는 내용을 골자로 한다.

(refouled) 제3국가들은 심각한 인권 문제가 벌어지고 있는 곳이며, 난민을 지원할 경제적 수단이 충분하지 못한 국가들이다. 이 이주자들은 학대가 자행되는 수용소에 몇 달 동안 수감되기도 하고, 난민 신청이 진행되는 데만 몇 년이 소요되기도 한다. 수많은 이주자가 난민 신청에 대한 적절한 심사도 받지 못한 채 제3국가의 관료에 의해 본국으로 송환되는 경우도 적지 않다.

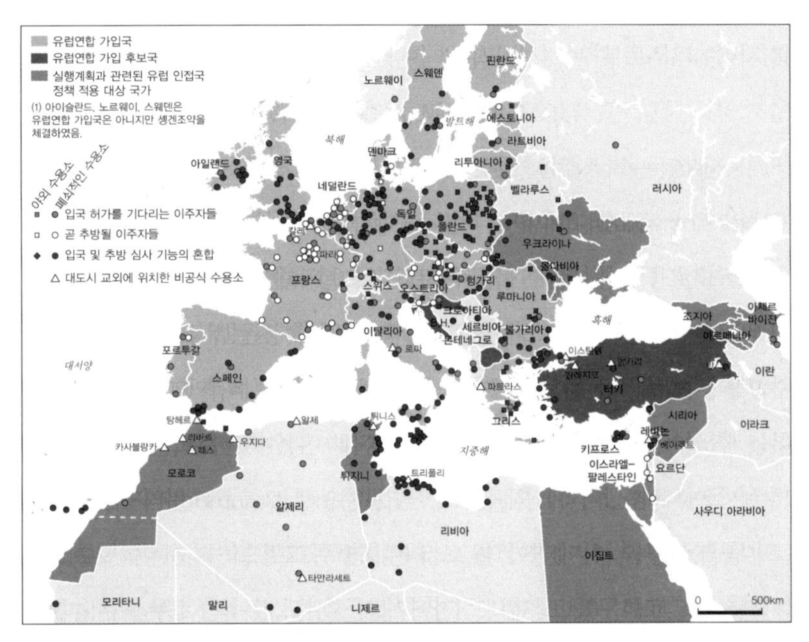

그림 6.1 EU 경계 외부 및 EU 경계 내 이민자 수용소 시스템[유럽과 지중해 일대의 '캠프 수용소(encampment)']

출처: Migreurop

* '캠프 수용소'라는 말은 바바라 하렐-본드(Barbara Harrell-Bond)의 용어를 빌려 온 것이다.

** 이 지도에서 프랑스의 경우, 프랑스 영토에 들어온 외국인들을 추방하기 위해서 사용되는 대기 구역만 포함한다.

*** 추방 명령을 받은 이주자들은 구금 시설의 특별 구역에 수감되기도 한다. 지도에는 다 표시하지 못했으나, 스위스에 23개의 구금 시설이 있다[아펜첼, 바젤(2), 베른, 쿠어, 도나흐, 아인지델른, 감펠렌, 글라루스, 그랑즈, 멘드리지오, 올튼, 세뉴레지에, 샤프하우젠, 쉬프하임, 시사흐, 졸로투른, 주제르, 토넥스, 위드나, 추크, 취리히(2)].

**** Migreurop은 이집트, 마케도니아, 몬테네그로, 시리아의 데이터는 보유하고 있지 않다. 벨라루스와 러시아의 경우는 정보가 불완전한 상태다.

역외 이민자 수용소 시스템과 더불어 역내 이민자 수용소 시스템도 운영되고 있는데, 여기에는 경계를 이미 통과하여 선진국으로 들어온 이민자가 구금된다. 미국에는 350개에 달하는 카운티 수용소와 민간 수용소가 존재한다. 이 수용소에는 연간 24억 달러의 비용이 투입되고 있으며, 매년 (아동을 포함하여) 약 40만 명의 이민자가 수용된다(Bernstein 2009). 수용자의 대부분은 범죄 기록이 없는 사람들이다. 2008년 당시 유럽연합에는 약 224개의 이민자 수용소가 있었고, 여기에 약 3만 명이 수용되었다(Brothers 2008).

고립된 섬이나 주권의 상태가 모호한 외딴 곳에 위치하는 세 번째 유형의 이민자 수용소에 특별히 주목할 필요가 있다. 대표적인 사례가 관타나모, 괌, 크리스마스섬 등의 수용소이다(Mountz 2011). 쿠바 섬에 있는 관타나모 수용소는 2000년대에 들어서 테러리스트 수용 캠프로 전환되었는데, 이전 1980년대와 1990년대에는 쿠바인과 아이티인 (불법) 이민자를 수용하는 캠프로 사용되었다. 이러한 외딴 곳의 수용자는 대중에게서 고립되고, 어떤 경우에는 이민 전문 변호사 또는 치료와 같은 기본권을 누리는 것조차 거부된다. 이러한 전략은 목적에 따라 특정 영역을 국가 경계에 포함시키거나 제외시키고자 하는 경계 조작 전략의 일환이라고 할 수 있다. 사이 장소(in-between places)란 경계 안과 밖을 동시에 포함하고 있는 곳으로, 국가가 상황에 따라 주권의 책임을 회피할 수 있도록 만들어진 공간이다.

2001년 호주 정부가 채택한 이민 정책은 이러한 조작적 경계 만들기 실천을 보여 주는 대표적 사례이다(Green 2006; Hyndman and Mountz 2008). 태평양을 통해 아시아에서 들어오는 이주자들은 해상에서부터 제지당한 채 호주 본토에 상륙하는 것을 거부당했고, 수천 킬로미터 떨어진 인도양에 위치한 호주의 해외 영토인 코코스 제도와 크리스마스섬 수용 캠프로 보내졌다. 일부 이주자는 나우루, 파푸아 뉴기니, 인도네시아와 같은 독립국에 소속된 태평양의 섬으로 보내졌는데, 호주 정부는 이곳에 난민을 보내면서 해당 정부에 그 비용을 지불하였다. 이러한 계획과 관련하여 주목할 점은 호주가 이민과 관련하여 수많은 섬을 자국의 영토에서 제외시켰다는 점이다(Hyndman and Mountz 2008). 따라서 이들 섬에 상륙하는 이주자들은 호주 땅을 밟았다고 인정받지 못했고, 호주에 비호 신청을 할 수 없었다. 이보다 더 심각한 것은 호주의 영토인 어떤 섬에 이주자가 상륙하면, 시기적으로 소급하여 그 섬을 호주 영토에서 제외했다는 점이다. 이러한 상황에서, 호주의 경계는 현실세계를 외면한 채 추상 세계를 임의대로 지향하는 이동성(유동성)의 극단적인 표현체가 되었다. 기묘한 시간과 공간의 뒤섞임을 경험하면서, 호주의 경계는 이주자를 건드리지 않고도 그들의 신체를 넘나들게 되었다. 이는 경계 설정의 원초적 권력이 작동하고 있다는 것을 시사한다. 이러한 정책은 호주에서 신정부가 구성되면서 2008년에 끝나게 되지만, 외딴 크리스마스섬에 이주자를 수용하는 정책은 여전히 지속되고 있다.

숨겨진 것들, 그러나 감출 수 없는 비용

경계의 안보화 관리 방식으로 인해 이민자 수용소는 세계의 주요 군도(archipelago)에 설치되었는데, 이런 수용소는 제4장에서 논의하였던 테러리스트 수용소와 밀접한 관련을 맺고 있다. 이 군도들은 공공/민간 혹은 해외/국내에 대한 기존의 이분법적 인식에 부합하지 않는다. 이들 섬은 국가 경계의 내부에 위치하지만, 부분적으로는 경계의 밖, 혹은 내부와 외부의 사이에 위치한다. 또한, 이들 섬은 부분적으로는 공공의 성격을, 또 다른 측면에서는 민간의 성격을 띤다. 이 섬들은 정치적-영역적 틈새 공간을 차지하는데, 최근에 와서야 이러한 현상을 이해하기 위한 용어가 개발되었다. 우리가 거의 들어보지 못한 람페두사(이탈리아), 쿠프라(리비아), 상가트(프랑스), 크리스마스섬(호주), 티 돈 휴토(미국), 관타나모(쿠바), 디에고가르시아(영국), 린델라(남아프리카공화국) 등을 비롯한 다른 수백 개의 섬은 21세기 안보 패러다임의 드라마를 극적으로 구현하고 있다.

이러한 드라마는 대부분 죽음으로 끝나고 있다(van Houtum and Boedeltje 2009). 미국-멕시코 경계지의 사막에서 수많은 사람들이 갈증과 탈진으로 죽어 갔다. 또 다른 수많은 사람이 유럽의 해안에 도달하기도 전에 익사하고 있으며, 그들의 시신이 지중해 해변에서 해수욕하는 유럽인에 의해 발견되기도 한다. 일부는 경계를 몰래 넘어오는 도중에 트레일러트럭 안에서 질식해서 죽거나, 이동하는 트럭의 트레일러 안으로 뛰어오르기를 시도하다가 실패하여 타이어 밑에 깔려 사망하기도 한다. 하지만 어떻게 죽었는지도 모르게 죽어 간 사람이 얼마나 많은지는 아무도 모른다. 더 중요한 것은 이들이 한 국가를 침략하려다 죽은 것이 아니라 더 나은 삶을 위해 경계를 넘는 과정에서 붙들리지 않으려고 피하다가 죽었다는 점이다.

선진국이 경계 안보화에 쏟아붓는 경제적 비용은 실로 막대하다. 21세기 경계를 유지하는 것은 전 세계적으로 수십억 달러가 소요되는 비즈니스가 되었고, 정부뿐만 아니라 건설 회사부터 항공사, 하드웨어 및 소프트웨어 개발업자, 보안 기업, 금융 기업, 일부 선택된 수혜자에 이르기까지 다양한 산업 주체가 개입하고 있다. 경계 안보에 투입되는 수십억 달러의 공적 자금은, 공공교육, 건강보험, 그 외의 공적 프로그램에 투입되어야 할 비용을 삭감하여 조달한 것이다. 이러한 논리는 다음과 같은 문제를 포함한다. 이러한 막대한 투자가 사회에 가져다주는 혜택은 과연 무엇일까? 사회 복지 향상에 도움이 되는 공적 프로그램에 대한 공공 투자를 줄이고 경계 안보에 투자를 늘리는 것이 경제적으로 더 가치가 있는가? 만약 이러한 막대한 돈이 이민 송출국에 전략적으로 투자된다면, 더 나은 안보의 결과를 가져올 수 있지 않을까?

이탈리아 철학자 조르조 아감벤(Giorgio Agamben 1998; 2005)은 주권, 권력의 전략, 인간생활 간의 상호작용에 관해 연구한 바 있는데, 우리는 그 연구를 통해 현재의 경계 만들기 실천이 사회에 어떤 영향을 미치는지를 더 잘 이해할 수 있다. 아감벤은 국가가 주권을 활용하여 어떻게 법을 조작하고, 이를 통해 역설적인 '예외 상태'가 어떻게 만들어지는지를 보여 주었다. 이 국가 안에서 사람들은 법적으로 국가의 통제하에 있으면서도 사법 시스템이 제공하는 법적 보호를 받지 못한 채, 결국 권력 남용에 노출되게 된다. 그는 나치의 집단 수용소는 물론이고, 관타나모와 같은 모든 외국인 수용소가 바로 '예외의 공간(spaces of exception)'의 전형임을 지적한다. 이때 이 공간에서 인간은 법적 한계의 안팎에 동시에 위치하는 사잇성(in-betweenness)의 상태로 존재하게 된다. 경계 연구의 관점에서 보면, 안보화 실천은 국가 경계의 내부와 외부에 동시에 위치하는 예외의 공간, 즉 이동성이 제한되고 사법권이 적용되지 않는 공간을 창조하기 위해 경계를 사용한다. 이들 공간에서 인간은 정치적 권리를 갖는 국가 권력의 주체가 결코 될 수 없다. 단지 살아 있는 신체를 가진 생물학적 생명체로 간주될 뿐이다.

아감벤(Agamben 2005)은 또한 이러한 '예외의 공간'을 단지 외부인에게만 영향을 미치는 외부적 사안으로 바라보는 것에 대해 경고한다. 예외적 권력이 반복적으로 사용되면, 이는 일상에 영향을 미치는 일종의 거버넌스로 정립되어 버리는 경향이 있다는 것이다. 특별한 예외가 보편적인 규범으로 바뀔 수도 있는 것이다. 법적인 한계를 초월하는 국가 권력은 때로는 (수용자) 캠프의 공간을 벗어나 한 사회의 내부로 이전되고, 결국 사회 보호의 명목하에 그 사회를 억압하는 기제로 작동할 수 있다. 달리 말하자면, '예외의 공간'이라는 지리를 외딴 곳에 위치한 식별 가능한 영토로 편협하게 이해해서는 안 된다. '예외의 공간'이란 사회 내의 다양한 현장(multiple locales)에 존재하고 있는 정치적-지리적 조건인 것이다. 경계 안보화에서 가장 간과하기 쉬운 점은, 안보화 실천이 사회를 보호한다는 명목하에 구성원의 정치적 권리를 침해하여 사회를 변화시키고, 그 결과 구성원은 이전보다 불안정하고 변덕스러운 권력에 노출될 수 있다는 사실이다. 외부와 내부 사이의 경계 그리고 공공과 민간 사이의 경계가 모호해지는 세계에서, 공해상의 난민 포획, 불안한 장소로의 이민자 송환, 송출, 무기한 구금, 타자/외부인/내부인과 같은 구별 짓기를 통하여 법적 책임을 피해 가는 것은 결국 심각한 문제를 가져오게 될 것이다.

2. 경계의 신체화: 기술을 통한 변방의 강화

위험에 초점을 맞춘 경계 안보화의 실천은 인간의 신체에 주목하게 하였다. 만약 경계가 공간 차이를 질서 있게 정돈해 줌으로써 권력을 완성하도록 하는 것이라면, 경계 만들기 전략에서 가장 작고 사적인 공간인 신체로 그 권력이 확산되는 것은 자연스러운 현상일 것이다. 이러한 논리에 따르면, 신체란 경계가 새겨지는 공간으로 상상될 수 있다. 즉, 신체란 경계적 신체경관(border bodyscapes)인 것이다.

신체화된 경계는 분명한 이점을 갖는다. 이것은 이동성이 대단히 높고 철저하게 개별적이다. 따라서 가장 작은 공간 스케일에서 지속적이고 정확하게 이동을 통제하는 것이 가능하다. 이러한 점에서 신체화된 경계는 글로벌화로 인해 생긴 딜레마, 즉 이동성 대(對) 안보화의 상반된 흐름에서 경계를 어떻게 관리해야 하는가의 문제를 해결할 수 있는 돌파구로 간주되고 있다. 위험의 이동은 이동하는 신체를 통해 개별적으로 파악될 수 있고, 따라서 경계상에서 위험을 내재하고 있는 신체만을 효과적으로 제거할 수 있기 때문에 통행의 전체적인 흐름이 중단되지 않는다. 신체는 늘 가까이 있기 때문에 상황이 변할 때마다 언제든지 적절하게 실천될 수 있는 이상적인 경계인 것이다. 이러한 속성으로 인해 신체화된 경계는 (경계 관리에 있어서) 대단히 매력적이다. 권력은 앞으로도 계속 인간의 이동을 통제할 것이다. 이것이 바로 세계의 정책 결정자와 기업이 적극적으로 경계의 신체화를 원하는 이유라고 할 수 있다.

신체는 오랫동안 경계화 실천의 핵심적 주제가 되어 왔다(Tyner 2006). 한 예로, 100년도 더 전에 뉴욕의 엘리스섬에서는 이민자를 대상으로 건강 검사가 이루어졌으며, 이때 부적합하다고 판명된 신체는 신세계로의 접근이 거부되었다. 그럼에도 불구하고, 20세기 초반까지 신체는 쉽게 통제되지 않았다. 신체는 느슨하게 지배되는 최첨단의 공간이었고, 많은 권력이 행사되어 유린되었지만 수많은 저항 운동의 본거지이기도 했다. 오늘날 신체는 경계를 만들고 경계를 실천하는 주체가 되고 있다. 국경은 신체에 착근되었으며(Sassen 2006), 결국 신체 자체가 국경이 되었다. 개인은 걸어 다니며 말할 수 있는 경계인 것이다.

신원(identity)은 경계를 신체화하는 과정에서 중요한 역할을 한다. 왜냐하면, 한 개인의 신원은 위험의 정도를 잘 보여 준다고 가정되기 때문이다. 따라서 개인의 신원은 사회가 직면한 위험을 감지하는 토대를 제공한다. 공간과 사회를 안정시키기 위한 최선의 길은 개인이 국경을 이동할 때마다 그의 신원을 체크할 수 있는 효율적 방법을 찾는 것이다. 이러한 문제를 해결하기 위해, 정책 결정자와 비즈니스 집단은 모니터링 기술에 더욱더 의존하려고 한다. 지난 10년간, 디지털 정보 기술은 신체-국경-신원의 연결을 상호 접합시키는 중요한 수단을 제공하였다. 결과적으로 일련의 정교한 기술이 출현하였는데, 그 많은 기술이 군사적 용도에서 비롯되었다는 것은 주목할 만하다. 이러한 기술은 위험스러운 인간을 찾아내어 신원을 확인하고, 그들의 이동을 추적하기 위하여 신체에 경계를 착근시키고 있다. 이를 위해 심장 박동기, 이산화 탄소 배출 감지기, 열 탐지기, 무선 통신 시스템 등과 같은 많은 장비들이 동원된다. 이 중 생체 계측 기술과 무선인식기술(RFID: Radio Frequency Identification)에 주목할 필요가 있는데, 이것들은 사회와 공간의 관계에 영향을 미쳐 큰 변화를 유발하기 때문이다. 미국과 캐나다 관료들은 이러한 기술 주도적 경계 체제를 '스마트 경계(Smart Borders)'라 부른다(Ackleson 2005b; Sparke 2004).

1) 생체 계측의 경계화와 신원의 생산

생체 계측의 경계화는 글로벌화에 따른 경계 관리의 딜레마에 대처하기 위한 안보적 차원에서 등장하였다. 생체 계측이란 인간의 신원을 확인하고 정보를 구축하기 위해 개인의 고유한 생리학적 특성을 측정하는 것이다. 목소리, 서명 그리고 자판 입력(keystroke) 등 행태적 특성뿐만 아니라, 안면 구조, 지문, 홍채 등과 같은 다양한 신체 부분을 해독하는 것으로 측정이 이루어진다(Epstein 2008; Lodge 2007). 디지털 여권 이전에 활용되었던 초기의 생체 계측은 사진, 서명, 눈 색깔, 키 등 간단한 것들이었다(Salter 2003). 현대의 생체 계측 기술은 신체 정보를 자동으로 얻기 위해 디지털 센서(예: 카메라와 스캐너)를 사용한다. 신체 정보는 중앙 데이터베이스, 여권과 비자와 같은 개인 서류 속에 삽입되는 칩을 통해 검색할 수 있도록, 알고리즘에 따라 암호화되고 저장된다(van der Ploeg 1999b). 국경 통과 지점에서 개인은 신원을 체크받기 위해서 전자 여행 서류와 함께 신체의 일부분을 제시해야 한다. 이때, 신체의 일부분은 디지털 방식으로 판독되고, 데이터베이스 혹은 칩에 저장된 정보와 비교되는 과정을 거친다. 만약 그 결과가 일치하게 되면 신원이 증명되는 것이다.

현대의 생체 계측 기술이 막 시작되던 1990년대에는 이 기술이 주로 미시적 스케일에서 활용되었다. 은행에서 인출을 보증하기 위해 사용되거나, 건물 혹은 다른 공간으로의 접근을 관리하기 위한 보안 시스템 수준에서 사용되었던 것이다. 이후 이 기술은 2000년대 초반 미국과 영국에서 경계의 안보화 정책에 도입되었고, 이에 따라 불법 이민을 통제하고 합법적 여행자를 확인할 수 있는 제도가 구축되었다(Sparke 2006; van der Ploeg 1999a). 2000년대 말 생체 계측 기술은 태국, 호주, 나이지리아, 미국에 이르기까지 세계 도처의 경계 안보화 체제의 핵심이 되었다. 이 기술은 수많은 사람을 체크하는 거시적 수준에서도 활용되었는데, 가장 대표적인 사례는 정부가 발행하는 생체 계측 여권과 다양하게 구성된 경계 관련 데이터베이스이다. 생체 계측 여권은 흔히 전자여권으로 알려져 있다. 이처럼 생체 계측 기술이 널리 활용되는 것은 개인 신분 확인에 있어서 그 정확성이 매우 높기 때문이다. 이를 '신체는 거짓말하지 않는다'는 말로 요약할 수 있을 것이다(Aas 2006). 다시 말해 기술이 보다 정확하게 신체적 특성을 포착하고 해독할수록 개인의 주관성은 제거되고, 이에 따라 개인의 신원은 더욱 정확해진다는 믿음이 펴져 있는 것이다.

2001년 9·11 테러 이전에도 국경을 통과하는 사람에게 이러한 생체 계측이 사용되었다. 하지만 뉴욕과 워싱턴에 가해졌던 당시의 공격(9·11 테러)이 이 기술을 보다 광범위하게 사용하게 된 결정적인 계기가 되었다는 것은 의심의 여지가 없어 보인다. 2001년 미국의 애국법(U.S. Patriot Act)에서 생체 계측 기술이 미국에서 사용되도록 최초로 공표되었고, 이는 2002년 국경 안보 강화 및 비자 입국 개정법(U.S. Enhanced Border Security and Visa Entry Reform Act of 2002)을 통해 일반화되었다. 이 법에 따라 생체 계측 여행 기록의 도입과 상호작용적 생체 계측 이민데이터 구축이 의무화되었다. 이 법

사진 6.1 김포공항의 생체 정보 사전 등록 데스크

사진 6.2 대한민국 여권

은, 미국에서 무비자로 3달까지 머물 수 있는 비자 면제 국가가 이러한 특권을 유지하기 위해서 생체 계측 전자여권을 반드시 도입해야 한다는 조항을 명기하고 있다. 미국 국경 밖까지 영향을 미치는 이러한 법률 조항들은 생체 계측에 기반한 경계 안보 체제의 글로벌화에 효과적으로 기여하고 있다. 항공 통행 원칙을 규정하는, 세계 190개 국가로 구성된 UN 산하 조직, 국제민간항공기구(ICAO: International Civil Aviation Organization)에서는 2003년에 디지털 사진을 포함한 생체 계측 전자여권을 국제 여행 기록을 위한 새로운 기준으로 채택하도록 권고하였고, 이 역시 국경 안보 체제의 글로벌화를 강화시키는 데 기여하였다. 처음에는 유럽연합의 정부들이 이러한 미국의 요구에 분노하였다. 그러나 곧바로 자신들의 경계 안보화를 이유로 하나가 아닌 두 가지의 생체 계측 자료를 담은, 즉 사진과 지문에 기초한 전자여권을 도입하기로 결정하였다(Epstein 2007). 이러한 상황으로 많은 개발도상국 정부는 선택의 여지없이 따를 수밖에 없었고, 선진국이 요구하는 여권 표준에 맞추기 위해 생체 계측 기술에 자본을 투자할 수밖에 없었다.

생체 계측 기술은 이제 경계의 안보화를 위한 만병통치약으로 인정되며 전 세계로 급격히 확산되었다. 개인 신체를 확인하는 것은 곧 개인의 신원을 알아내는 것을 의미한다. 따라서 생체 계측 신원 확인은 두 가지 방법으로 사용되는데, 하나는 어떤 사람의 기존 신원을 검증하는 것이고, 다른 하나는 어떤 사람의 신원을 새롭게 구축해 가는 것이다(Lyon 2008; van der Ploeg 1999b). 첫 번째 사용 방식은 보통 현재의 전자 여행 기록과 관련된다. 이 경우에는 생체 계측 기술을 사용하는 것이 한 개인의 신원을 검증하기 위한 것으로, 이를 통해 결국 그 개인이 기존의 기록과 일치하는 존재인지 아닌지를 확인할 수 있게 된다. 신체는 패스워드처럼 작동하여, 한 개인이 다양한 공간과 서비스에 접근하기 위해 이동할 때 신원 확인 정보를 제공한다. 바로 이러한 점에서, 생체 정보를 탑재한 여권과 신분증은 이전 신분증의 최신 버전에 지나지 않는다. 이것들은 이전의 것에 비해 더 빠르고 효과적이며 좀 더 정확할 뿐이다. 또한 이것들은 사실상 조작이 불가능한 것으로 인식된다.

이처럼 경계의 안보화를 위한 생체 계측은 매우 가치 있고 자명한 것처럼 보인다. 하지만 2001년 9·11 테러 이전의 비전자여권이 미국 국경에서 테러리스트를 제대로 색출해 내지 못했던 것처럼, 새로운 생체 계측 여권도 마찬가지로 잠재적 테러리스트를 완전히 걸러 내지 못한다(Salter 2004). 설사 생체 계측 기술로 오사마 빈라덴의 신원을 입증하더라도, 그것은 '그'가 '그'라고 말하는 '그'를 그저 확인하는 것에 불과할 뿐이라는 점에 주목해야 한다. 빈라덴의 어권 칩에 저장된 생체 계측은 그가 테러리스트라고 알려 주지 않는다. 이것이 작동하기 위해서, 안보 시스템에 오사마 빈라덴으로 확인된 사람의 행동에 대한 이전의 정보가 축적되어 있어야 하며, 이 정보는 어떤 방식으로든 그의 전자여권 칩에 있는 생체 계측 정보와 연결될 수 있어야 한다.

두 번째로 생체 계측은 "이 사람은 누구인가?"에 대한 질문에 답하기 위해 사용된다. 이 질문에 답하기 위해서는 개인 신원에 대한 정보 구축이 필요하다. 이를 위해 생체 계측 시스템은 한 집단에서 특정 개인을 확인할 수 있는 정교한 탐색 작업을 수행해야 하고, 그 과정에서 많은 사람들의 생체 계측과 개인의 생체 계측을 비교해야 한다. 이러한 업무를 위해서는 수많은 사람의 생체 계측 정보를 보관하는 데이터베이스를 구축하고 관리해야 한다. 사람들이 들고 다닐 수 있는 생체 계측 여권과 신분증이 데이터베이스에 연결되어야 하고, 각 국가 또는 보안회사의 국경 통과 담당자에 의해 독립적으로 관리되어야 하며, 내부전산망을 통해 저장되어야 한다. 생체 계측 기술이 최적의 상태로 작동하기 위해서는 각 개인의 여러 가지 생체 계측 기록이 축적되어 있는, 그리고 지구상의 모든 사람들이 등록되어 있는 하나의 글로벌 데이터베이스가 구축되어 있어야 하고, 이에 쉽게 접근할 수 있도록 사이버공간에 저장되어 있어야 한다.

그럼에도 불구하고, 방대한 양의 생체 계측 데이터 자체는 특정인의 신원을 정확히 판단하는 데 한계가 있다(van der Ploeg 1999b). 이를 해결하기 위해서 데이터베이스는 어떤 사람의 행동과 교제(association)의 유형을 전자적으로 알아낼 수 있는 일상생활에 대한 추가적 정보를 보유해야 한다. 어떤 사람의 생체 계측 정보가 데이터베이스로 기록되면, 개인 정보는 필요할 때마다 언제든지 수집될 수 있다. 즉, 매 시간 어떤 사람의 신원은 생체 계측 기술로 체크되고, 이는 데이터베이스에 흔적으로 남는다. 데이터베이스에는 이름, 주소, 원래의 국적 등과 같이 미리 정해진 기준에 따라 개인의 프로필이 저장되고, 어떤 사람이 얼마나 자주 국경을 통과하고, 어떤 장소의 어떤 국경으로 통과하며, 사용한 교통 수단, 여행 비용의 지불 방법, 체류 기간, 운전 기록, 비행 중 식사의 형태, 좌석 선호도, 기타 등이 기록된다(Department of Homeland Security 2006). 이는 개인이 인식하지 못하는 상황에서 어떻게 데이터베이스에 개인의 디지털 정보가 구축되는지를 보여 준다. 이러한 국경 안보 시스템을 통해 법 집행 당국은 관련 없어 보이는 정보 사이에서 '실체를 파악할 수 있는(connect the dots)' 내용을 추출할 수 있기 때문에 더 이상 2001년 9·11 사건과 같은 상황이 반복되지는 않을 것이라고 믿고 있다. 이 시스템은 2002년부터 자동 표적화 시스템(ATS: Automated Targeting System)이란 이름으로 미국 국경에서 비밀리에 적용되어 왔다(2006년 기밀문서에서 제외됨). 이 시스템은 분리되어 있던 정부와 민간의 여러 데이터베이스를 통합하고, 수억 명의 미국 시민과 방문자의 정보를 수집한다. 또한 이 시스템과 짝을 이루는 다른 시스템이 있는데, 이는 미국 국경을 통과하는 모든 상품에 위험 점수를 부과한다. 유럽연합은 자동화 국경 관리(ABC: Automated Border Control)라는 유사한 시스템을 구축하였다(Guild et al. 2008).

이러한 전체 안보 시스템이 국경 통과 지점에 설치되면, 자동화된 소프트웨어는 여권의 칩과 신체의 일부를 읽어 내고, 데이터베이스로부터 개인 정보를 식별하며, 비밀 알고리즘에 따라 정보를 분석하여 수치화된 위험 지수가 포함된 개인 신원 프로필을 생성하게 된다(Amoore 2009). 기술적인 측면에서 보았을 때, 이 시스템으로 인해 국경 경비원은 더 이상 쓸모가 없어진 듯하다. 최종 결과는 컴퓨터가 생성하는 신원 정보인데, 이를 이해하는 사람은 거의 없으며 그저 따라야만 할 뿐이다. 자동화된 국경 관문에서 컴퓨터는 다음과 같이 말을 한다.

"심사받으시는 분, 당신에 대한 내용입니다. 당신의 손바닥, 손가락과 홍채를 읽었습니다. 당신은 말할 필요가 없습니다. 말하면 처리 시간이 증가하고 복잡해질 뿐입니다. 당신에 대해 확실하게 알고 있다고 확신합니다. 이제 당신은 가도 됩니다/추가적으로 조사할 것이 있으니 잠시 기다려 주세요."

두 가지 유형의 생체 계측 데이터베이스가 스마트 경계(smart border)의 핵심을 이루고 있다. 첫 번째 유형은 기피 인물을 잡아내는 데 도움을 줄 수 있도록 고안되었다. 이러한 데이터베이스는 여행자가 비자를 신청할 때, 또는 여행자가 생체 계측 여권이나 신분증을 획득할 때 수집한 정보, 그리고 국경 통과 지점에서 여행자로부터 수집한 모든 생체 계측 정보를 가지고 있다. 또한 이 데이터베이스에는 이른바 테러리스트 감시 대상, 비행 금지 대상, 비호 신청자 리스트, 범죄자의 정보 등이 포함되어 있다. 이는 생체 계측 데이터베이스 중에서 가장 널리 사용되는 방식이다. 데이터베이스에는 거의 모든 사람이 등록되어 있고, 사람의 개인정보가 저장된다. 위험 관리의 관점에서, 이러한 데이터베이스는 위험 인물을 식별할 수 있는 용의자 풀(pool)이라고 할 수 있다. 이는 일련의 프로그램을 통해서 관리되는데, 현재 가장 큰 규모의 프로젝트는 미국으로 들어오는 모든 외국인의 생체 계측을 수집하는 100억 달러짜리 미국-방문 프로그램(US-VISIT program)이다(Amoore 2006; Epstein 2008). 자동 표적화 시스템(ATS) 형태의 프로그램도 이러한 데이터베이스 유형에 잘 맞는다. 유럽연합에는 세 가지 형태의 프로그램이 사용되는데, 유로닥(Eurodac)은 이민 과정과 비호 신청자의 지문 관리에 사용되고, 솅겐 정보 시스템(SIS: Schengen Information System)은 제3세계의 수배자가 유럽연합으로 입국하는 것을 거부하기 위한 범죄 예방의 목적으로 사용되며, 비자 정보 시스템(VIS: Visa Information System)은 유럽연합으로 입국하기 위해 비자를 필요로 하는 모든 제3세계 국민에 대한 정보를 수집하여 이민과 법 집행의 목적을 위해 사용된다(Baldaccini 2008). 일부 다른 국가를 포함하여, 일본, 호주, 브라질도 아주 정밀하지는 않더라도 생체 계측 데이터 수집 프로그램을 갖고 있다.

두 번째 유형의 생체 계측 데이터베이스는 이동성을 강화하기 위해 고안되었는데, 홍콩, 인도네시아, 포르투갈, 미국 등의 다양한 국경 통과 검색대에서 실시하고 있는 여행자 공인 프로그램으로 이 같은 프로그램의 상당수는 국가 안보 기관이 승인하고, 민간 안보 기업이 시행하는 민-관 파트너십(협력관계)에 의한 것이다. 널리 알려진 여행자 등록 프로그램인 프리비움(Privium)은 암스테르담 스히폴 공항에서 운영되고 있으며, 스마트게이트(SmartGate)는 호주에서, 글로벌 엔트리(Global Entry)는 주로 미국 공항에서 사용되고 있다. 가장 규모가 큰 것은 미국과 캐나다 간의 여행 정보를 구축하는 넥서스(NEXUS), 그리고 미국과 멕시코 간의 여행 정보를 구축하는 센트리(SEN-TRI: Secure Electronic Network for Travelers Rapid Inspection) 등이다(Sparke 2006). 또한 경계 횡단 무역을 사전에 선별하는 프로그램이 있는데, 이는 여행자 데이터베이스와 유사하게 구축된다. 이러한 프로그램 중 가장 규모가 큰 것은 미국, 캐나다, 멕시코 간 무역에서 사용되고 있는 패스트(FAST: Fast and Secure Trade)이다. 이러한 프로그램의 기본 아이디어는 개인의 신원을 미리 파악하여 국경 없는 세계를 경험할 수 있도록 하는 특권을 부여하고, 동시에 경계 안보화의 경제적 비용을 줄이는 것이다. 비용에 대해 말하자면, 사람들은 그들의 생채 인식 정보가 저장되어 있는 사전 보안 검사를 수행함으로써 몸 수색을 면제받을 수 있다. 이는 여행자에게 '위험도 낮음', 또는

'신뢰할 수 있음'과 같은 자격을 부여하고, 해당 여행자가 자동 국경 관리 출입문이나 접경 지대 전용차선을 이용할 수 있도록 한다. 이는 곧 국경 통과 과정에서 특권을 부여하는 것을 의미한다. 본질적으로, 이는 국경 통과의 시간을 단축하고 귀찮은 검색 절차를 피할 수 있도록 하는 셀프 국경 통과 서비스이다. 일부 영국 공항에서 사용하고 있는 홍채 인식 출입국 시스템(IRIS: Iris Recognition Immigration System)은 한 단계 더 나아가 어떤 형태의 서류 검색도 필요로 하지 않는다. 이미 생체 계측 정보가 데이터베이스에 저장되어 있기 때문에, IRIS 고객은 입국 후 자동 국경 관리 출입문에서 신원 확인을 위해 신체의 일부(이 경우는 홍채)를 보여 주기만 하면 된다(UK Border Agency 2010).

2) 원격 조정의 시대: 무선인식기술로 이동성 관리하기

무선인식기술(RFID) 경계는 글로벌화로 인한 경계 딜레마, 즉 이동성 관리의 측면을 다루기 위해 고안되었다. 무선인식기술이란 무선으로 라디오 주파를 사용하여 객체 또는 사람의 신원을 포함하는 정보를 전송할 수 있는 전자 시스템을 지칭한다(Juels 2006). 전자추적장치(tag)로 불리는 무선인식 장치는, 식별 가능한 정보를 고유한 숫자 코드의 형태로 저장하는 마이크로 칩과, 컴퓨터화된 인식 시스템으로(부터) 정보를 전송 혹은 수신할 수 있는 미니 안테나로 구성된다. 무선인식 판독기는 같은 장소에서 동시에 발생하는 수많은 전자추적장치를 식별할 수 있다. 판독 가능한 범위는 매우 다양한데, 자체 동력이 약한 수동형 전자추적장치의 경우는 약 9m이며, 자체 동력을 가진 활성형 전자추적장치는 90m 정도이다. 수동형 전자추적장치는 아주 작고 저렴하기 때문에 널리 사용되고 있다. 전자추적장치가 무선인식 판독기 시스템 근처에 있게 되면 전파 신호를 수신하고, 이에 따라 칩에 내장된 정보를 전송하게 된다.

무선인식기술의 매력은 자동화된 원격 조정을 통해 이동 중인 실체의 신원 확인이 가능하다는 점이다. 이에 따라 검문 인력의 개입은 최소화될 수 있었고, 거래 비용을 절감하면서도 흐름의 속도는 더 빨라지는 효과가 나타났다. 한마디로 말해서 이 기술은 네트워크상에서 객체와 사람을 정지시키지 않더라도 언제든지 그 위치를 추적할 수 있는 첨단 감시 도구이다(Amoore 2009; Dobson and Fisher 2007). 제2차 세계대전 당시 군사적 용도로 개발된 것을 시작으로 무선인식기술은, 1990년대에 이르러 대규모의 상업적 목적으로도 활용되었다. 예를 들어 월마트 같은 글로벌 공급 체인에서 재고품의 위치를 실시간으로 추적하는 등의 상업적 용도로 활용된 것이다. 오늘날 무선인식기술 전자추적장치는 제품의 바코드를 대체할 것으로 예상된다. 전 세계에서 거래되는 상품은 대부분 무선인식기술 전자추적장치로 식별된다. 이 기술은 자동 톨게이트에서도 광범위하게 사용되고 있다. 또한 쌀알 정도의 크기인 이 장치는 인체에 이식되어 납치사건이 발생했을 때, 납치된 사람의 위치를 추적하고 그 사람을 안전한 장소로 유도하는 데 도움을 줄 수 있으며, 의학적 목적으로도 사용된다(Albrecht 2008; Juels 2006).

2005년 이후, 무선인식기술은 생체 계측 기술과 결합하면서 경계 관리의 실천에 있어서 주류적 위치를 점하게 되었다. 무선인식기술 전자추적장치는 전자여행(e-travel) 문서 속에 탑재된 개인 정보와 생체 계측 정보를 무선으로 전송하기 위한 방법으로 활용되고 있다. 이 전자추적장치는 고유한 암호코드를 송출하는데, 이는 컴퓨터가 전자여권의 마이크로 칩이나 데이터베이스에 저장된 개인 생체 계측 자료에 접근할 수 있도록 해 준다(Hoepman et al. 2006; Koscher et al. 2009). 무선인식 판독기를 사용하면, 어떤 사람이 국경 검문소에 도착했을 때 자동 표적화시스템(ATS) 데이터베이스로부터 그 사람에게 부여된 안보 위험 점수와 여권에 내재된 개인 정보가 국경 감시원의 컴퓨터 화면에 나타난다(Department of Homeland Security 2008). 더 나아가 자동화된 국경 게이트에서 작동하는 우대 여행자 체계(preferred traveler scheme)에서 무선인식기술은 '낮은 위험'으로 분류된 사람들에게 국경 없는 세계를 누릴 수 있도록 해 준다(Amoore 2009). 이들이 무심코 국경을 통과하더라도 이들의 신원은 자동으로 확인되고 평가된다.

2010년대가 시작되면서, 무선인식 기술은 여행 서류의 표준이 되어 가고 있다. 이는 광학 기계 판독기에 수동으로 긁어야 정보를 판독할 수 있는 여권, 비자, 거주 허가증, 기타 신분증 등을 빠르게 대체하고 있다. 미국 여권은 2006년부터 무선인식기술을 적용하고 있다. 이 외에도 60개 이상의 국가에서 무선인식기술 인식 여권이 발행되고 있다. 그런데 해당 시스템이 글로벌 스케일에서 원활하게 작동하기 위해서는 관련 정보의 국제적인 상호 이용이 필수적이다. 국제적인 상호 이용이 이루어지지 않는다면, 경계 관리(bordering practice) 차원에서 무선인식기술은 제한적으로 사용될 수밖에 없다. 왜냐하면 한 국가에서 발행된 전자여권에 저장된 생체 계측 기록이 다른 국가의 국경 경비원에게 무선으로 전달될 수 없기 때문이다. 여권과 무선인식기술의 병합이 의미하는 것은, 암호, 암호 해독 알고리즘, 데이터베이스 등과 같은 중요한 기술 정보가 경계를 넘어 공유되어야 한 개인의 생체 계측 신원(biometric identity)이 빠르게 밝혀질 수 있다는 것이다. 이러한 공유가 이루어진다는 것은, 식별 가능한 생체 계측 정보와 이를 해독할 수단이 전 세계적으로 이용 가능해지면서 수많은 사람과 기관이 이에 접근할 수 있게 된다는 것을 의미한다.

3) 스마트하지 않은 '스마트 경계'

스마트 경계(Smart Borders) 관리 방식의 뿌리를 이루고 있는 가정을 비판적으로 검토해 보면, 위험에 초점을 둔 신원 관리 방식을 적용하여 이동성과 안보 문제를 조화롭게 해결해 나갈 수 있다는 논리에 의문을 제기해 볼 수 있다. 이러한 경계 관리 방식에 대한 기대 효과와 실제로 그런 관리 방식이 가져다주는 것 사이에는 상당히 큰 간극이 존재한다. 이는 결코 '스마트' 하지 않고 여러 가지 문제를 안고 있으며, 심지어 어떤 측면에서는 잠재적 위험까지 내포한다. 재정적인 측면에서의 비용과, 특히 더 중요하다고 할 수 있는 민주적인 삶의 관점에서의 비용은, 그러한 경계 관리 방식이 사회에 가져다줄 수 있는 안보 이익을 훨씬 더 능가한다. 물론 경계 관리의 엄격한 실천과 혁신적 기술이 21세기의 이동성을 보장하는 데 중요한 역할을 한다는 점은 확실하다. 문제는 안보 전략의 실천에 있어서 경계 관리 기술에 부여된 역할이 과도하다는 점, 그리고 그 결과로 사회에서 권력의 전환이 이루어진다는 점이다(Amoore 2009; Salter 2004).

스마트 경계 관리 방식의 도입으로 안보 및 사생활 보호 이슈와 관련하여 두 가지 측면의 기술적 문제들이 드러나고 있다. 스마트 경계의 논리에서 가장 중요한 오류는 기술에 대한 의존도가 과도하게 높다는 점이다. 이에 따라 안보 문제는 기술적 보완으로 충분히 해결될 수 있는 단순한 문제로 간주되고, 세계의 구조적 문제를 해결하기 위해서는 기술의 도움을 받아 그 구조적 문제가 경계를 넘지 못하게(border away) 해야 한다고 가정한다. 이러한 신념은 대단히 확고하게 뿌리를 내리고 있어, 국경 안보 장치가 시스템상 실패에 직면하는 경우에서도 시스템의 전반적 유용성에 근본적인 의문을 제기하기보다는 감시 활동의 강화를 위한 보다 정교한 기술의 도입이 추구되곤 한다.

2009년 크리스마스에 디트로이트에서 벌어진 비행기 폭파 시도는 특히 이러한 입장과 밀접한 관련이 있다. 왜냐하면 앞서 논의되었던 모든 국경 안보 시스템이 본격적으로 적용된 후에 이 폭파 사건이 발생했기 때문이다(Sullivan 2009). 영국에서 급진주의자가 되고 예멘의 알카에다에 연루되었던 나이지리아 국적의 청년이 속옷에 폭발물을 숨겨 미국행 비행기에서 폭파를 시도하였던 이 사건이 시사하는 바는 다음과 같다. 이는 폭발물을 탐색하는 국경 안보 기술의 실패 그 이상을, 혹은 방대한 데이터베이스에 용의자를 연결시키는 정보 기구의 실패 그 이상을 의미한다. 이 사건은 국경 안보 시스템 이면에 놓여 있는 논리에 대해, 즉 전 세계적인 대규모의 감시 시스템이 개인적인 삶을 억압하지만 사회적인 삶을 안전하게 할 수 있다는 필요악(necessary evils)으로 정당화되는 논리에 대해 의구심을 던져 준다. 위험 점수, 생체 계측 자료, 수백만 명의 사람에 대한 개인정보 모두가 속옷 폭탄이 국경을 넘는 것을 방지하는 데 무용지물이었다. 이 사실은 인간이 지닌 고유한 지능에 의존하는, 더 작지만 더 민첩한, 그리고 표적을 보다 구체화할 수 있는 인적 시스템이 보다 더 효율적인 안보를 가능하게 할 수 있음을 의미한다. 궁극적으로 테러리즘 용의자에 관한 미국의 데이터베이스는 50만 명 이상의 정보를 구축하고 있으나, 현실적으로 미국은 경계 안보화를 완성하지 못한 채 그 이상의 여러 문제에 직면해 있다.

생체 계측 또는 무선인식기술 시스템이 식별 관리 기술을 완벽하게 수행할 수 있다는 가정은 특히 많은 의구심을 던져 준다. 이는 데카르트적 사고에 바탕을 둔 기술결정주의의 일면을 반영하는 것으로, 기술의 사회적 이용은 양면성이 있다는 사실을 간과하고 있다. 기술만으로는 보안 기관과 준법적 시민에게만 그 이익을 배타적으로 전달해 줄 수 없다. 사회는 질서를 유지하려는 세력이 그 능력을 발휘하는 장이기도 하지만, 시스템을 전복시키려는 세력이 그 능력을 발휘하면서 관련 기술이 함께 진화해 가는 장이기도 하다. 예를 들어, 전자여권은 무선인식기술 능력을 통해 해킹에 노출될 우려가 있음이 증명되었다. 상업적으로 이용 가능한 무선인식기술 전자추적 판독기는, 전문가들이 전자여권 칩에 저장된 암호 코드를 파헤치고 그 내용물을 복사하는 데에도 사용되고 있다(Albrecht 2008). 이는 전자여권에 있는 생체 계측 정보와 다른 개인 정보가, 주인이 알지 못하는 사이에 지갑이나 주머니에서 원격으로 도난당할 수 있음을 의미한다. 이렇게 되었을 때 개인 정보는 새로운 전자여권으로 복제될 수 있고, 이를 소지한 타인은 본래의 주인을 가장한 채 국경 검색대를 통과하게 된다(Koscher et al. 2009). 무선인식기술 장치의 또 다른 단점은 마이크로 칩과 판독기 사이의 통신을 도청당하거나, 마이크로 칩이 작동하지 못하게 하는 신호가 수신되어 그 기능을 '상실해' 버릴 수도 있으며, 원격으로 사람을 추적하는 데에도 사용될 수 있다는 점이다. 또한 이 장치는, 예를 들어 특정 국가의 시민이 지나갈 때 폭탄을 폭발시키기 위해, 사람들의 시민권을 일일이 식별하는 데 사용될 수도 있다(Hoepman et al. 2006).

이러한 문제는 예견되는 모든 허점을 막기 위해 전자여행 문서와 관련된 무선인식 보안 기능을 지속적으로 업그레이드하면서 보완된다(Liersch 2009). 그러나 원격 통제 경계화(remote control bordering)가 야기하는 문제의 본질은 기술 그 자체의 기능적 측면이 아니므로 그 핵심적인 문제까지 해결할 수는 없다. 전자여권 무선인식기술이 수행할 수 있는 최선은 마이크로 칩에서 판독기 시스템으로 세세한 정보를 충실히 전송하는 것으로, 그 시스템은 마이크로 칩에 저장된 데이터가 진짜임을 확증한다. 하지만 이 기술은 여권을 소지하고 있는 사람이 칩에 저장된 데이터의 주인과 일치하는지의 여부는 가려내지 못한다. 가령, 신중하게 업무를 처리하는 국경 감시원은 국경 검색대에서 심사를 받는 사람의 정보와 자신의 컴퓨터 화면에 나타나는 생체 계측 정보가 일치하는지를 엄밀하게 판단하는데, 이처럼 인간이 직접 개입하는 것이 위조된 전자여권을 감지해 낼 수 있는 가장 신뢰할 만한 기술이다. 그렇다면 사회 안보와 개인 안보의 관점에서 보았을 때 이러한 기술이 지닌 이점은 무엇인가? 기술은 정말로 사람을 더 안전하게 만드는 것일까? 이 기술과 경계관리 방식을 통합했을 때 가장 큰 이익을 보는 사람들은 누구일까?

결과적으로 생체 계측은 그 자체로도 적지 않은 결점을 지니고 있다(Lodge 2007). 이 기술은 늘 100% 정확하게 식별하지 못한다. 대신에 생체 계측 기술은 실제의 신체 일부분과 이전에 제출된 신체 일부분의 샘플 간의 높은 일치율을 보여 준다. 예를 들어, 노인, 아시아 여성, 장애인, 그 외 특정 범주의 사람들은 지문과 같은 생체 계측으로 등록하기 어려운 신체적 특징을 갖고 있다. 생체 계측 시스템은 경계에 놓인 이 범주의 사람들에 대해 특별한 표시를 하고, 결국 그들을 차별한다. 게다가 국경의 지문 판독기는 사람의 손끝에 실리콘 패치를 붙이거나 손끝에 다른 신체기관의 살을 접합시키는 등의 사기 행위를 인식하지 못한다(Heussner 2009). 얼굴과 홍채 인식 시스템도 마찬가지이다. 이러한 문제점들에 대한 해답은 더 많은 생체 계측을 요구하는 것이다. 차세대 전자여권은 위조의 가능성을 최소화하도록 더 많은 생체 계측을 사용하게 될 것이다. 더 좋아진 최신 생체 계측 시스템은, 판별하고자 하는 신체기관이 살아 있는 신체인지 아닌지를 판단할 수 있는 수준에 이르렀다.

또 다른 우려는 전 세계의 수많은 장소에서 접근이 가능해야 하는 방대한 생체 계측 데이터베이스를 안전하게 관리하는 것이다. 만약 데이터베이스가 손실되거나 손상되거나 해킹된다면, 이에 영향을 받는 사람들의 삶은 어마어마한 피해를 입을 것이다. 이러한 개인 정보의 특성과 관련하여 유념해야 할 중요한 사실은, 만약 그것을 한 번 잃어 버리게 된다면, 희생자들은 여생 내내 그 피해를 감수하면서 살아갈 수밖에 없다는 점이다. 이것은 신체에 대한 자료이기에 단순히 잃어 버렸다고 신고하여 재발급을 받을 수 있는 그런 간단한 문제가 아니다.

사실, 생체 계측을 통한 경계 안보화 기술은 경계 안보가 안고 있는 근본적인 문제를 해결해 주기보다는, 오히려 그 문제를 사회 내부로 깊숙이 끌어 들이고 있다. 국경의 생체 계측 시스템이 작동하기 위해 사람들의 생체 계측 정보가 사전에 여행 문서와 데이터베이스에 기록되어야 한다는 사실은 생체 계측에 의한 경계 안보화가 오직 정보의 등록에 의해서만 안전성을 확보할 수 있음을 의미한다. 한편, 전자여권을 조작하거나 손가락 끝을 조작하여 신원을 위조해 내는 기술은 상당히 어렵다고 할 수 있지만, 생체 계측 신원을 구축하는 데 필요한 출생 사실, 거주 증명, 기타 서류를 위조하는 것은 그리 어려운 일이 아니다. 이런 방식으로 유명한 테러리스트나 스파이들은 세계 어딘가의 여권 발행 사무소에서 다른 사람의 이름으로 생성한 진짜 같은 생체 계측 신분증을 획득할 수 있다. 기존의 생체 계측 국경 데이터베이스가 테러리스트나 스파이 그 자신의 최근 사진, 지문, 홍채를 보유하고 있지 않다면(실제로 이를 보유하고 있지 않은 경우가 대다수이다), 그(녀)는 생체 계측 국경을 순조롭게 통과할 수 있다. 2010년 두바이에서 이스라엘 비밀 요원들에 의해 팔레스타인 하마스의 지도자가 암살된 사건은 이 점을 분명하게 보여 준다. 이 비밀 요원들은 두바이에 도달하기 위해, 이전에 이스라엘을 방문하였던 유럽인과 호주 시민권자에게서 훔친 정보가 담긴 위조 여권을 사용하였다. 그중 한 여권은 독일에서 발행된 생체 계측 여권으로 확인되었는데, 이는 이스라엘 요원이 위조 서류를 사용하여 2009년 합법적으로 획득한 것이었다(Bednarz et al. 2010).

신체화된 경계의 문제는 국가 안보와 개인 정보 보호에 관한 기술적인 우려 수준을 훨씬 뛰어넘는다. 이 부분에서는 사회적 삶, 권력, 그리고 공간 사이의 관계를 재정의할 필요가 있다. 작고한 철학자 미셸 푸코(Michel Foucault 1977; 1978; 2007; 2008)의 연구는 국경 안보화 실천이 사회관계에 미치는 영향을 이해하기 위한 분석적 토대를 제공해 준다(Amoore 2009; Epstein 2007; Salter 2006). 권력과 지식과 공간 사이의 연결성을 밝혀 낸, 권력의 전략에 대한 푸코의 분석은 현재의 맥락에서도 매우 적절하다(Dobson and Fisher 2007). 특히 그의 통치성과 생명정치(biopolitics) 개념은 매우 깊은 통찰력을 제시해 주는데, 이는 근대국가가 대중에게 안보를 제공하는 것이 어떻게 대중을 지배하는 형태로 발전할 수 있었으며, 그러한 지배가 대중의 생물학적 특성, 행동, 그리고 이동에 대한 관리를 통해 어떻게 수행되었는지를 설명한다(Dillion and Lobo-Guerrero 2008; Elden 2007b).

21세기의 권력은 점차 대중의 안전화라는 맥락에서 힘을 발휘하고 있다. 안전화의 방법으로서 국경을 일상의 일부로 만드는 것은 일상을 지배하기 위한 권력을 획득하는 것을 의미한다. 국경 강화를 위해 사용 가능한 기술적 무기와 더불어, 이 시대의 생체 계측과 무선인식기술은, 사전에 고안된 기준에 따라 대중을 통계상으로 분류하고 위험 평가의 측면에서 그들의 행동을 계산하며, 그들의 이동을 추적하는 도구이다. 국경을 가로지르며 이동하는 모든 신체에 대해 포괄적 지식을 획득하려는 생체 계측과 무선인식기술은 유동적이고 네트워크화된 이동의 영역을 통제하기 위한 권력의 전략이다. 좋은 이동성과 나쁜 이동성의 기준에 따라 신체를 범주화하는 것은 위험 상황 계산 논법(risk contingency calculus)으로 처리할 수 있게 되었다. 이런 방법에 의해, 신체의 지식은 신체를 지배하는 권력을 낳는다. 이는 가장 친숙하고 유동적 공간인 신체를 지배하는 권력인 것이다.

자동 표적화 시스템(ATS)과 자동화 국경 관리 시스템(ABS) 같은 위험 관리 시스템은 시민 대 비시민, 범인 대 무고한 사람, 불법 대 합법 이주자와 같은 내부/외부의 구분을 없애 버렸다. 게다가, 이들 시스템은 정부와 비정부 기관의 데이터를 결합한다(Amoore and de Goede 2008). 권력을 위해 이러한 기술을 이용하는 목적은 정치 주체들을 차별화하기 위함이 아니라, 신체로부터 데이터를 취하기 위함이다. 신체의 신원은 살, 피, 뼈의 존재 그 이상도 이하도 아니다. 이러한 권력의 기술적 논의에서 살아 있는 유기체인 신체는 그저 통치받기 위해 살아 있을 뿐이다. 통치의 주체로서 권리와 의무를 지닌 그런 정치적 신체가 전혀 아닌 것이다(Epstein 2007).

생체 계측과 무선 기술은 누가 진정으로 누구인지를 제대로 설명하지 못하면서, 누가 누구여야만 하는지에 대한 동일성(identity)을 생산해 내고 있다(Amoore 2006). 이는 본질적으로 상상된 동일성일 뿐이다. 개인적 위험 프로파일에 대한 알고리즘 분석으로 도출된 동일성은 실제 사람의 정체성과 같지 않다. 정체성은 시간이 지남에 따라 상호 의사소통 및 자기반성과 같은 과정을 통해 재구성되는 것이다(van der Ploeg 1999b). 즉, 이는 사회적 존재로서의 인간의 정체성이 아니며, 단지 인식되기 위한 객체로서의 정체성에 지나지 않는다. "너는, 스스로가 누구라고 말하는 바로 그 사람이다"라는 것을 증명해 내지 않고, "너는, 우리가 너는 누구라고 말하는 바로 그 사람이다"라는 의도로 변하고 있다. 이는 이러한 기술들이 과거의 행동 패턴에 기초하여 어떤 사람이 미래에 어떻게 행동할지를 예측할 수 있다는 전망을 담고 있다. 그러나 여기에서 주목해야 할 문제는, 누가 선한 행동과 악한 행동을 규정하는가 하는 근본적 의문이다. 누구를 사귀는 것이 선한 우정에 해당하는지, 비행기에서 주문할 올바른 음식은 무엇인지, 그 무엇이 국경에서 본인의 위험 점수를 높일 것인지를 도대체 어떻게 알 수 있단 말인가. 사실 데이터베이스 내 자료는 알고리즘 소프트웨어가 어떤 형태의 정보를 인식하도록 프로그램화되었는지에 따라 개인에 대한 다양한 이야기를 말하도록 만들어진다. 알고리즘은 어떻게 읽히는가에 따라 선한 시민과 악한 시민을 정의한다. 알고리즘이 작동하는 기준이 비밀리에 유지되고 권력을 변화시킬 수 있듯이, 생체 계측의 장치는 앞으로 더욱 중요해질 것이다(van der Ploeg 1999b). 한 가지 우려되는 것은 이 권력의 신기술이 할 수 있는 것과 할 수 없는 것이 무엇인지에 대한 정확한 이해 없이는, 경계 관리의 실천이 현재의 불평등을 영속시킬 수 있는 인종, 계급, 종족, 또는 젠더의 편견과 고정관념을 그대로 받아들이도록 강요할 수 있다는 점이다.

국가의 경계는 법률적 차원에서 늘 '예외의 공간'이었다(Salter 2004; 2006). 잘못된 일을 전혀 한 적이 없는 사람이라도 국경을 건널 때면 자동적으로 용의자가 된다. 사람들은 국경을 통과할 때마다 자신의 결백함을 입증해야 하기에, 스스로 영원한 용의자의 위치에 있음을 깨닫게 된다. 오늘날, 결백의 증명은 인간의 신체로부터 추출되기에, 신체는 새로운 여권, 신분증, 패스워드가 되어 버렸다. 이처럼 사람들은 경계에서 항상 의심의 상태를 경험하고 있는데, 국가의 경계가 변방에만 존재하는 것이 아니라 이제 일상의 모든 곳에서 출현하고 있기 때문에 그러한 의심 상태는 인간 존재의 일반적 조건으로 자리 잡게 되었다. 이는 곧 우리의 신체가 일상활동을 수행하는 과정에서, 매 시간마다 모든 장소에서 우리 스스로가 그러한 의심 상태를 지워 나가야 한다는 것을 의미한다.

제7장

경계 연결하기

1. 경계 횡단 연합(Cross-border Cooperation) 패러다임

경계 횡단 혹은 트랜스경계(transborder) 연합은 글로벌 이동성과의 조율 과정에서 드러난 국경의 한계에 대응하기 위해 출현한 것이라 할 수 있다. 이는 경계가 주변 지역과 순환 흐름에 부과한 한계를 극복하기 위해, 경계의 투과적 특성을 강화하는 일련의 과정과 실천으로 구성된다. 즉 인접해 있는 로컬, 지역, 국가 행위자들은 국민국가의 틀에서는 제대로 그려낼 수 없었던 문제들을 효과적으로 해결하기 위해 국경을 뛰어넘는 다면적 협력을 실천한다. 경계 횡단 연합의 주된 목적은 국경의 방어적 기능을 초월함으로써 인접한 경계지를 기능적으로 통합하는 것이다. 이러한 실천은 1960년대 유럽에서 처음 등장했으며, 1990년대 유럽연합 통합 과정에서는 필수적인 것이 되었다. 글로벌화의 흐름으로 말미암아 북아메리카와 동남아시아에서 아프리카와 남아메리카까지, 세계 각지에서 이런 과정이 발생하였다. 오늘날 국제 협약에는 경계 횡단 연합에 관한 조항이 포함되어 있으며, 정치 지도자들은 이러한 관행에 지지를 표명한다.

로컬과 지역 스케일에서 발생하는 경계 횡단 연합 프로세스는 보다 광범위한 초국가적 탈영토화와 재영토화, 탈경계화, 재경계화와 불가분의 관계로 연결되어 있다. 1990년대 거버넌스 관행이 확립된 경계 횡단 연합이 성공한 것은 상당 부분 당시에 확산된 신자유주의의 '개방 경계(open borders)' 담론에 힘입은 바 크다. 더군다나 냉전이 끝날 당시 세계의 주요 이념적 '국경 장막'의 제거라는 지정학적 상황 또한 경계 횡단 연합이 성장하는 데 필수불가결한 기회구조를 제공해 왔다(Jonsson et al. 2000; Perkmann and Sum 2002). 경계 횡단 연합을 통한 경계 횡단(border-crossing) 체제의 자유화는 이러한 글로벌 발전 정신에 부합한다.

2001년 9월 11일 공격 이후, 북아메리카와 유럽연합 경계 외곽선(external borders)에서 안보 문제가 역으로 경계 횡단 연합의 실천에 영향을 끼치게 되었다. 이동성과 관련해 보안 관련 규제, 엄격한 비자요건, 그리고 경계 양쪽을 연결하고자 하는 논리가 조화를 이루는 것은 어려운 일임이 입증되었다. 경계 횡단 연합의 강도 측면에서 볼 때, 그 총체적 효과가 감소하긴 했지만, 경계의 안보화(border securitization)가 경계 횡단 연합을 해체할 것이라는 가설은 적절하지 않다. 그 이유는 첫째, 경계 횡단 연합은 항상 국경을 강화하는 과정을 포함해 왔기 때문이다. 패러다임의 영토 논리들이 서로 충돌하는 경우도 있으나, 두 패러다임은 상호 배제적인 것이 아니다. 둘째, 21세기에도 경계 연결하기를 뒷받침하는 근거들이 여전히 유효하기 때문이다. 셋째, 남아메리카, 아시아, 아프리카의 경계 횡단 연합 체제는 최근의 경계 안보화 추세에 훨씬 덜 영향을 받고 있는데, 이는 각 지역의 특성이 서로 다르기 때문이다. 9·11

사건 이후 경계 안보화는 경계 횡단 연합의 기회구조를 변화시키고 있다. 이런 상황에서 경계 횡단 연합은 보다 통제적이고, 지리적, 사회적, 정치적, 경제적으로 선별적인 과정을 통해 적응하고 있다.

경계 횡단 연합은 경계 만들기의 영토적 차원에 상당한 영향을 끼쳐 왔다. 이는 또한 일상생활의 새로운 장을 여는, 경계를 가로지르는 사회적 상호 작용의 영역 패턴을 발달시켜 왔다(Popescu 2008). 다시 말해 경계 횡단 연합은 고유의 영토성을 생산해 내면서 국경을 재영토화하고 있다. 경계 양쪽을 연결하는 것은 국가 간 관계, 지역 정체성, 개인의 정체화, 문화적·사회적 경관, 공간의 정치적 조직에 영향을 끼친다. 이 과정은 경계 횡단 공간의 특성, 기존의 국가와 초국가적(supranational) 공간과의 관계, 경계를 재구성하는 과정에서 국경의 역할 등과 관련해 비판적인 질문을 던진다.

2. 공간을 경계로 다시 가져오기

경계 횡단 연합은 경계지에 상당한 관심을 기울여 왔다. 경계지는 경계 횡단 연합의 실천에서 파생된 영역적 깊이감(sense of territorial depth)이자 과도기적 성격을 띠는 경계 영역성의 한 형태이다. 하위국가 수준에서 경계 양쪽을 연결한다는 것은 국경의 기능을 인접 지역으로 확장하는 것을 의미한다. 경계를 연결하는 과정은 경계 만들기 전략에 경계지를 적극적으로 끌어들임으로써, 그 초점을 물리적 경계선의 특성을 이해하는 것에서 경계선 주변의 영토를 가로지르는 사회적 상호작용에 대한 이해로 전환한다. 이런 관점에서 경계 횡단 연합은 지역의 설립, 지역주의 및 지역의 거버넌스 등과 같은 과정의 관점에서 이해될 수 있다. 경계가 존재함에도 불구하고, 경계 횡단 연합은 발생할 수 있기 때문에 이것들은 경계 횡단 연합과 연관되며, 경계 횡단 지역, 지역주의, 경계 횡단 제도, 다양한 층위의 거버넌스 네트워크의 출현으로 이어질 수 있다. 궁극적으로 국가의 경계를 통합하고 경계를 가로지르는 지역사회를 건설하고자 하는 목표는 경계를 재영토화할 수 있다(Blatter 2003; Kramsch 2001; 2003; Leresche and Saez 2002; Perkmann 1999; 2003; 2007a; Popescu 2008; Scott 1999; 2000; Sidaway 2001; Sparke 2002a).

지역은 다양한 크기의 식별 가능한 영토라 할 수 있다. 전통적으로 지역은 일상생활을 영위하기 위해 자연적으로 발생하는 영토의 용기(container)로 당연시되어 왔다. 최근의 경우, 지역은 공간 생산의 정치적, 경제적, 문화적 과정이라는 광범위한 네트워크의 일부로서, 사회적으로 생산되는 영토라고 간주된다(Allen et al. 1998; MacLeod and Jones 2001; Storper 1995; Thrift 1990; 1991; 1993). 지역은, 영토 내에 있는 사람들과 제도의 일상적인 상호작용이 지역 외부 행위자들의 영향력과 결합되는 복잡한 과정을 통해 등장한다(Paasi 2002; Thrift 1983). 지역은 공간에서 벌어지는 사회적 상호작용의 원인이자 결과이며, 공공 의식(public consciousness)이 형성되는 점진적인 과정을 통해 영토 정체성을 획득한다(Paasi 1996). 지역은 분명하게 그려진 경계 안에 존재하는 것이라기보다는, 흐릿하고, 중첩되거나 일시적인 구성으로 존재한다.

지역주의란 로컬뿐만 아니라 비로컬의 행위자가 다양한 노력을 통해 지역 특성을 결집시키려 하는 정치 현상이다. 냉전 시대에 지역주의는, 일반적으로 국가 정부가 국가 영토의 정치·경제적 운영 방식을 개선하기 위해 다양한 지역 개발 정책을 수행했던 일종의 하향식 기획이었다(Keating 1995; 1998). 1990년대 글로벌화의 맥락 속에서 지역이 점차 경제적, 정치적, 사회적 생활의 기반으로 간주되기 시작하자, 지역주의는 로컬의 행위자로부터 발생하는 창발적인 상향식 과정으로 재개념화되었다(Keating 1995; Storper 1997). 흐름의 세계에서 경쟁 우위를 달성하기 위해 로컬 환경, 착근된 사회적 네트워크, 지역 지식, 문화 자산 등과 같은 무형 자산의 중요성을 강조하면서, 경제구조 조정의 관점에서 새로운 지역주의 의제가 제시되곤 했다(Painter 2002). 그러나 지역 간 투자 경쟁의 격화, 지역 자치 요구 등 신지역주의의 다른 측면들은 덜 강조되는 경향이 있었다(Harvie 1994).

영토 조직의 차원에서 지역의 중요성이 증대되면서 지역 거버넌스 문제가 제기되었다(Bukowski et al. 2003; Le Gales and Lequesne 1998). 지역 거버넌스는, 지역의 관심사 네트워크를 명확하게 이어 줄 수 있는 제도를 통해 이루어지기 때문에, 영토와 일상생활을 조직하는 제도 간의 유대감을 형성한다. 이는 전형적인 지역정부의 계층적 영토-행정구조와는 구조적으로 다른 다중 스케일적 네트워크이며, 로컬, 국가, 초국가적(supranational) 행위자가 포함될 수 있다(G. Markts 1996). 이런 점에서 새로운 통치 제도가 최근의 로컬화 과정을 관장해야 한다는 공통의 믿음이 존재한다(Shulz et al. 2001; Telò 2001). 영토에 대한 지배를 성공적으로 수립·조직·유지하기 위한 다중 스케일적 거버넌스 제도의 역량은 지역을 중요한 정치·경제적 주체로 전환시킬 수 있다(Le Gales 1998).

1) 경계 횡단 지역 만들기

경계 횡단 연합은 새로운 현상이 아니다. 수력발전 댐, 천연자원의 공동 이용, 환경 오염 관리와 같은 대규모 경계 횡단 사회기반시설 건설 프로젝트는 장벽으로서의 국경의 역할을 완화시키기 위해 일정 수준의 경계 횡단 상호작용을 필요로 했기 때문이다. 그러나 이는 주로 국가 정부가 담당하던 기능이었기 때문에, '정부 간 협력'이라는 용어를 통해 더 잘 포착할 수 있다. 이 주제와 관련된 수많은 연합은 국가의 정치인이나 전문가로 구성된 정부 간 위원회 같은 기관을 통해 이루어졌으며, 명확하게 경계 지어진 영토적 틀은 부재했다(Blatter 2001).

최근의 경계 횡단 연합의 실천은 경계를 횡단하는 단순한 접촉이라는 모델에서 벗어나, 하위국가 당국과 시민사회 행위자가 주변 파트너와의 직접 협력에 참여할 수 있도록 한다. 이는 분절되어 있는 경계지 간의 응집력과 상호 의존성을 창출하기 위한 영토 통합의 과정으로, 협력 우선순위 파악, 전략 수립, 의제 및 제도의 구축을 포함한다(Scott 2000; 2002). 영토적 성취는 정부 간 협력 수준에서 벗어나, 경계를 가로지르는 산발적인 접촉으로 특징지을 수 있는 병렬적 경계지(coexistent borderlands)에서 두터운 사회적 상호작용을 특징으로 하는 복잡한 형태의 통합된 경계지까지 포괄한다(Jessop 2002).

경계 횡단 지역은 오늘날 경계 횡단 연합 중 가장 일반적이면서 복잡한 영토적 틀이라 할 수 있다(그림 7.1을 볼 것). 이 지역들은 두 개 이상의 국경에 걸친 영토 단위이며, 국경과 무관하게 시민사회의 이익과 연관된 사회관계가 조직될 수 있다(A.Murphy 1993; Perkmann and Sum 2002). 가장 발전된 형태의 경계 횡단 지역은 주로 유럽에서 나타나며, 이 지역들은 로고나 깃발 같은 상징물뿐만 아니라 의회, 사무국, 실무 그룹과 같은 공식적인 통치 기관을 보유할 수 있다. 일반적으로 경계 횡단 지역의 영토 형태나 경계는 경계지들이 참여해 기존의 국가 행정 구역을 이어 붙이는 것에서 시작된다. 한편, 상대적으로 덜 복잡한 경계지의 경우 그 범위가 제한적일 수 있으며, 불명확한 영토의 형태를 지닌 비공식적 경계 횡단 접촉이 더 빈번하게 발생한다.

경계 연결하기가 지닌 잠재력 때문에, 많은 사람이 경계 횡단 지역을 건설하고자 하는 열망을 지니고 있었다. 경제적 측면에서 볼 때, 경계 횡단 지역에

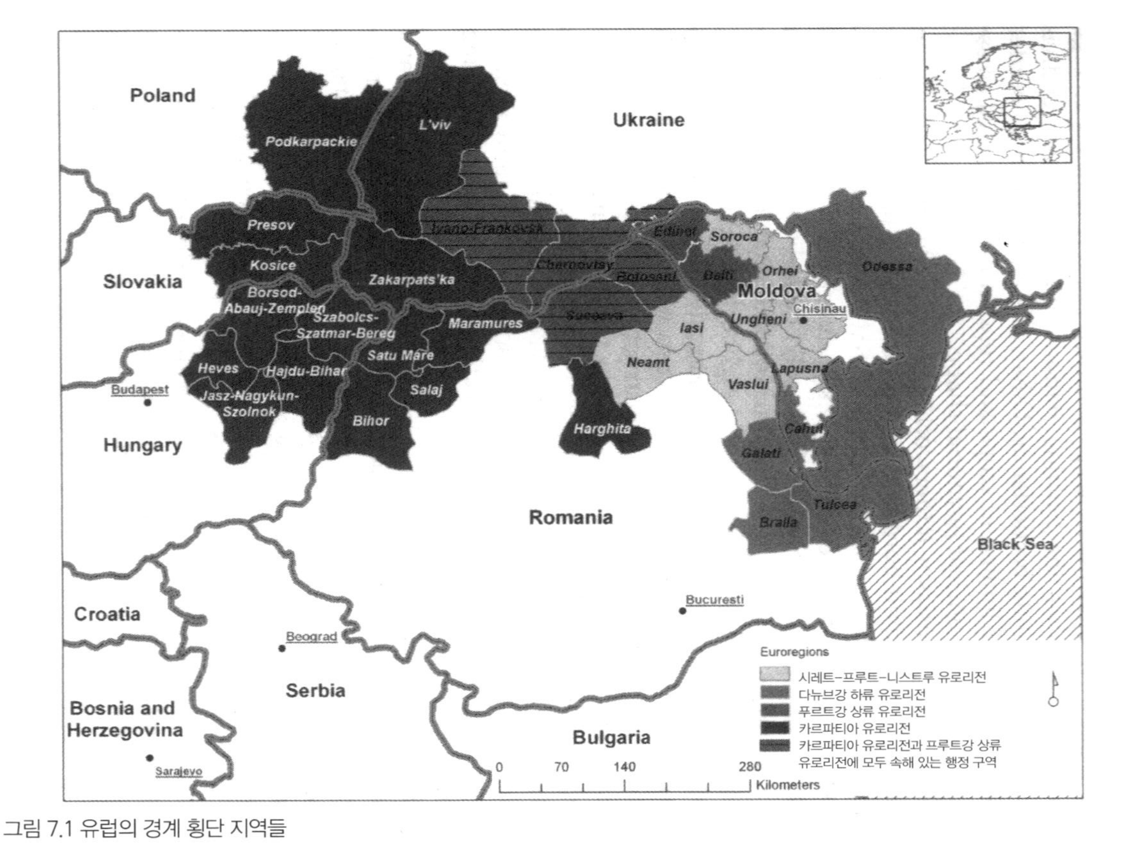

그림 7.1 유럽의 경계 횡단 지역들

출처: Gabriel Popsecu, "Conflicting Logics of Cross-Border Reterritorialization: Geopolitics of Euroregions in Eastern Europe," *Political Geography* 27, no. 4 (2008): 418–438, with permission from Elsevier

서는 경제 행위자가 국경 양쪽에 위치한 자원 모두를 이용할 수 있기 때문에 경계지의 물자 개발을 증진할 수 있는 기회를 가질 수 있다. 문화적으로 보았을 때 경계 횡단 지역은 인접 지역과의 원만한 관계를 장려함으로써 경계지 주민들이 서로에 대해 갖고 있는 부정적인 고정관념을 무너뜨리는 데 기여할 수 있다. 정치적으로는 경계지 거주자 친화적인 의사결정을 내리고 건설적인 협상을 지속해 국가 간 긴장을 줄이는 데 기여함으로써 로컬의 민주주의를 향상시킬 수 있다. 생태적으로는 다양한 환경 문제를 관리하는 데 필수적인 틀을 제공할 수 있다. 이러한 목표들을 달성하기 위해서는 삶의 공유 공간을 창출하는 데 필요한 공통의 관심사를 파악할 수 있어야 한다. 따라서 경계지의 경계 횡단 연합은 다양한 로컬 및 지역 행위자 간의 통합적 사고방식을 개발해야 한다는 중요한 과제에 직면해 있다(van Houtum 2002).

하위국가 주체는 대개 국제법의 대상이 아니므로 인접한 상대 국가와 국제 협약을 체결할 권한을 갖지 않는다. 경계 횡단 연합은 이런 문제점을 보완하기 위해 경계 횡단 연합에 참여한 행위자 간의 '법률에 준하는(quasi-juridical)' 비공식 협약을 포함시키기도 한다. 이 때문에 경계 횡단 연합은 지방정부, 더 좁은 범위에서는 민간 이해 관계자가 중앙정부를 건너뛰고 직접 국경 접촉을 촉진하고 유지하는 일종의 '양립외교(paradiplomacy)'(Duchacek 1986)의 사례로 여겨졌다. 그러나 경계 횡단 연합이 항상 중앙정부를 건너뛰는 것은 아닌데, 이는 비로컬 행위자의 참여가 필요한 경우도 있기 때문이다. 몇몇 연구자는 경계지 행위자들의 관계와 같은 경계 횡단 연합의 수평적 측면만을 엄밀하게 강조하지만, 이 현상을 더 정확하게 이해하기 위해서는 수직적 측면, 그리고 스케일 간(interscalar)의 측면 또한 고려해야 한다. 경계 횡단 연합 안에는 상향식, 하향식, 횡단(transversal)식 연결이 함께 존재한다. 따라서 일반적으로 보다 정교한 경계 횡단 연합의 제도(scheme)는 로컬, 지역, 국가 행정, 초국가적(supranational) 및 트랜스국가적 제도, 개발 및 계획 기관, 대학, 사기업, 상공회의소, NGO 등이 참여할 수 있는 다층적 거버넌스 네트워크의 형태를 취한다. 또한 하향식의 종속된 형태보다는 조정과 협상을 기반으로 느슨하게 결합된 관계로 상호작용한다(Perkmann 1999; 2003).

일반적으로 경계 횡단 지역은 몇 가지 단계를 거쳐 공식적으로 설립된다(Popescu 2011). 가장 먼저 정부가 경계 횡단 연합의 촉진이 상호간에 상당히 이익이 있음을 인지하고 경계 횡단 지역의 설립을 지원하는 데 동의하는 양자 혹은 다자간 협약에 서명한다. 이 협약들은 영토 구성, 경계 횡단 지역의 경계뿐만 아니라 연합의 넓은 적용 범위와 원칙을 정의한다. 초국가적(supranational), 트랜스국가적(transnational), 지역 행위자와 정부, 비정부 행위자도 이 단계에 참여할 수 있다. 유럽연합의 경우와 마찬가지로, 이들은 포괄적 규제 체계, 전문 지식, 직접적 재정 지원까지도 제공할 수 있다. 이는 상당히 포섭적인 과정인 것처럼 보이지만, 이 단계에서의 의사 결정권은 국가 지도자에게 집중되어 있다. 이런 상황은 국가 정부가 국경 너머에서 활용할 수 있는 협력 기회를 식별해 내는 하향식 과정임을 시사한다. 이런 청사진은 세계 도처에서 흔히 확인할 수 있는 것이지만, 로컬과 지역 주체들이 경계를 가로지르는 비공식 연락망 개발에 주도적으로 참여하는 경우도 있다. 이런 경우 정부간 협약은 기존에 있던 상황을 공식화하는 수준에 머무른다.

두 번째 단계에서 로컬과 지역 당국은 경계 횡단 연합 프로세스의 범위를 더 구체적으로 정의하고, 정관을 작성하거나 현지에서 수행할 프로젝트를 검토하며 경계 횡단 지역의 행정-제도적 구조를 설계한다. 그리고 새로운 구성원을 초청하거나 받아들임으로써 영토의 형태를 미세하게 조정할 수 있다. 국가와 초국가적 행위자는 로컬 행위자가 갖지 못한 핵심 의사결정권을 가지고 있다. 따라서 이 단계에서도 국가나 초국가적 행위자가 포함될 수는 있지만,

좀 더 상향식 과정의 성향을 지니고 있다.

마지막 단계는 지역 관리에 관한 것이다. 이 단계에서는 하향식 운영 방식이 경계 횡단 상호작용을 계속 지배할 수는 있으나, 대부분 다층적 거버넌스가 이루어진다. 다층적 거버넌스는 다양한 스케일의 정부, 공공 및 민간 부문, 국경을 초월한 행위자 간 방대한 양의 조정과 협상을 포함하는 지루한 작업이다. 가령 교통 인프라 같은 주요 경계 횡단 연합 프로젝트의 경우, 프로젝트에 관심을 가지고 있는 경계 양측의 공적 및 사적 행위자뿐만 아니라 해당 분야에서 역량을 갖춘 로컬과 국가 당국 모두 참여할 필요가 있다. 유럽연합의 경우, 어떤 프로젝트에서는 초국가적(supranational) 행위자도 직접 참여해야 한다. 이들 지역에서는 경계 횡단 연합의 실행 계획(logistics)이 오히려 최종 목표를 압도하는 경우도 있다.

경계 횡단 지역의 설립에 수반되는 중요한 측면은 주로 경계 횡단 지역을 가시화하여 대중이 이 지역을 일상생활을 조직하는 중요한 영토라고 받아들이게 하는 것과 관련된다(Paasi 1996). 대부분의 경우, 경계 횡단 지역은 이미 존재하고 있으나 누군가에게 발견되기만을 기다리고 있다고 가정하는 장소 진흥 전략을 포함하고 있다. 이해관계자들은 경계 횡단 지역이 마치 응집력 있고 동질적인 공간인 것처럼 보이게 만들기 위해 정체성 담론을 효율적으로 사용한다. 또한 경계 횡단 지역이 문제 해결이나 지역의 잠재력을 끌어올리는 데 적절한 영토 체제인 것처럼 만들기 위해 공간적 기호를 활용하는 전략을 사용한다. 즉 민족 정체성, 경제적 상호 의존성, 환경에 대한 관심과 같이 인접한 경계지 사이에 존재하는 상상된 혹은 실제의 공통점을 강조하기 위해 교량, 통로, 관문, 성장삼각지대(growth triangles)와 같은 공간적 기호를 활용하는 것이다(Perkmann and Sum 2002; Sparke 2002a).

이 접근법의 단점은 경계 횡단 지역의 출현을 사회적 행위와는 무관한 것으로 간주한다는 것이다. 이 접근법으로 인해, 이들 지역이 제한적이나마 실질적 결과를 가져오기도 하는 평범한 경계지 거주민의 일상생활과는 단절되어 있는 것처럼 보인다. 경계를 가로지르는 동질성을 밝혀 내기란 쉽지 않고, 심지어 이는 실재하는 것이 아닐 수 있다. 그러나 이러한 어려움으로 경계의 존재를 무시하게 된다면, 경계지에서의 일상생활을 이해할 기회를 놓치게 된다. 경계 횡단 연합이 국경의 도입으로 분열되었던 확고부동한 지역들에 다시 활기를 불어넣어 준 것은 사실이다. 그러나 다른 한편으로는 공통의 정체성이 존재하기 않기 때문에 경계지에서의 경계 횡단 연합의 출현을 막지 못했던 경우도 있다 (Leresche and Saez 2002). 앤더슨과 오다우드(Anderson and O'Dowd 1999, 595)는 많은 사례를 통해 "국경 양쪽의 임금, 물가, 제도적 규범에서의 기회 또는 차이를 합법적 혹은 불법적으로 이용하는 데에서부터 지역 연합이 파생될 수도 있다"는 점을 밝혀 냈다. 이 관점은, 국경을 연결하고 경계 횡단 지역을 구축하는 데 있어 공동의 정체성이나 기능적 상호의존성을 토대로 하는 것이 그다지 중요하지 않을 수 있다는 점을 시사한다. 오히려 이보다는 경계지 주민의 이익에 관한 공유된 실용주의(shared pragmatism)에 기초하여 경계 횡단 지역을 구축하는 것이 더 중요하다(van Houtum and Strüver 2002).

경계 횡단 지역을 이해하고자 하는 시도는 크게 두 가지의 기본적인 이론적 관점을 기반으로 한다. 첫 번째는 글로벌화 시대에 지역 및 국가 엘리트들이 자본주의 생산을 체계화하는 새로운 공간이라는 관점에서, 자본 축적의 틀을 통해 경계 횡단 지역의 출현을 바라보는 것이다(Jessop 2002; Sparke 2002a). 두 번째는 경계지의 주민들이 중앙정부 지배로부터 해방될 수 있는 길을 열어줄 수 있는 정치적 행동의 공간이라는 관점이다(Kramsch 2003; Scott 2000). 그러나 대부분의 연구자는 자본 축적 전략의 구조화 효과와 로컬과 지역 행위자의 관계 속에서 경계 횡단 지역이 형성된다는 점을 인정하고 있기 때문에, 이 두 가지 관점을 상호배타적인 것으로 이해해서는 안 된다(Kramsch 2003; O'Dowd 2002a; Perkmann 2007a; 2007b; Scott 2000; Sparke 2002a; 2002b).

경계 횡단 지역에 관한 여러 분야의 연구들은 다음의 관점을 반영한다. 경제학과 정치경제학 관련 연구들은 국경이 경계지 경제에 미치는 영향, 그리고 경계 횡단 지역의 경제 자산이 글로벌 생산 흐름에 어떻게 통합되는지에 관심을 갖는다(Perkmann and Sum 2002). 이때의 연구 목표는 이 영토에서 의미 있는 경제적 행위자가 생겨날 수 있는지 판단하는 것이다. 정치학 관련 학문 분야에서는 국경을 초월한 제도의 출현을 규명하고, 경계 횡단 거버넌스 네트워크가 국가 행정부로부터 갖는 자율성을 측정하는 기준을 제시하고자 한다. 이것이 결정될 수 있다면, 정치학 분야에서는 경계 횡단 지역에 대해, 국가를 뛰어넘는 민주적 정치 조직으로서의 역할을 제안할 것이다 (Kramsch 2007). 지정학 및 정치지리 학계에서 진행된 연구들은 경계 횡단 지역에서 영토성이 수행하는 역할을 연구하고, 이 지역이 국제 무력 외교(power politics) 전략에 어떻게 부합하는지 이해하고자 한다(Popescu 2008; Sidaway 2001). 경계 횡단 지역이 국가와 여타 행위자의 이익을 증진시키는 데 사용하는 영토 이상의 도구로 판명될 경우, 이는 경계 횡단의 차원에서 국가 주권, 영토, 국가를 하나로 묶는 것이 쉽지 않을 것임을 암시한다. 따라서 정치지리학 분야에서는 경계 횡단 지역이 국제 체제에서의 고귀한 정치-영토적 행위자로서 자리매김할 것을 제안한다. 마지막으로 인류학과 사회학 관련 분야에서는 주로 경계 횡단 지역에 관한 문화적 시각을 취한다. 여기에서 가장 중요한 것은 국경이 집단 정체성 형성에 끼치는 영향력을 이해하고, 이 공간에서 국경이 어떻게 일상생활의 실천과 협상을 수행하는지를 밝히는 것이다(Donnan and

Wilson 1999; 2003). 이런 연구들은 경계 횡단 지역의 영토적 소속감이 국경을 기반으로 하는 우리-그들이라는 이분법적 사고를 뛰어넘을 수 있을 것인지를 드러내 줄 수 있다. 이런 학제 간 접근에서 공통적으로 나타나는 것은, 경계 횡단 공간의 다각적 특성을 이해하고, 공간이 글로벌화 아래 사회관계의 영토 조직에서 맡은 역할을 천착한다는 점이다.

지난 20여 년 동안 경계 횡단 지역을 통해 축적된 사례들은, 경계 연결하기를 단순히 경계를 재영토화하는, 근본적으로 바람직한 현상으로 이해하는 것에 반박하는 설득력 있는 근거들을 제시한다. 경계 횡단 지역을 설립한다고 해서 국경과 관련된 모든 행위자가 잠재된 이익을 얻을 수 있는 것은 아니며, 어떤 사람은 오히려 자신의 이익에 반하는 부정적인 가능성을 보게 된다. 따라서 그들은 경계 횡단 지역 설립에 저항하거나 이를 통제하려고 노력한다. 국경은 공간에서의 사회적 상호 작용 패턴에 상당한 영향을 끼치기 때문에 지역의 형성과 국경 간의 관계는 긴장 상태에 놓여 있다. 경계 횡단 연합에 관여하는 수많은 행위자 사이에서 국가의 특수성이 지속된다는 점 때문에, 의미 있는 통합 생활 공간이라는 경계 횡단 지역의 잠재력을 펼치지 못하게 되었다. 이 문제의 핵심은 어느 한쪽이 우세하다고 말하기 어려운 것으로 여겨져 왔던 권력의 두 가지 영토적 논리의 충돌이라 할 수 있다. 경계 횡단 지역은 경계를 가로지르는 영토의 통합을 의미하며, 이것이 실현되기 위해서는 경계 양쪽을 연결하는 것이 필수적이다. 이에 따르면 경계 횡단 지역에서 국경은 방해가 될 뿐이다. 반면에 국민국가는 국경 봉쇄라는 영토적 논리를 중심으로 전개된다. 이렇듯 상충되는 논리로 인해 국민국가와 경계 횡단 지역은 영토를 두고 경쟁 관계에 놓이게 된다. 이런 이유로 국민국가가 경계 횡단 영토 통합을 용인하는 정도는 주로 경계지에서의 주권 손실에 대해 얼마나 인식하고 있느냐에 따라 달라진다. 앞으로는 이런 긴장 상태를 해소하기 위해 국가와 경계지 모두 영토적인 측면을 덜 강조할 것으로 보인다. 지금까지의 경계 횡단 지역 만들기의 과정이 그 어떤 국경도 공식적으로 폐쇄한 것은 아니지만, 오랫동안 이어진 최후의 방어선이라는 경계의 의미를 불식시키고 경계지 주변의 연결 능력을 향상시키는 방식으로 영향을 끼쳐 왔다.

2) 경계 횡단 연합의 지정학적, 지경학적 맥락

글로벌 스케일에서 볼 때 경계 횡단 연합은 대단히 불균등한 과정이다. 경계 연결의 체제는 남극을 제외하면 사실상 모든 대륙에서 나타나고 있지만, 그 본질, 범위, 스케일, 영토적 틀은 지리적으로 매우 다양하다. 이렇게 차이가 나타나는 이유는 경계 횡단 연합의 과정이 경계 횡단 상호 작용을 위한 포괄적인 규제 시스템을 제공하는, 보다 광범위한 국경 체제에 착근된다는 점을 통해 설명할 수 있다(Blatter 2003). 이런 체제들은 유럽연합(EU), 북미자유무역협정(NAFTA), 동남아시아국가연합(ASEAN), 남미공동시장(Mercosur)과 같은 지역 무역 블록에서 출현하곤 한다. 이와 동시에 경계 연결하기에 미치는 보다 로컬화된 영향으로 인해 대륙 내 경계 횡단 연합의 성과에도 큰 차이가 나타났다. 이는 전 세계 경계 횡단 연합의 영토적 성과가 이 제도가 운영되는 하위국가의 정치-경제 제도적 맥락에 크게 영향을 받는다는 것을 의미한다. 이 절에서는 이러한 맥락적 차이를 이해하는 데 도움이 될 수 있는 경계 횡단 연합의 몇 가지 주요 사례와 경계 재영토화의 의미에 대해 간략하게 살펴보고자 한다.

유럽

유럽은 가장 오래되고 복잡한 형태의 경계 횡단 연합의 주체이다. 유럽의 경계 횡단 연합은 일상생활의 여러 측면을 다루는 포괄적인 정책을 통해, 분명하게 정의된 영토 체제와 공식적인 공공 기관을 특징으로 한다. 역사적으로 유럽의 경계 횡단 연합은 주로 정치적인 이유로 만들어졌으며, 경제적, 문화적 동기는 보완적인 것이었다. 유럽의 통합은 그 시작점부터 대단히 중요한 맥락을 제공한다. 이런 의미에서, 전 세계적으로 보았을 때 유럽의 경계 횡단 연합의 사례는 매우 독특하다. 유럽 영토가 회원국 영토를 합한 것 이상의 응집력 있는 공간이라는 상상은 초국가(supranational) 및 국가 제도를 보완하기 위한 지역 수준의 의사 결정 계층의 필요성을 강조했다. 1975년 유럽연합은 유럽 내의 여러 지역 간 경제 격차를 줄이고 풀뿌리 민주주의를 강화하기 위해, 로컬의 대표들이 공식적으로 유럽 의사 결정 과정에 참여할 수 있도록 재정 지원을 할 수 있는 지역 정책을 채택했다(Hegg and Ossenbrugge 2002; Keating 1998). 경계 지역은 이러한 정책적 맥락 속에서 독특한 위치를 점유하고 있다. 경계 지역은 경계 횡단 연합을 통해, 분열을 초래하는 국경의 역할을 극복함으로써, 유럽연합의 영토 응집력을 높일 수 있는 경계 횡단 연합 과정의 파트너로 간주되어 왔다.

유럽의 경계 횡단 연합이 시작된 구체적 계기는 시기에 따라 다양하게 나타난다. 첫 번째는 1950년대 발생한 프랑스-독일의 화해 노력의 일환으로, 로컬 당국 간의 비공식적 경계 횡단 접촉을 수반했다(Anderson and Bort 2001; O'Dowd and Wilson 1996). 그 후 네덜란드, 벨기에, 프랑스, 스위스와 관련된 독일 서부 국경 일대의 불균등한 경제 발전 문제를 다루기 위해 초창기의 경계 횡단 연합이 구성되었다. 1980년대 경계 횡단 연합은 상품, 인간, 자본 및 아이디어의 자유로운 이동을 보장하는, 유럽 공통의 단일 시장 창설에 대비해야 한다는 새로운 목표 의식을 갖게 되었다. 이는 솅겐 조약(Schengen Agreement) 시행 후 유럽연합의 국경 검문소 상당수가 폐지된 1997년에 절정에 이르렀다. 이런 진전은 경계의 탈국가화(denationalization of borders)로 이어졌는데, 이는 사람들을 연결하고 국경을 가로지르는 공통의 정체성을 강제하는 국경의 관문, 그리고 자원으로서의 기능을 강조하였다(O'Dowd 2002b).

1990년대에는 경계 횡단 연합이 유럽연합의 지역 정책 분야 중에서 가장 역동적인 분야가 되었다(Christiansen and Jorgenson 2000). 1990년대 후반까지 유럽연합의 모든 경계는 경계 횡단 연합의 계획 아래 있었다. 이런 맥락 속에서 유럽의 유로리전 또는 '오이레기오스(Euregios)'라고 알려진 경계 횡단 지역은 경계 횡단 연합이 제도화된 가장 일반적인 형태로 부상하게 되었다. 켑카와 머피(Kepka and Murphy 2002)는 유로리전을 통해 그 조직구조와 상관없이 경계를 횡단하는 하위국가들의 연합 체제를 설명할 수 있게 되었다고 주장했다. 최초의 유로리전은 1950년대 네덜란드-독일 경계지에서 출현했으며 주로 국경으로 야기된 주변화 문제를 해결하기 위한 풀뿌리 사회 운동의 결과였다. 그러나 1990년대 이후에는 그 수가 크게 증가해 100개가 넘었으며, 2004년에는 유럽연합 영토의 약 50%, 인구의 약 10%가 유로리전에 속해 있었다(Ferrera 2004).

지난 20년 동안, 여러 유럽연합 기관이 광범위한 영토 통합 전략의 일환으로 유로리전의 설립을 촉진하고 지원하는 데 적극적으로 참여해 왔다. 이를 위해 유럽연합은 몇 가지 자금 조달 프로그램을 수립했으며, 그중 인터레그(INTERREG)*가 가장 큰 영향을 끼쳤다. 1990년에 출범한 이래 인터레그의 예산은 총 15억 유로에 이른다. 이 기금은 유로리전의 발전에 심대한 구조적

* 역자 주: 유럽연합의 지역 간 협력 프로그램이다. '인터레그 프로그램'은 지역 및 회원국의 공공 관리 경험 공유에서 상품에 대한 정보 교환까지 다차원적인 교류를 목표로 하고 있다.

효과를 가져왔으며, 경계 횡단 연합의 우선순위를 결정했다. 조달된 자금은 주로 통신 기반 시설을 지원했으며, 그 외의 다른 주요 분야로는 환경보호, 문화교류, 의료, 교육, 관광 등이 있다(Jonsson et al. 2000). 그러나 경계지의 노동, 여가, 사회 프로그램 등과 같이 일상생활의 중요한 측면은 재정 지원의 우선순위에서 밀려나 있다.

1990년 이후의 경계 횡단 연합은 동유럽의 가입 신청국들을 통합한다는 유럽연합의 확대 전략에서도 중요한 역할을 차지했다. 유럽연합의 정책 입안자들은 유로리전을, 동유럽국가들이 다양한 수준에서 거버넌스를 수행하고, 국경 관련 문제를 협조적으로 해결하는 방법을 배우고, 국경 간 경제 불균형을 줄이기 위해 노력함으로써 유럽연합의 회원국이 될 준비를 하는 영역적 틀로 인식하게 되었다(Scott 2000; Yoder 2003). 따라서 동유럽국가들이 유럽연합의 회원국 자격을 획득하기도 전부터 경계 횡단 연합의 '공간'이 동유럽으로 확대되었다.

유로리전은 형태와 특성, 기능이 매우 다양하기 때문에 전형적인 모델을 정하는 것이 쉽지 않으나, 몇 가지 공통적인 특성이 있다. 유로리전은 국경을 초월한 자치 구역 혹은 지역으로 이루어져 있으며, 그 크기는 50km에서 100km에 이르고 수백만 명의 사람들이 거주하는 명확한 구조를 가지고 있다(Perkmann 2003). 유로리전은 문화적 특성과 더불어 특정 국가 혹은 다른 국가의 소수집단을 이루고 있는 민족집단을 공유하기도 했다. 일부 유로리전의 경우 경계 연결하기와 관련하여 괄목할 만한 성과를 얻었다. 한 예로 벨기에, 독일 및 네덜란드에 걸친 마스-라인(Maas-Rhine) 유로리전을 들 수 있다. 이 지역에는, 네덜란드어, 플랑드르어, 왈롱어, 독일어를 사용하고 그 문화를 공유하는 360만 명의 주민이 살아가고 있다. 또한 재정 문제에 대한 권한을 가진 자체 운영기구와 함께, 협의 기능을 갖춰 의회 역할을 수행하는 유로리전 협의

체가 있다. 회원들은 노동조합, 상공회의소, 대학과 같은 비정부 기구와 정당에 소속되어 있으며 일 년에 두 번 모임을 갖는다(Kramsch 2001). 다른 유로리전의 경우 국가 정부나 로컬 당국이 유럽연합 자금을 활용하는 도구로 기능한다는 점에서 그 성과가 상대적으로 덜 두드러지는 편이다.

현재 유럽연합은 대륙 경계 재영토화에 광범위한 영향을 끼치는 두 가지 형태의 국경 제도를 운영하고 있다. 유럽연합의 경계는 더 이상 이동을 막는 물리적 장애물이 아니라는 점에서 가교 역할을 하는 한편, 사람의 이동과 관련해서는 주요 장벽으로 작용하고 있다. 누가 유럽에 속하고 누가 유럽에 속하지 않은 것인지를 결정하는 데 있어 문화적, 경제적 요인이 중요해졌다. 유럽연합 경계 밖에 위치한 남유럽, 동유럽국가들은 유럽의 지정학적 담론에서 외부자로 묘사되어 왔으며, 유럽연합 회원국이 될 기회도 거의 주어지지 않았다. 국경 정책과 비자 제도의 강화와 같은 경계 만들기의 실천은 이런 입장을 확인해 주고 있다. 특히 유럽연합 주변국들은 유럽연합의 제한적인 비자 정책으로 인해 유럽연합와 주변국 사이에 '종이 장막(paper curtain)'이 세워질 것을 우려하게 되었다(Apap and Tchorbadjiyska 2004).

유럽연합 경계지 밖은 이민, 조직범죄, 마약, 인신매매와 같이 유럽연합 공간의 안정성에 대한 안보적 위협으로 인지되는 것들을 감지하고 수용할 수 있는 장소로 부상했다(Anderson and Bort 2001; van Houtum 2002). 유럽연합 정책 입안자들은 경계 횡단 연합에 관한 담론에 체현된 것과 같이 이웃 국가들을 포함시키는 것, 그리고 국경 외부의 안보 담론에 근거해 이웃 국가들을 배제하는 것 사이에서 아슬아슬한 줄타기를 시도한다. 유럽연합은 2003년 유럽연합과 동유럽 및 남동부 유럽국가 간 포괄적인 파트너십을 위한 기본 틀을 마련하기 위해, 유럽 인접국 정책(ENP: European Neighborhood Policy)을 시행했다. 유럽 인접국 정책의 주요 전략을 구성하는 것은 10억 유로가 넘는 자금이 뒷받침되는 경계 횡단 연합이다(Batt 2003). 유로리전은 유럽연합의 경계 외곽선(external borders)을 따라 위치한 경계 횡단 연합을 지원하는 데 있어 다시 한 번 중요한 역할을 담당한다. 유로리전은 유럽연합와 비유럽연합 공간의 영토적 접점 역할을 수행하는 것이다. 공식적으로 유럽연합은 그 경계를 기준으로 끝나지만, 비공식적으로 유로리전의 영토는 유럽연합와 비유럽연합 국가의 공간이 중첩되는 곳이라 할 수 있다. 유로리전은 유럽연합 내부의 기존 목표와 동일한 목표를 달성할 것으로 예상된다. 그러나 이는 유럽연합의 국경 장벽 기능을 높이는 데에서 발생하는 문제를 상쇄한다는 모순된 상황 속에서 달성할 것으로 예상된다. 유럽연합의 경계 외곽선을 따라 이루어지는 경계 횡단 연합은 경계지를 가로지르는 일상생활의 통합에는 큰 관심이 없고, 유럽연합이 경계지에 관심을 보이고 있다는 점을 강조하는 데 더 신경을 쓴다. 가령 루마니아-우크라이나 유로리전에서 사람 간의 교류는 루마니아가 유럽연합 회원국이 되기 훨씬 전에 더 활발했다. 경계지의 주민이 경계를 넘나드는 꾸준하고 자연스러운 이동을 거부당할 경우, 의미 있게 경계를 연결하는 것은 쉽지 않다. 이러한 이동에는, 과거보다 많은 수의 사람이 유럽연합 국가로 불법 이민을 단행하는 것이나, 유럽연합 내에서 장기간 합법적으로 거주할 공간을 찾는 것, 인접한 유럽연합 국가에 시민권을 신청하는 것이 포함된다(Berg and Ehin 2006; Popescu 2008).

북아메리카

북아메리카의 경계 횡단 연합은 느슨하게 정의된 영토적 틀, 제한적인 정책 목표, 덜 공식적인 제도를 특징으로 한다(Blatter 2001; Scott 2002). 경계지 통합을 위한 초국가(supranational) 또는 국가 정책 체제는 존재하지 않으며, 경계 횡단 연합의 목표에 대한 중앙정부와 경계지 당국 간의 체계적인 협력 또한 존재하지 않는다. 북아메리카의 경계 횡단 연합은 경계지의 일상생활을 관리하기 위한 포괄적인 전략을 수립하는 것이 아니라, 특정 쟁점에 초점을 맞추는 경향이 있다. 경계 횡단 연합의 실천은 민간 행위자의 참여와 더불어 공공-민간 파트너십 설립에 개방되어 있는데, 이는 지방정부가 중앙정부로부터 받는 지원의 감소를 충당하기 위한 방법의 일환이다(Norman and Bakker 2009; Scott 1999).

북아메리카의 경계 횡단 연합은 전통적으로 경제적 합리성에 기반해 추진되어 왔으며, 환경 및 문화적 관심사는 그다음으로 다루어졌다. 북쪽에 위치한 약 8,891km 길이의 미국-캐나다 국경으로부터 약 240km 안쪽에 캐나다 인구의 90%가 거주하는 것은 경계 횡단 연합이 가지는 이점 덕분이라 할 수 있다. 남쪽에 있는 약 3,169km 길이의 미국-멕시코 국경에서는 양국 간의 불균등한 개발 수준으로 인해 연합의 이익이 발생한다. 북아메리카의 경계지는 강한 문화적 유대를 공유한다. 미국 남쪽의 경계지는 1848년 이전에 멕시코의 영토였으며, 오늘날에는 상당수의 히스패닉-라틴계 후손들이 살아가고 있다. 미국-캐나다 경계지는 양국 모두 대영 제국의 식민지였다는 점에서 영국계(Anglo) 문화의 유사성을 공유한다. 이러한 상황은 북아메리카 경계지의 공식적인 통합 프로젝트가 가지는 약점에도 불구하고, 시민사회 수준에서 미국-캐나다, 미국-멕시코 간의 경계 횡단 상호작용이 특히 강력했던 이유를 설명하는 데 도움을 준다. 매년 수억 명의 사람들이 노동, 교육, 관광, 가족 방문 및 쇼핑을 목적으로 이 두 국경을 넘나들며, 경계지와 그 외의 지역에서 수십억 달러를 지출한다(Payan and Vasquez 2007; Ramos 2007). 이와 함께 약물 및 인신매매, 밀입국에 이르기까지, 매우 강력한 불법 경계 횡단의 상호작용에 대해서도 동등하게 다뤄야 할 필요가 있다.

중앙정부와 수많은 기업가는 '자유 무역'의 맥락 속에서, 북아메리카의 경계지를 북아메리카 비즈니스의 글로벌 경쟁력을 향상시키는 데 활용할 수 있는 영토로 인식하였다. 연합이 집중적으로 발생하는 여러 경계 횡단 지역이 있으나, 이 책에서는 미국-캐나다 국경의 캐스캐디아(시애틀, 벤쿠버 중심), 디트로이트-윈저와 미국-멕시코 국경의 샌디에이고-티후아나, 애리조나-소노라, 엘파소-시우다드 후아레스 등 극히 일부 사례만 언급하고자 한다(Alper 1995; Konrad and Nicol 2008; Wong-Gonzales 2004). 이들 지역에서 추진되는 협력에는 환경에서 교육까지 다양한 주제가 포함되어 있다. 그러나 여러 관점을 종합해 볼 때, 가장 성공적인 분야는 경계지의 경제적 통합이라 할 수 있다. 북아메리카 경계지의 경제적 통합은 1960년대 이후 여러 제조업체가 멕시코 경계지의 조립공장인 마킬라도라의 값싼 노동력을 활용하기 위해 회사를 옮기면서 가속도가 붙기 시작했다. 동시에, 미국 자동차 업계는 캐나다 경계지에 자동차 부품 산업의 공급 사슬을 설립했다. 경계 횡단 생산의 상당수는 적기 생산 방식(just-in-time)의 생산 환경에서 이루어졌기 때문에 국경에서의 대기 시간을 최소화할 필요가 있었다.

1993년 북미자유무역협정이 조인됨으로써 기존 경계지에서의 경제 협력이 증진되었으며, 농산물, 서비스 등의 경계 횡단 무역이 크게 확대되었으나, 이를 공동의 삶의 공간을 창출해 내는 경계 연결하기의 성공으로 이해해서는 안된다. 엄청난 수준의 교통량이 국경을 넘나들고 있음에도 불구하고, 국경은 여전히 경계지의 사회를 분리하고 있다. 경계지의 주민은 경제 통합의 혜택을 불평등하게 받아 왔으며 일상생활의 다른 분야에서는 성과가 나타나지 않았다. 더욱이 경제 통합으로 창출된 부의 상당 부분은 경계지가 아닌, 다른 지역으로 흘러 들어갔다.

북아메리카의 공식적인 경계 횡단 연합에서 이민과 마약 거래 문제는 오랫동안 주요 쟁점이 되고 있다. 미국 정부는 이 문제에 대응하기 위해 제1차 세계 대전 이후, 경제 이외의 부문에서 미국-멕시코 경계지의 국경 체제를 점차 강화하였다. 지난 100년 동안, 미국-멕시코 국경은 제대로 방비되지 않은 곳이었으나, 이제는 전 세계에서 가장 펜스가 잘 쳐져 있고, 경비가 철저히 이루어지는 곳으로 변화했다. 그러나 이렇게 국경이 강화되는 동안에도 이민과 마약 밀매는 줄어들지 않았다. 미국-멕시코 경계지와는 대조적으로, 미국-캐나다 국경은 '세계에서 가장 긴 무방위 국경'으로 여겨졌다. 이는 미국-캐나다 정부의 '마찰 없는' 관계에 대한 대중 의식을 반영한다. 그러나 이처럼 방위가 거의 이루어지지 않는 국경에 대한 평화적 인식은 200년대 이후 미국의 잠재적인 안보 위협 중 하나로 바뀌게 되었다.

2001년 9월 11일 테러 이후 경계 횡단 연합의 범위가 제한되고 우선순위가 바뀌게 되면서 북아메리카 지역의 경계 횡단 연합의 상황이 근본적인 변화를 겪게 되었다(Payan and Vasquez 2007). 미국, 캐나다, 멕시코 간의 전체 무역 수준은 2001년 이래로 계속 증가했으나, 경계 연결하기의 과정은 그렇지 않았다. 2001년 이후에는 안보 문제가 그 어떤 통합 논의보다 우선시되었다. 미국 정부는 북아메리카 국경 로컬의 다양한 맥락을 무시하고 단일한 국경 방위 정책을 적용하였으며, 미국 국경의 무장을 확대했다. 이런 전개는 로컬 차원에서 진행 중인 많은 통합 노력을 훼손했으며 경계 횡단 연합 문제에 대한 지방 당국의 의사결정력을 감소시켰다. 또한 경계지의 생계에 직접적인 영향을 미치는 국경 정책에 대한 주요한 조치 없이 경계지의 공동체들을 방치하였다. 그 예로, 2007년 미국-캐나다 국경에서 매우 주목할 만한 사건이 발생했다. 수십 년간 이어진 경계 횡단 연합을 바탕으로, 캐나다의 소방차가 국경 근처 뉴욕의 라우시스 포인트(Rouses Point)에서 발생한 화재 진화를 돕기 위해 급파된 것이다(Meserve and Ahlers 2007). 그러나 국경 검문소에서 소방차 통과가 지연되었는데, 이는 새로운 보안 절차에 따라 국경 수비대가 캐나다 소방관들의 이민 자격을 확인해야 했기 때문이다.

미국 정부의 주요 과제는 국경을 가로지르는 '자유 무역'과 인지된 안보 수요 간의 정확한 균형점을 찾는 것이다(Brunet-Jailly 2007). 지난 10년 동안 미국은 미국 국경의 선별적 투과성을 높인다는 목표 아래 '스마트 국경', '북아메리카 안보 경계(North American Security Perimeter)', '안보와 번영 파트너십'과 같은 안보 관련 계획들을 추진하였다(Ramos 2007). 지금까지 이 전략은 대규모 무역 흐름을 유동화하는 데에는 성공한 것으로 보이나, 로컬의 경계 양쪽을 연결하는 과정에는 매우 해로운 것이었다. 2009년에 시행되었던 서반구 여행 방안(WHTI: Western Hemisphere Travel Initiative)이라고도 불리는 가장 최근의 이니셔티브는, 경계 안보화가 북아메리카 경계 횡단 연합에 끼친 영향을 상징적으로 보여 준다. 서반구 여행 방안으로 인해 미국 시민권자의 캐나다, 멕시코 및 카리브해 일대 무여권 입국이 중단되었으며, 캐나다 시민권자의 무여권 미국 입국 또한 중단되었다. 현재 미국 국경 밖으로 여행하고자 하는 미국 시민권자는 모두 여권을 소지해야 한다.

동남아시아

동남아시아에서 경계 횡단 연합은 1990년대 초반 상당한 인기를 끌었다. 여러 국가 정부는 지구적 맥락 속에서 지역 경쟁력을 창출해야 한다는 글로벌 논리에 기반해 경제 발전을 촉진하기 위한 전략으로 속칭 '성장삼각지대(Growth Triangles)'라는 경계 횡단 지역의 건설을 장려했다(Sparke et al. 2004; Sum 2002). 결과적으로 성장삼각지대의 상당수는 경계 횡단 수출가공지대(export processing zone)라고 볼 수 있다. 참고로 수출가공지대는 동아시아의 광범위한 수출 지향 개발 전략과 밀접한 연관이 있고 경제적 근거에 기반해 지속적으로 추진되고 있다.

동남아시아의 경계 횡단 연합은 민간 행위자의 네트워크뿐만 아니라 민관 파트너십을 포함한다. 그러나 경계 횡단의 상호작용은 공식적인 제도화가 거의 이루어지지 않고 있으며, 주로 국가 행위자가 지배하는 가운데 로컬 당국이 부수적으로 관여한다(Grundy-Warr 2002). 성장삼각지대는 보통 각각이 구성하는 부분에서 국가에 이익이 되도록 설계되기 때문에 하위국가 수준의 통합은 공식 의제에 포함되지 않았다. 동남아시아에서 가장 널리 알려진 경계 횡단 지역은 인도네시아-말레이시아-싱가포르 성장삼각지대이며, 주로 도시국가인 싱가포르의 배후지를 확장하는 수단으로 설립되었다. 말레이시아와 인도네시아 지도자들은 훨씬 더 부유한 싱가포르 경제의 투자 유출을 통해 이익을 얻고자 하였다(Sparke et al. 2004). 경계 횡단 지역의 또 다른 예로는 베트남, 캄보디아, 라오스, 타이 사이에 있는 메콩강 지역과, 말레이시아와 타이, 인도네시아 사이의 '북부 삼각지대'가 있다. 이러한 공식 프로젝트 외에도 수많은 비공식 경계지가 있으나, 공식적인 '성장삼각지대' 계획에는 포함되지 않는다.

남아메리카

지난 20여 년 동안, 남미공동시장(Mercosur)과 안데스공동시장(Andean Community)과 같은 초국가적(supranational) 통합 프로젝트는 남아메리카의 역동적인 경계 횡단 상호작용의 근간이 되어 왔다. 그러나 지금까지 이러한 무역 블록들이 상대적으로 취약한 제도를 가지고 있는 정부 간 조직으로 남아 있기 때문에, 이것들이 하위국가 수준의 경계 횡단 연합에 직접적으로 끼친 영향은 다소 제한적이었다(Dupeyron 2009). 초국가적(supranational) 통합은 지역 간 그리고 글로벌 무역의 수준에서 국가의 경계를 개방하고 있으나, 시민사회 수준에서는 통합 이익이 상대적으로 적은 것으로 나타난다

(Amilhat-Szary 2003; Hevilla and Zusman 2009).

남아메리카 전역에는 사적·공적 행위자를 모두 포함한 로컬의 경계 횡단 프로젝트, 이니셔티브, 조직들이 분포해 있다(Machado et al. 2009). 경제적인 목표가 주를 이루지만, 환경, 교육 관련 목표 또한 제시될 수 있다. 일반적으로 경계 횡단 연합의 이행은 주로 국가 행위자나 국가 간 관계에 의존하는 경향이 높지만, 활발한 비공식적 협력이나 약한 수준의 제도적 협력이 이루어지고 있는 경계지도 많다. 더 공적인 형태의 경계 횡단 지역으로는 이구아수 폭포 주변의 브라질-파라과이-아르헨티나의 경계지와 페루 타크나와 칠레의 아리카시를 중심으로 한 칠레-페루-볼리비아 경계지가 있다.

2008년 남아메리카 12개국이 속한 남미국가연합(UNASUR)의 설립을 비롯해, 최근의 초국가적 통합의 발전은 경계 횡단 연합을 심화시킬 또 다른 기회를 제공하는 것처럼 보인다. 남미국가연합의 성과 중 특히 중요한 것은 남미국가연합 회원국 국민이 여권 없이 다른 회원국을 여행할 수 있도록 결정한 것이다. 이는 남아메리카 대륙 사람들의 자유로운 이동이라는 목표를 상당 수준 달성한 것이라 할 수 있다. 오늘날 남아메리카 사람들은 신분증만 가지고 있으면 베네수엘라 카라카스부터 아르헨티나 우수아이아까지, 다시 말해 남아메리카 대륙 끝에서 끝까지 여행할 수 있다. 더 넓은 시각에서 보면, 이 성과는 미국이 주변 국가를 대상으로 여권 기반의 국경 통과 제도를 도입했을 시점에, 그리고 유럽연합이 주변국 국민을 대상으로 비자 정책을 강화한 시점에 이루어졌다는 점에서 언급할 만한 가치가 있다.

아프리카

아프리카 경계 횡단 연합의 범위는 상당 부분 탈식민지화의 맥락에 따라 정해지는데, 공식적인 국경보다는 민족성이나 종교가 집단 정체성의 영속에 더 많은 영향을 끼친다. 드물긴 하지만, 아프리카 국경을 넘나드는 비공식적 상호작용은 오래전부터 존재해 왔다. 1990년대 이래로 이러한 비공식적 협력의 일부를 제도화하려는 시도가 있었다. 이는, 아프리카의 특정 지역을 글로벌 투자 흐름에 우호적인 곳으로 만듦으로써 경계를 가로질러 로컬 자원을 모으고자 했던 신자유주의 관행에 뿌리를 둔다(Soderbaum and Tayler 2008). 민간 및 해외 투자에 유리한 조건을 조성하는 공공정책 부문에서는 하향식 협력 계획이 두드러진다.

아프리카 경계 횡단 지역 개발의 주요 문제점은 아프리카 대륙의 탈식민 국가들이 너무 약해서, 경계 횡단 상호작용이 어느 정도 그 형태를 갖추도록 하는 것이 쉽지 않다는 점이다. 따라서 다수의 공식적인 협력 계획은 사익을 취하기 위해 이를 이용하려는 국가 엘리트 계층이 장악하며, 그 이익은 이들의 권력을 유지하기 위한 일련의 정치 네트워크로 분배된다(Soderbaum and Tayler 2008). 이런 상황 속에서, 경계 횡단 연합은 시민사회 수준에서 여전히 비공식적인 상태로 남아 있다. 더 활발한 경계 횡단 지역으로는 남아프리카공화국의 요하네스버그와 모잠비크의 마푸투 항을 연결하는 마푸투 개발 회랑(Maputo Development Corridor)과 잠비아-말라위-모잠비크의 성장삼각지대가 있으며, 관광 중심지로는 잠비아와 짐바브웨 사이에 있는 빅토리아 폭포가 있다.

중동

중동에서는 중앙 집권적 정치를 선호하는 수많은 독재 정권가 존재하며, 이스라엘-팔레스타인 분쟁이 계속되고 있다. 이런 상황에서 로컬 당국들이 경계 횡단 연합에 의사결정권을 행사하기 위해 필수적인 정부 간 신뢰를 구축하기란 사실상 불가능했다. 중동의 경계 횡단 연합이 경계지 거주민들에게 제공할 수 있는 잠재적 이익이 존재함에도 불구하고, 이 지역의 공식 담론은 국경의 방위 기능을 계속 강조하고 있다.

중동에서 공식적인 경계 횡단 지역은 없으나, 터키와 시리아 사이와 같이 능동적인 비공식 경계 횡단 연합이 이루어지는 구간들이 존재한다(Rabo 2006). 또 다른 사례로는 홍해 연안 도시인 이스라엘 에일랏과 요르단 아카바 간의 경계 횡단 연합을 들 수 있다. 이 경우 아랍-이스라엘의 분쟁이라는 거시적 관점에서 이 연합을 바라보는 사람들의 부정적 반응을 야기할 수 있기 때문에, 환경 문제에 대한 로컬 당국 간의 의미 있는 협력 활동은 거의 공개되지 않는다(Arieli 2010).

3. 유로리전(Euroregions)과 경계 재영토화의 차원

유럽은 현대의 가장 역동적인 경계 횡단 연합이라 할 수 있다. 이런 점에서 유럽 사례를 통해 경계의 미래, 사회 관계적 측면에서의 영토 재구성과 관련한 경계 연결하기 과정의 가능성과 한계를 통찰해 볼 수 있다. 유로리전은 이런 관계에 대해 규명해 볼 수 있는 분광기(prism)라 할 수 있다.

유로리전의 경계 횡단 연합이 경계 재영토화에 끼친 영향을 해석하는 것은 쉽지 않은데, 이는 두 현상이 직접적으로 연관되지 않기 때문이다. 이는 오히려 다양한 이해관계자가 경계 횡단 연합에 거는 기대와 그들이 생각하는 국경의 역할과 의미에 영향을 받는다. 많은 전문가는 유로리전의 성과에 회의적인 반응을 보이며, 특히 20년 후에는 경계지들을 통합한다는 본래의 목표도 달성하지 못할 것이라고 지적한다. 확실히, 유로리전은 국민국가와는 달리 사람들의 상상력을 포착해 내지도 못했으며, 21세기 글로벌 경제의 허브가 되는 데

도 성공하지 못했다(Sparke 2002a). 그러나 유로리전이 그 기대를 충족시키지 못한 점을 경계 양쪽을 연결하는 현상이 존재하지 않는다는 증거로 해석할 때는 주의를 기울여야 한다. 경계 횡단 연합 관련 행위자들의 특정 분야에 대한 관심사는 유로리전에 대한 모순적이고 복잡한 의제들을 만들어 내곤 한다. 이런 상황에서 유로리전의 목표를 비현실적인 것으로 만드는, 유로리전에 부여된 '과도한 기대'에 대해 이야기해 볼 수 있다(Kramsch and Hooper 2004). 사람들은 유로리전이 국가 간 정치적 긴장을 완화하고, 경제의 원동력이 되며, 공동의 정체성을 육성하고, 환경오염을 관리하는 데 도움이 될 것이라 기대한다. 이런 고상한 목표들은 경계지의 일상생활과 관련된 온건하고 즉각적인 것들보다 우선시되었다. 유로리전이 직면한 이런 한계점들에 대해 클레멘트와 그의 동료들(Clement and colleagues 1999, 275)은 "경계 지역은 경쟁력을 높이기 위해 다른 지역이 하는 모든 일을 해야 할 뿐만 아니라, 경제적·정치적으로 매우 다르게 조직될 가능성이 높은 다른 지역들과 협력까지 해야 한다."고 강조했다.

이 절의 나머지 부분에서는 유로리전의 경계 연결하기에 관해 통찰하고자 한다. 지난 20년간 유럽의 경계 횡단 연합에 관한 연구에서 경계 변화의 몇 가지 차원이 드러남에 따라, 21세기 초에는 경계 횡단 연합 패러다임에 대한 근거 있는 평가가 가능해졌다.

1) 법적 차원

유럽국가들의 경계를 가로지르는 유로리전의 설립은 시작 단계부터 법적 문제가 발생했다. 국가법은 국경까지만 적용될 수 있으며 국제법은 주로 국가 간의 관계를 규제했기 때문에, 공식적으로 경계를 횡단하는 영토적 실체의 설립을 허용할 만한 여지가 없었다. 주변 국가와 하위국가 당국 간의 경계 횡단 조약에 관한 법적 근거는 존재하지 않았다. 전통적으로 국제법은 국가 당국을 위해 마련된 것이었기 때문에, 하위국가 체제가 국제법 관련 문제에 참여하는 것은 금지되었다. 이런 문제들로 인해, 유럽국가들은 경계 횡단 공간을 만드는 데 필요한 새로운 법적 틀을 만들어야 했다.

초창기 유로리전은 기능적으로 연관된 사람들의 선의에 기대거나, 사적인 법률 협약과 같은 비공식 협약을 토대로 설립되었다. 전형적인 유로리전 설립 형태는 '쌍둥이 협회(twin association)'로, 지자체 혹은 로컬 당국이 각 국경에서 자국의 법률 시스템에 걸맞은 협회를 결성한 후, 후속 단계에서 두 협회를 합치는 식이었다(Perkmann 2003). 유로리전은 준(quasi)법적 지위를 갖기 때문에, 유로리전의 상당수는 일반적인 은행계좌 개설조차 쉽지 않았다. 따라서 각 국에 속한 별도의 계좌로 자금을 관리해야 했다. 경계 횡단 연합이 더욱 발전하기 위해서는 보다 신뢰할 수 있는 법적 틀이 필요했으며, 이상적으로는 공법 분야에 그 기틀을 마련해야 했다. 유로리전이 두 개 이상의 국가 법률 체제를 기반으로 했기 때문에 모든 지역에서 유효한 법적 지위를 창안해야 했으나(Baker 1996), 경계를 횡단하는 법적 지위라는 것은 국경이 규정한 국가 주권의 법적 개념을 문제시할 가능성이 있었다.

유로리전 기능에 필요한 공법상의 법률 틀 창안의 첫 번째 단계는, 공식적인 정치-행정 기관으로서의 유로리전에 대한 법률적 합의에 동의한 유럽 의회가 주도하였다(Perkmann 2003). 1980년 이러한 노력의 결과로, 영토 공동체와 당국 간의 이원적 협력에 대한 유럽의 개괄적 협약(the European Outline Convention on Trans-frontier Cooperation between Territorial Communities and Authorities)이 통과되었다. 이 협약은 마드리드 협약으로 더 잘 알려져 있다. 이때, 지역 개발, 환경 보호, 인프라 건설 및 재난 지원과 같은 분야에서 일련의 문서가 채택되었는데, 이 문서들은 하위국가 간의 경계 횡단 연합을 위한 합법적 근거를 제공였다. 마드리드 협약의 주요 목표는 경계 횡단 연합에 참여하는 로컬 당국이 국민국가 내에서 갖는 기회와 동등한 수준의 기회를 가질 수 있도록 허용하는 것이었다. 1995년 마드리드 협약에 대한 추가 의정서가 발효되었다. 이 합의에서는 지역 및 로컬 당국에 경계 횡단 연합 협정을 체결할 권리를 부여하면서 이들이 관련 국가의 국내법을 위반하지 않아야 한다는 점을 경고했다. 대다수의 가입국들은 특정 경계 횡단 연합 계획이 이웃 국가들과의 양자 협약 내에 있어야 한다는 조항을 포함시켰다(Anderson and Bort 2001). 이는 여전히 국내법이 경계 횡단 협약을 규정하고 있음을 의미한다. 이런 한계점에도 불구하고 마드리드 협약은 합법적인 기준점을 제시하였다는 점에서 중요한 의미를 지닌다. 이는 유럽의 법 체계를 하위국가와 국경을 초월한 행위자에게 개방한 선례이기 때문이다.

1990년대 초반, 여러 유럽국가는 1989년 베네룩스 경계 횡단 협약, 1991년 독일-네덜란드 경계 횡단 협약, 1996년 스위스, 프랑스, 독일, 룩셈부르크 간의 칼를스루에 협약(Karlsruhe Agreement) 등과 같은 일련의 양자 및 다자간 경계 횡단 협약을 조인하였다(Kramsch 2002a). 라인 강 계곡(Rhine Valley)을 비롯한 여러 유로리전은 새로운 기회를 활용해 공법상의 단체가 되었다. 이러한 트랜스국가적 단체가 취한 결정은 이에 참여하는 공적인 기관에만 그 영향력이 국한되고 그곳에 사는 시민에까지 구속력이 있는 것은 아니지만, 유로리전들이 과거 주권 국가가 소유했던 특권을 일정 부분 수행한다고 볼 수도 있다(Perkmann 2003). 시민에 대한 권리 행사는 여전히 국내법의 독점적인 영역에 머물러 있다.

유럽 내 경계 횡단 법률 체계의 출현은 미약하고 불완전하였으나, 경계 양쪽을 연결하는 과정에서 중요한 영향을 끼쳤다. 유로리전의 법적 지위가 갖는 의미로 인해 국경에서 국가 주권이 위협받는 정도에 대해서는 논쟁의 여지가 있는데, 이는 국가법이 경계 횡단 연합을 제한하기 때문이다. 반면 이러한 경계 횡단 영토의 존재는 국가 주권에 대한 법적 도전으로 간주되기도 한다. 그럼에도 불구하고, 유로리전은 국내법과 국제법이라는 전통적인 법 체계의 범위를 뛰어넘어 법적 문제를 고려하는 획기적인 길을 열어 주었다는 점에서 그 의미가 크다. 앤더슨과 보르트(Anderson and Bort 2001)는 여러 유럽국가의 헌법과 재정법이 수정되어, 하위국가 당국이 다른 나라의 파트너과 협약을 맺을 수 있도록 해야 한다고 지적했다. 그들은 위의 현상을, 유럽에서는 이미 주권이 초국가적 수준으로 이양되었다는 신호로 해석했다.

최근 경계 횡단 연합의 법률적 진전 과정이 이루어지고 있다. 2006년, 유럽연합 집행위원회는 법률 계획을 수립하였으며, 유럽 지역 협력 사업단(EGTC: European Grouping Territorial Cooperation)이라는 새로운 경계 횡단 연합 기구를 설립하였다. 유럽 지역 협력 사업단은 유럽연합 법 내에서 경계 횡단 연합 협약을 체결하였고, 이로써 경계 횡단 연합이 맞닥뜨릴 수 있는 법률적 일관성 부족이라는 한계를 효과적으로 뛰어넘고자 했다. 유럽 지역 협력 사업단은 다양한 수준의 정부 및 시민사회 이해당사자가 법적 구속력이 있는 경계 횡단 연합을 체결하는 것을 허용하며, 초국가적 기관은 자체 예산을 확보해 직원을 고용하고 재산을 보유할 수 있다. 이 모든 것은 상당한 법률적 발전이라 할 수 있다. 동시에 사업단이 마드리드 협약과는 달리 경계 횡단 연합 그 자체에만 초점을 두지 않는다는 점에 주목할 필요가 있다. 유럽 지역 협력 사업단은 경계 횡단 연합뿐만 아니라 지역 간 그리고 초지역적 협력 등 모든 형태의 경계를 넘나드는 협력을 포괄한다. 이 단체는 유럽 공동체의 기능적 통합 논리를 염두에 두고 성장하였기 때문에, 유럽연합 이외의 경계 횡단 연합에는 거의 활용되지 않았다. 다시 말해 유럽 지역 협력 사업단은 주로 유럽연합 영토 통합이라는 거시적인 목표를 지원하기 위해 만들어진 유동적인 법적 도구인 것이다. 유럽 지역 협력 사업단을 통해 더 광범위하고 급진적으로 유럽연합의 경계들을 연결할 수도 있으나, 이것이 경계지 일상에서 맞닥뜨릴 수 있는 실질적인 사안과 관련한 문제에 대해 어떤 반향을 불러일으킬지 아직 지켜볼 필요가 있다. 현재까지는 유로리전의 로컬 당국이 성급히 유럽 지역 협력 사업단을 채택하지 않고 있다.

2) 영토적 차원

유로리전을 설정하는 것은 국경을 가로지르는 영토적 기술(記述, delineation)을 포함한다. 이 과정에서 새로운 형태의 영토인 경계 횡단 영토(cross-border territories)가 생긴다. 이 영토는 국경 내 절대적인 영토 주권에 기반한 기존 질서의 이론적 토대에 의문을 제기한다. 유로리전은 기존 질서의 논리 바깥에 위치한 영토라 할 수 있으며, 주권 영토의 주변부를 중첩시키면서 주변부를 하나의 단일한 영토로 통합한다. 유로리전의 기능은 국가, 초국가, 로컬 행위자들에 대한 정치-영토적 상상력을 필요로 한다. 국경 및 국경의 영토 보전(territorial integrity)과 관련하여, 유로리전이 지닌 파괴적인 잠재력을 완화시키기 위해 영토성과 정치 조직을 분리시킬 방법을 찾아야 한다.

유로리전이 상향식 거버넌스 공간으로 기능하기 위해서는 중앙정부로부터 영토에 대한 일정 수준의 행정 자치권을 획득해야 하며, 중앙정부는 로컬 당국에 영토 통치에 대한 독점권을 내주어야 한다. 여기서 국가와 유로리전 사이의 긴장이 드러나게 된다. 유럽국가 형성 과정의 특징인 잦은 영토 변화로 인해 경계지가 국가 영토에 동화된 정도가 매우 다양하고, 경계지에는 오랜 기간 중앙정부를 불신하고 있는 소수민족이 살고 있기도 하다. 게다가 유로리전은 중앙정부가 협상할 수 없거나 협상하기 꺼려하는 문제에 대해 중앙정부를 건너뛰고 브뤼셀에 본부를 두고 있는 트랜스국가적 기관과 직접 협상할 수도 있다. 이러한 이유로, 중앙정부는 경계지에 매우 민감하게 반응했고, 통합된 거버넌스 제도로서 공식적인 경계 횡단 영토의 설립에 신중한 모습을 보여주었다. 중앙정부는 유로리전이 설립되면, 이들 영토가 자국의 국경에서 떨어져 나와 다른 국가로 편입될 수 있다는 점을 우려하였다(Delli Zotti 1996).

그러나 중앙정부는 유로리전을 통해 각 국가가 얻을 수 있는 이점을 인지하고 있다. 하지만 정부의 입장에서는 국가의 광범위한 이해관계와 이점을 함께 고려해야 하기 때문에 복잡한 딜레마에 빠져 있다. 이런 점에서, 중앙정부는 경계지 주민의 이익을 증진시킬 수 있을지라도 국익을 훼손할 것이라고 판단하면, 영토 통합 전략을 허용할 수 없게 된다. 이로 인해 중앙정부는 유로리전을 추진하면서도 동시에 약화시키려고 한다. 국가와 경계지의 이해관계가 일치하는 상황에서 중앙정부는 경계를 연결하려는 실천을 적극적으로 지원하고 있다. 이해관계가 일치하지 않는 상황의 경우, 중앙정부는 경계 횡단 통합에 대해 우려를 나타내고 유로리전을 통제하려고 시도해 왔다. 이 문제의 핵심은, 중앙정부의 관심사가 유로리전을 일상생활이 통합된 영토로 만드는 데 있다기보다는 국내 및 정부 간의 문제 해결을 위한 영토 체제로 활용하는 데 있다는 것이다. 유로리전의 설립은 제한된 국경을 뛰어넘어 경계지 시민의 열망을 충족시키는 새로운 삶의 공간을 창출하려는 아래로부터의 요구(grassroot demand)라기보다는, 정치경제 발전을 위한 국가 전략과 유사하다. 유로리전에 대한 이러한 전략 지정학적(geostrategic) 이해는 유로리전의 창설에 있어 지역의 참여와 경계 횡단 연합 실천의 경계 연결 효과를 제한했다(Popescu 2008).

유로리전에 대한 유럽연합의 전망은 더 명확했다. 유럽 통합이라는 영토적 의제는 경계 횡단 연합의 필요성과 잘 들어맞았다. 회원국들이 국경을 초월한 유로리진을 설립하는 데 필요한 높은 수준의 상호신뢰를 구축할 수 있었던 것은 초국가적 기구인 유럽연합의 존재 덕분이었다. 그러나 2000년대 경계 외곽선(extrnal border)이 강화된 이후에는, 국경을 초월한 경계 횡단 통합을 이루는 데 유럽연합이 주요 방해 세력으로 간주될 정도로 유럽연합과 유로리전의 영토적 이해관계는 갈등을 빚게 된다.

국경을 초월한 유로리전의 존재는 유럽의 영토 조직 내에서 국경이 수행하는 역할에 대해 중요한 함의를 지닌다. 유로리전은 국경을 없애 버리거나, 사회적 상호작용과는 상관없이 국경을 뒤섞어 버리는 것과 같은 직접적인 방식으로 국경에 도전하지 않는다. 유로리전의 정치-영토 조직은 여전히 미약하기 때문에, 국가와 유럽연합 헤게모니 밖에서는 이들이 통합된 영토가 아니라는 공통된 의견이 있다(Perkmann 2007b; Sparke 2002a). 유로리전은 정부가 경계 횡단 정책을 시행하기 위해 만든 것이다. 따라서 유로리전이 반드시 국가 주권의 영토적 분열을 의미하지는 않지만(Jessop 2002), 국가 주권의 기능과 영토성을 변화시킨다는 측면에서 본다면 영토성에 도전한다 할 수 있다. 그러나 유로리전은 국경이 국가가 독점적인 권력을 지니는 영토 통제의 궁극적인 선이라고 인식하는 관점과는 상충한다. 경계를 가로지르는 영토 단위의 건설은 곧 경계 재영토화 과정의 출현을 의미한다. 중앙정부가 경계 횡단 영토를 만들기 위해 국가 영토의 일부를 통합하는 것에 동의하는 순간, 이들은 단일한 중앙정부가 지니고 있던 독점적인 주권의 범위를 뛰어넘는 새로운 영토를 암묵적으로 지지하게 되는 것이다. 또한 국가 및 로컬, 비정부 행위자들이 유로리전의 제도화에 참여할 때, 새롭게 형성된 기구는 국가 경계를 뛰어넘어 그 권위와 권력을 행사할 수 있다. 본질적으로 본다면 유로리전의 영토는 이를 구성하는 국가 영토의 합 그 이상을 나타내며, 경계 횡단 기관은 이를 구성하는 국가 행정 기관의 합보다 크다.

이런 특성으로 유로리전은 상당 부분 영토적 사유에 기반을 두고 형성되었다. 유로리전은 국가와 같은 기존 것의 단점을 극복할 수 있는 기회를 제공해 주는 새로운 영토로 상상되었다. 유로리전은 영토성의 원칙을 극복하기보다 사회적 관계를 조직하는 방식을 통해 유지되어 왔다. 유로리전은 명확한 영토의 형태, 관료적인 제도적 구조, 광범위한 통합 목표를 지니고 있다는 점에서 작은 스케일의 국가 영토 조직과 유사하다. 이러한 특징은 유로리전에 일정한 기능적 안정성을 보장하는 한편 일부 이해관계자의 경계심을 불러일으키기도 했다. 경계를 연결하는 또 다른 방법은, 경계 연합 실천의 영역을 구상함에 있어 일상적인 활동을 통해 등장하는 공간적 관계의 집합이라는 측면에서 이를 구상하는 것이다. 이는 국민국가와의 긴장은 낮추는 동시에 로컬의 맥락에 더 민감하게 반응할 수 있다는 이점을 지닌다.

3) 경제적 차원

유로리전을 뒷받침하는 가장 강력한 요인은 경제적 기반에 근거한다. 경계 횡단 연합의 이해관계자들은 그간 경계지가 국가 경제 체계에서 소외되어 왔던 점을 인지하기 시작하였다. 그 결과 경계지의 경제 발전이 촉진되기 시작하면서, 경계지의 이해관계가 폭넓게 수렴되었다. 경제적으로 통합된 경계지가 필요하다는 점은 분명한 사실이며, 시민사회에 제공할 수 있는 이익 또한 그 실체가 분명하다. 이해당사자들은 경계 횡단 경제 통합이 필요하다는 것에 대해서는 큰 공감대를 형성하였으나, 지난 20여 년간 경제적 차원의 경계 횡단 통합이 실제로 진전된 것이 거의 없다는 점은 상당히 역설적이다.

유로리전의 설립에 관한 경제적 논의는 기능적인 논리를 기반으로 하는데,

그 논리에 따르면 국경은 주로 경제 교류의 비용을 증가시키고 이웃한 경계지에 존재하는 자산을 활용하는 데 장애물이 된다(Keating 1998; Perkmann and Sum 2002). 여기서 주장하는 내용의 핵심은, 경제 교류를 가로막는 장벽을 제거하면, 경계지가 경제 발전을 촉진시킬 수 있는 다양한 경제 활동을 끌어들이는 장소가 되기 때문에 경계지의 주변적 위치가 오히려 우위를 점하게 된다는 것이다. 결과적으로 유로리전은 모든 이해관계자의 이익을 위해 자본주의 축적 전략이 조직될 수 있는 새로운 영토가 될 것이라고 기대되었다(Jessop 2002).

유럽연합은 이런 비전들에 따라 경계를 횡단하는 경제 통합에 필요한 주요 기회구조를 보장해 주는 업적들을 달성하였다. 이러한 업적에는 사람, 자본 및 재화의 자유로운 유통을 보장하는 솅겐 조약의 체결, 경계 횡단 연합에 필요한 직접 조달 자금을 제공하는 인터레그와 같은 재정 프로그램의 도입, 그리고 통합된 유럽 경제 공간을 창출하는 단일 시장으로의 이행 등이 있다. 그러나 유럽연합과 그 회원국들은 경계지에 대한 구체적인 경제 규율을 제정하는 데 큰 의지가 없었다. 유럽연합 경계지에는 면세구역, 자유항구 및 특별경제구역과 같은 것이 거의 존재하지 않으며, 이는 로컬의 경계 횡단 상호작용도 마찬가지였다. 특별구역 등이 없기 때문에 경제 문제에 있어 경계지에 있는 경제 행위자들의 참여를 독려하는 데 한계가 있었고, 경계지의 주요 의사결정권은 국가와 초국가적 수준에 집중되었다. 그 결과 경계지를 포함한 국가 경제 시스템의 관성을 극복하기에는 유럽연합의 경계 횡단 통합에 필요한 기회구조가 충분하지 않는다는 것이 입증되었다(van der Velde and van Houtum 2004). 유럽연합 내에 '자유 무역'이 존재하기는 하지만, 경제는 '자유 무역' 그 이상의 것이다. 회원국들은 여전히 로컬의 경계 횡단 교역의 과정에서 일상적으로 협상해야 하는 다양한 경제 정책과 규칙을 가지고 있다. 이런 점에서 유로리전의 경제적 성과에 대해 규명하려고 할 때는, 유로리전에 세금을 물리거나 독립적인 경제 정책을 입안할 만한 권한이 없다는 점을 염두에 두어야 한다.

일반적으로 보면, 유로리전이 경계 횡단 경제 활동에 사회기반시설 건설 프로젝트와 같은 공공 부문을 포함시켰다는 점에서는 성공을 거두었다. 경계지들은 유럽연합와 중앙정부의 투자를 통해 상당한 이익을 취했으나, 경계를 횡단하는 사기업 네트워크를 창출해 내는 데 있어서는 제한적인 성과만을 거두었다. 많은 사례에서 확인할 수 있듯이, 가장 통합된 형태의 경제 교류는 밀수와 미시적 스케일에서의 경계 횡단 밀거래(cross-border traffic)이다. 공공 행정 기관이 경계 횡단 연합의 구조를 지배하는 것은, 공공 부문과 민간 부문의 파트너십뿐만 아니라 유로리전에서 대규모 민간 부문의 참여를 가로막는 것처럼 보인다(Scott 2000).

유로리전에 대한 경제적 논의에 있어 사람들이 간과한 것은 국경의 장벽 효과가 제거될 경우, 유사한 경제구조를 공유하는 이웃한 경계지들이 반드시 협력할 필요가 없다는 점이다(Keating 1998). 다른 분야에서 경제적 이익을 증진시킬 수 있다면, 그들은 서로 경쟁할 수도 있다. 스위스-독일-프랑스의 "Regio TriRhena*", 스위스-프랑스의 "Regio Genevensis**", 더 최근에 설립된 덴마크-스웨덴의 외레순(Oresund) 유로리전과 같이 경계 횡단 통합에 성공했다는 평가를 받는 지역들은 유럽의 재정지원에 의존하기보다는 제네바, 바젤, 코펜하겐, 말뫼의 도시 배후지의 성장 압력과 같은 로컬의 상황에 더욱 의존하는 것으로 나타난다(Sohn et al. 2009). 경계 횡단 연합은 이러한 성과

---

* 역자 주: Regio TriRhena는 라인강 상류 남쪽에 있는 유로리전으로 프랑스 콜마르, 뮐루즈, 독일 푸라이부르크, 뢰라흐, 스위스, 바젤, 리슈탈 일대를 아우른다.

** 역자 주: Regio Genevensis는 제네바 경계 지역 일대의 유로리전을 지칭한다.

를 도출해 내지 못했으며, 오히려 로컬의 상황이 경계 횡단 연합의 발전을 촉진했다.

결국 유로리전의 경제적 성과가 예상보다 저조한 이유는 경제 외 분야의 알력(forces)이 경제적으로 통합된 유럽 경계지가 출현하는 것을 방해하고 있기 때문이라고 할 수 있다(Kramsch 2003). 경계 횡단 경제 교류는 합리적 비용 절감 모델을 따르지 않는다. 가령, 논쟁의 여지가 있긴 하지만 문화적, 정치적 요소 또한 유로리전 경제의 성쇠를 결정짓는 데 중요한 역할을 한다.

4) 문화적 차원

유로리전에 관한 문화적 이슈들은 정체성이라는 개념을 중심으로 전개된다. 역사적으로 국가는 국가 중심의 집단 정체성을 창안하기 위해 노력했으며, 국경을 이용해 정체성의 영역적 한계를 표시하였다. 국경은 상호배타적인 용어로 이해됐던 국가 정체성의 생산자이자 표식으로 기능했다. 국가 정체성은 공유 정체성이나 다중 정체성을 형성할 만한 여지를 남기지 않았다. 따라서 유럽 경계지에 거주하는 사람들은 이런 규범에 부합하는 강력한 국민화(國民化, nationalization)의 압박을 받기도 했다. 이 과정에서 유럽의 경계는 강렬한 문화적 상징주의의 현장으로 부상했다.

유로리전은 문화적으로 제대로 기능하지 않는 영토 사이에 걸쳐 있다. 사람들은, 유로리전이 이전부터 존재한 간극을 메울 수 있는 공유된 정체성을 창출해 낼 것이라고 기대한다. 이는 경계를 가로지르는 로컬 스케일의 협력을 통해 조밀한 사회적 상호작용의 망을 발전시켜, 초국경적 정체성의 결정체를 만드는 데 도움이 될 수 있다는 믿음이다(Perkmann and Sum 2002; Scott 2000). 더 나아가 자의식이 강한 소수민족이 경계지에 살고 있는 경우, 유로리전이 설립되면 과거의 영토 정체성이 신속하게 부활할 것이라는 희망도 생겨난다. 그러나 이러한 가정들의 문제점은, 유로리전이 만들어 낼 공유된 정체성이 몇몇 강력한 이해 관계자에게는 마치 국가 정체성에 필적하는 것으로 인식되었다는 것이다.

유럽의 정체성 구축을 지원하는 하향식, 트랜스국가적 담론 및 문화 정책과 함께, 소수민족이 가하는 문화적 자치에 대한 아래로부터의 압력은 국가 경계를 넘나드는 문화적 상호 작용에 유리한 환경을 조성했다. 유사한 민족문화적 배경을 지닌 사람들이 살고 있는 인근 경계지에는 국경을 넘나드는 정체성이 구체화된 것처럼 보이지만, 대부분의 경우 국경을 넘나드는 정체성이 출현했다는 증거는 거의 없다(Paasi and Prokkola 2008; Strüver 2003). 직접적인 사회적 상호작용은 사람들이 서로에 대해 가지고 있는 고정관념을 완화시킬 수 있는 효과적인 방법이지만, '타자'를 만나는 것이 오히려 이런 고정 관념을 강화할 수도 있다(Newman 2006a). 이는 사회적 상호작용의 물리적 장벽을 제거하는 것만으로 공통의 정체성을 이끌어낼 것이라는 생각이 다소 지나친 기대임을 뜻한다. 유로리전의 사례는 물리적 국경이 사라진 후에도 오랫동안 사람들의 마음속에 여전히 국경이 존재함을 보여 준다. 국가에 대한 소속감이 인근 경계지에 대한 무관심이나 경계지 주민 간의 낮은 이동성으로 나타날 수 있는 것처럼, 심상적 경계를 제거하는 것은 생각보다 어려운 것으로 판명되었다(van der Velde and van Houtum 2004). 대부분의 유로리전에서 국경은 가장 중요한 정체성의 지표로 남아 있으며, 경계 횡단 통합의 정도를 나타내기도 한다. 비교적 잘 정립된 국가 상징물과 비교해 보았을 때, 유로리전의 이름, 지도, 깃발과 같은 상징뿐만 아니라 로컬 지도자의 담화에 반영된 그들의 역사와 포부도 일정 수준의 감정적 공유를 야기한다. 그 결과 각각의 경계지는 공통의 정체성을 만들기보다는, 국가 고정관념을 계속 재현해 내기도 한다

(Fall 2005; Strüver 2003).

공동의 정체성 출현을 방해하는 또 다른 요인은 경계지의 문화적 특성과는 관련 없는 영토를 한 덩어리로 만드는 유로리전의 하향식 지리적 상상력과 관련이 있다. 풀뿌리 방식의 지리적 상상력을 고려할 경우, 유로리전의 문화적 통합을 위한 적절한 토대가 등장할 수 있다. 로컬은 사람들이 담론적, 물리적인 형태로 국경을 경험할 수 있는 가장 가까운 스케일이므로, 풀뿌리 방식의 경계 횡단 상호작용은 유로리전의 재영토화된 정체성을 위한 탄탄한 기반을 조성할 수 있다.

그럼에도 불구하고 공통의 정체성의 출현에만 초점을 맞추는 것은 이미 유로리전에서 일어나고 있는 문화적 경계 연결하기의 진전을 불분명하게 만들 수 있다. 경계지의 주민들은 공통의 관심사에 대해 잘 알고 있다. 공식적인 경계 횡단 상호작용 중 많은 경우가 문화 활동에서 비롯되었는데, 민속 축제를 조직하는 일이 국경 너머로 도로나 교량을 건설하는 것보다 훨씬 쉬운 일이었기 때문이다. 경계 횡단 연합에서 문화적 차원의 중요성은 문화적 차이를 지우는 것이 아니라, 차이를 줄이고 이를 실용적으로 다룰 수 있도록 돕는 데에서 찾을 수 있다. 이로 인해 유럽의 주요 경계지의 관계가 적에서 파트너로 전환될 수 있었다. 이제는 그 어떠한 때보다 사람들이 자신의 이웃에 대한 생각을 정립할 수 있는 다양한 기회들이 존재한다. 문화적 상호작용이 공통의 정체성을 촉발하는 경우는 거의 없지만, 경계의 연결을 앞당길 수 있는 '문화적 실용주의'의 발전에는 기여할 수 있다.

5) 제도적 차원과 거버넌스 차원

역사적으로 유럽의 경계를 가로지르는 영구적인 제도는 존재하지 않았다.

국가의 영토-행정 조직은 수도 위주였고, 국가 경제는 국가 제도 및 행정 관할 구역이라는 영토적 한계를 형성함으로써 서로 다른 정치 조직 체계를 분리하였다. 경계 횡단 접촉은 대부분 국가 제도를 통해 이루어졌다. 반면 유로리전은 전통적인 국가 제도의 범위를 넘어서는 영토적 거버넌스의 새로운 제도적 틀을 구성한다(Perkmann 2002; 2003). 이 틀은 유로리전의 거버넌스를 정의하는 다층적 네트워크의 일부이지만, 유로리전 전체 영토에 대한 관할권을 지닌 국가 제도는 없다. 회장, 사무국, 위원회와 같은 유로리전의 행정기구는 본질적으로 국가에 속하지 않고 국경을 초월한다.

경계 횡단 거버넌스 기관들이 과연 어느 수준에서 자유로운 초국경 구조로서 기능할 수 있는가에 대한 문제는 치열한 논쟁거리였다(Kramsch 2002b; Perkmann 2007a; 2007b). 유로리전의 지배구조는 계층적 정부 모델에서 벗어나는 것을 의미하지만, 경계 횡단 기관은 힘이 약해 국가 및 초국가적 행위자들과 함께 책임질 만한 핵심 의사 결정력이 부족하다. 동시에 각각의 경계지는 보통 국경 너머까지 그 특성이 확장되어 있기 때문에 경계 횡단 통합의 정도가 감소하기도 한다. 이 기관들이 국경을 초월해 협력하기는 하지만, 그 기관들의 논리는 본질적으로 국가에 기반하고 있다(Fall 2005).

경계 횡단 거버넌스가 시작되면서부터 문제가 되었던 중요한 쟁점 중 하나는 공공의 의사표현을 허용하는 메커니즘이 부재한다는 것이었다(Kramsch 2001; O'Dowd 2002a). 유로리전 거버넌스 기관의 대표자를 선출하기 위해 국경을 뛰어넘어 선거를 치르지는 않으며, 대부분의 경우 경계 횡단 조직의 인력은 경계지에서 근무하는 로컬의 행정부 직원 중에서 선발된다. 이는 유로리전에서 '민주주의 결핍'을 야기했으며, 유로리전의 거버넌스는 경계 횡단 정치기구를 창출할 수 있는 능력이 제한된 채 기술관료적 기관에 의해 지배받게 되었다. 상향식 정치기관이 구체화된 소수의 사례에서는, 거버넌스 네트워크가 경계 횡단 기관의 구조적인 안정보다는 로컬 지도자 간의 경계를 가로지르는 인간관계에 의존하는 경향이 크다. 공식적인 제도 권력의 부재에 대한 대안으로, 거버넌스의 과정이 지나치게 인간관계에 의존하는 것은 경계 연결하기 과정의 일관성에 영향을 끼치기도 하였다. 경계지의 로컬 지도자는 선거 후 태도를 바꿀 수도 있으므로 경계 횡단 연합의 강도는 부침을 겪을 수 있다.

반면, 경계 횡단 거버넌스는 경계를 가로지르는 의사 결정에 로컬의 주체를 포함시킬 뿐만 아니라 경계 횡단 연합의 실천에 대한 안정성과 구조의 척도를 보장함으로써, 경계 연결하기에 큰 기여를 하기도 했다. 오늘날 대부분의 유럽 경계지 행정부는 경계 횡단 거버넌스를 적극적으로 추진하지는 않더라도, 개발 전략에 일정 형태의 경계 횡단 연합 계획을 포함시키고 있다. 즉 경계 횡단 연합 패러다임이 일상적인 형태의 경계를 연결하는 정책이 된 것이다. 또한 유럽 지역 협력사업단(EGTC)과 같은 유럽연합 계획의 이행은 의사 결정 권한을 강화하고 시민사회의 요구와 열망을 제대로 대표함으로써 경계 횡단 제도를 강화할 또 다른 잠재력을 보여 준다.

여기서 논의된 경계 변화의 차원들은 경계 양쪽을 연결하는 것이 처음 예상했던 것과는 다른 방식으로 전개되고 있음을 보여 준다. 유로리전의 경계 횡단 연합을 분석할 때, 우리는 그 시작점과 더불어 이것이 발생한 맥락을 염두에 두어야 한다. 유럽연합의 경계지는 분리에서 통합의 과정으로 전환되었다. 대부분의 경계지는 국경을 초월하여 자립적인 일상의 삶의 공간을 창출하기 위해 시민사회에 충분히 침투하지 않은 채, 하향식 체제로 이루어졌다. 그러나 경계 횡단의 법률 체계·제도·영토의 존재는 이전의 상황과는 다른 출발점과 더불어 경계 양쪽을 연결하는 과정이 지닌 중요한 잠재력을 보여 준다. 이는 모든 상황에서 동일한 결과가 나타나지는 않는다는 장기적인 과정의 관점에서 경계 횡단 연합의 성패를 바라보아야함을 시사한다.

제8장

결론

우리는 일상생활에 심대한 영향을 끼치고 있는 경계 변화의 시대를 살아가고 있다. 경계 만들기가 공간에서의 사회 관계를 조직하는 데 핵심적 원리를 구성하고 있다는 점을 생각해 본다면, 경계의 기능과 형태와 의미가 변해 간다는 것은 곧 인간의 삶도 함께 변해 간다는 것을 의미한다. 또한 경계 만들기가 근본적으로 권력 행위라는 점을 생각해 본다면, 경계 만들기를 이해하는 것이 더더욱 중요해진다. 경계 만들기의 권력은 인간의 삶을 지배하는 권력인 것이다. 그러므로 우리는 경계에 대한 이해를 통해 그러한 권력관계를 잘 인식할 수 있고, 더 나아가 우리의 권리를 극대화하고 사회 정의는 물론이고 삶의 질도 향상시키는 방향으로 행동할 수 있게 된다. 이 책의 중요한 목적은 경계 만들기의 근원적인 이유를 밝히고 그것이 사회에 미치는 영향을 논의하는 것이었다. 하지만 이 책에는 경계에 대해 완전하고도 최종적인 설명이 제시되어 있지는 않은데, 왜냐하면 경계는 완벽하게 설명될 수 없는 대단히 맥락적이고 다양한 특성을 지닌 현상이기 때문이다. 따라서 이 책은 경계 만들기의

중층적인 측면들을 섭렵할 수 있도록 도와주는 일종의 로드맵 같은 형식으로 구성되었다. 이러한 로드맵은 공간적 관점을 기반으로 하는 다양한 참고자료들을 포함하며, 이를 통해 독자들로 하여금 경계와 사회의 관계를 제대로 해석할 수 있도록 안내하고 있다.

이 책을 관통하는 핵심적인 내용은 경계의 사회적 구성에 관한 것이다. 그러한 내용을 뒷받침하는 관점은 경계가 인간에 의해 만들어진 것이라는 점, 그리고 인간과 장소 사이의 구분이 자연적으로 발생된 것이 아니라는 점이다. 경계가 보여 주는 차이는 선재적인(preexisting), 고정된 의미를 담고 있는 것이 아니다. 경계가 언제, 어떤 곳에서, 누구를 위해, 어떤 의미를 갖고 있는지를 정의하는 것은, 그리고 그 차이를 해석하는 것은 바로 인간이다. 인간은 어느 정도까지 차이를 수용할 수 있는지에 대한 임계치를 설정하고 있으며, 궁극적으로 그 임계치를 넘어서게 되면 경계라는 결과를 낳게 된다. 우리는 오랫동안 믿어 왔던 관습에 따라 사회와 공간의 질서를 잡기 위한 권력을 행사하면서 경계 만들기의 역사를 지속해 왔다. 그 결과, 경계 만들기는 한 사회의 문화적 관습 속에 깊숙이 뿌리내리고 있다. 이러한 착근성에 기인하여 본질적으로 완결되고 고정될 수 없는, 끊임없이 변하는 경계가 만들어져 왔다.

경계의 사회적 구성을 강조함으로써 문제의 초점은 경계의 생산에서 경계의 과정으로 바뀌게 된다. 말하자면, 경계를 세우기까지의 과정(가령, 경계 만들기의 주체, 경계가 그런 형태를 갖추게 된 이유와 과정 등의 내용)을 이해하는 것이, 결과로서의 경계가 지닌 특성과 특정 시기의 경계의 형태(가령, 경계의 위치가 어떻게 바뀌는가, 경계는 어떤 모습을 띠고 있는가 등의 내용)를 파악하는 것보다 경계의 본질을 보다 더 많이 드러내 준다는 것이다. 여기서 핵심은 경계라는 것은 과정의 산물이라는 점이다. 그러므로 21세기의 국경은 그것이 만들어지는 과정 및 상황과 관련하여 이해되어야만 한다.

사회구성주의적 관점이 전면에 내세우는 또 다른 중요한 측면은 경계의 변증법적 특성이다. 경계는 수많은 의미를 지니면서 수많은 기능을 동시에 수행하는 모순적 동인들, 요컨대 분리와 접촉 혹은 포함과 배제의 특성을 축약적으로 보여 준다. 이러한 경계가 지닌 특성은 경계 만들기를 무척 복잡한 사안으로 만들고 있다. 가령 정부가 경계 넘나들기의 움직임을 제한하려고 할 때마다 그러한 움직임을 일으키는 동인들은 오히려 경계 넘나들기를 더욱 강하게 밀어붙이는 방식으로 반응하곤 한다. 정도의 차이는 있지만 경계는 항상 일정 정도의 투과성을 지니고 있는 것이다. 공간상의 상호작용과 관련하여 경계는 엄격한 통제의 역할보다는 유연적인 조절의 역할을 수행해 왔다. 이러한 견지에서 21세기 국경 만들기의 분란은 국경을 열 것이냐 닫을 것이냐의 문제를 놓고 벌이는 것이기보다는 그 투과성의 의미와 범위를 어떻게 규정지을 것인가를 놓고 벌이는 것이라고 할 수 있다.

공간적으로 보았을 때 경계의 투과성은 다양한 지리로 그 모습을 드러낸다. 역사적으로 국경의 영역적 모습은 특정 사회가 차이와 공간을 어떻게 이미지화했는지를 반영하면서 수시로 바뀌어 왔다. 초기 국가들은 이웃 국가들로 이어지는 점진적인 영역적 전이성의 모습을 지닌 변방 지역을 포함하고 있었다. 이러한 변방 지역은 사회적 관계가 조직되는 결과로, 즉 영토에 대한 지배를 확고히 하기 위해 신민(臣民)에 대한 권위를 강화하는 과정의 결과로 등장했다. 18세기 유럽에서 등장한 계몽주의 사상은 세계를 의미 있는 범주로 확실하게 분할하고 구분함으로써 그 합리적인 이해가 가능하다는 믿음에서 출발했으며, 이에 따라 변방 지역의 모호한 특성을 있는 그대로 개념화할 여지는 없어져 버렸다. 20세기 초에는 변방 지역이 단선의 국경선으로 대체되었다. 즉 새롭게 등장한 국경선은 한 국가에서 다른 국가로 갑작스럽게 영토가 전환되는, 그리고 한 국가의 내부와 외부를 분명하게 구별짓는 구분선이 되었다.

국가의 경계와 사회의 경계가 중첩되는 모습을 띠게 되었고, 영토에 대한 통제 권력은 곧 그 내부에 살고 있는 사람들에 대한 통제권력으로 사용되었다. 동시에 국가주의와 자본주의 이념은, 국경선이 국가 간의 원초적인 구분선으로 더욱 공고하게 자리 잡을 수 있도록 기여했고, 아울러 식민주의는 이러한 경계의 지리를 유럽으로부터 나머지 세계로 확산될 수 있도록 지원했다. 경계는 여전히 투과 가능한 것으로 남아 있게 되었지만, 그 의미는 크게 변화하였고, 국경을 넘나드는 움직임에 대한 통제는 더욱 강화되었다.

20세기 후반에 이르러 국경선은 다양한 글로벌화의 과정에 의해 지속적인 압력을 받고 있다. 글로벌화의 이동성은 국경의 투과성을 증진시키도록 요구하고 있기 때문이다. 경제 거래, 환경의 관리, 국제 인권 증진 규정, 조직범죄, 그 외 다양한 일상생활의 여러 측면이 국경을 가로지르는 독특한 공간 조직 양상들을 발전시키고 있다. 그러한 공간 조직이 형성되면서 글로벌화에 따른 흐름의 지리와 그 흐름을 조절하는 국경선의 역할 간의 괴리 현상은 더욱 확대되고 있다. 이는 또한 경계에 대한 기존의 가정에 대해, 즉 경계가 장벽으로서 기능하여 사회적 관계들이 국경 안쪽의 국가 영토 내에서만 이루어지고 있다는 가정에 대해, 그리고 경계가 국가 영역 안과 바깥 간의 의미 있는 차이를 분명하게 해 주고 있다는 가정에 대해 문제를 제기한다.

글로벌화가 가져온 또 하나의 결과는 경계 문제를 둘러싼 21세기의 역설이라고 할 수 있다. 즉, 모든 경계를 가로지르려는 요구가 거세지고 있으며, 이와 동시에 다양한 형태를 지닌 새로운 경계를 세우려는 요구도 높아지고 있는 것이다. 이러한 역설은 경계 만들기와 관련하여 적잖은 충돌로 이어지고 있는데, 한쪽에서는 국경 넘나들기의 이동성가 방해받지 말아야 한다고 주장하고 있으며, 다른 한쪽에서는 영토의 안보가 신뢰할 만한 수준으로 확보되어야 한다고 주장하고 있는 것이다. 이러한 상황 속에서 경계는, 새로운 글로벌화 시대의 현실에 맞게 그 투과성을 재조정하는 목적을 달성할 수 있도록 다양한 방식으로 변화해 가고 있다. 이러한 변화가 지향하는 중요한 목적은 높은 수준의 선별적 투과성을 담보할 수 있는 적절한 제도를 만들어 가는 것이다. 선별적 투과성이란 경계 만들기의 주요 이해 관계자들이 바람직하다고 생각하는 것들에 대해서는 자유로운 교환의 흐름을 허용할 수 있도록 하되, 바람직하지 않다고 생각하는 것들에 대해서는 그 흐름을 차단하는 것을 말한다. 그런데 이러한 이중적 기능은 결국 경계선 그 자체만 가지고는 견고한 영토적 국가성을 유지할 수 없으며, 따라서 경계 넘나들기의 움직임에 대해서 철저한 통제가 이루어져야 한다는 것을 의미한다. 그러한 경계 제도를 이행하기 위해서는 경계의 기능에 대한 재정의가 이루어져야 할 뿐만 아니라 경계의 지리에 대한 재정의도 이루어져야 한다. 달리 말하자면, 경계가 분리와 연결의 기능을 효과적으로 수행하기 위해서는 그 영역적 특성이 새롭게 구성되어야 하는 것이다.

새로운 경계 공간이 어떤 방식으로 만들어지는지를 좀 더 깊이 있게 이해하기 위해서, 탈영토화와 재영토화, 그리고 탈경계화와 재경계화의 역학적 과정을 생각해 보는 것이 유용하다. 어떤 지역의 일부 경계는 해체되어 있거나 또는 장벽으로서의 기능이 유명무실할 정도로 약화되어 있는 반면, 다른 지역에서는 전에 없던 새로운 경계가 만들어지기도 한다. 이 같은 새로운 경계들은 선의 모양으로 유지되지 않는 경우도 많고, 국가 영역의 변방에 위치하지 않는 경우도 많아지고 있다. 경계 공간이 지닌 세 가지의 주요 유형들은 최근 펼쳐지고 있는 글로벌화의 정치적, 경제적, 문화적 지리들과 연관되어 있다. 이 세 가지 유형이란 경계지(borderlands), 네트워크화된 경계(networked borders), 경계선(border lines)을 말한다. 경계지 개념은 경계가 지닌 영역적 특성을 중시하는 개념으로, 분리된 국가 영토들을 이어 주는 점이적 공간을 말한다. 네트워크화된 경계 개념은 경계가 흐름 속으로 착근되어 영토적 모빌리티를 획득한다는 개념인데, 이는 결국 경계 만들기가 지구상의 어디에서나 실행될 수 있다는 것을 의미한다. 경계선 개념은 선분 경계가 지닌 분명한 특성에 기대어 경계 기능을 유지하려는 것이며, 이는 울타리나 장벽 등을 설치함으로써 그 기능이 강화된다. 이러한 역동적 경계 재구성의 결과, 현대사회의 경계는 영토적 형태가 출현하면서 중층화(multiplication)되어 가고 있으며, 국가 영토 내부로도 경계가 확산되고 있다. 글로벌화는 흔히 '국경 없는 세계'와 연관된다고 한다. 그러나 글로벌화에 따라 경계가 줄어들고 있는 것이 아니라, 오히려 늘어나고 있으며, 경계가 지닌 복잡성도 한층 확대되고 있다.

21세기 벽두부터 이동성의 통제와 안보의 확보에 대한 관심은 고조되었고, 이는 새로운 경계 만들기를 추동하는 핵심 동인이 되었다. 20세기의 경계 짓기가 국가 영토를 공고히 하고자 한 것이었다면, 21세기의 경계 짓기는 이동성을 보장받을 수 있도록 한 것이라고 볼 수 있다. 최근 들어 경계가 지닌 전통적인 통제 기능, 즉 경제적, 사회적 흐름의 차단과 관련된 기능은 계속 약화되고 있으며, 동시에 안보의 확보와 같은 가장 기본적인 기능에 대한 관심은 높아지고 있다. 이처럼 글로벌화 시대를 맞이하여 선별적 투과성이라는 경계의 역설을 모두 수용하려는 노력이 전개되고 있는 가운데 여러 문제도 부상하고 있다. 다시 말해 배타적인 영토국가를 세계 정치 조직 구성의 기본으로 보고 보호, 유지하면서 동시에 글로벌화의 이동성을 허용하려는 이중적 노력이 전개되고 있으며, 이는 안보와 이동성 간의 본질적인 충돌을 다시금 고민할 수밖에 없도록 만들고 있다. 이민과 무역은 물론이고 테러리즘과 조직화된 범죄에 이르기까지 다양한 트랜스국가적 흐름은 공공 담론에서 구별되지 않고 한 덩어리로 다루어지는 경우가 많다. 더 나아가 그러한 흐름들은 한 사회의 유지 및 존립에, 그리고 그 시민의 개인적인 삶에도 잠재적인 '위협'으로 제시되기도 한다.

이러한 세계관에서 보았을 때, 경계는 지구적 흐름을 안전하게 관리하는 지점이자 장치라고 할 수 있다. 위험 관리 전략이 적극적으로 구사될 수 있는 곳이 바로 경계인데, 이곳에서는 '선한' 이동성과 '악한' 이동성을 의미 있게 차별화함으로써 위험을 예견한다. 인간의 신체는 이러한 전략을 위한 구체적인 목표가 되고 있다. 그러한 전략의 바탕에는 신체를 확인하면 그 신체를 소유한 인간의 정체성이 무엇인지를 알 수 있다는 전제가 깔려 있다. 이러한 목적을 위해 현대사회는 경계를 신체 속으로 착근시키려고 많은 노력을 기울이고 있으며, 그 결과 가장 작은 공간적 스케일에서 이동성을 통제하는 것이 가능해졌다. 신체 그 자체가 곧 경계가 되어 버린 것이다. 다시 말해, 신체가 공간 위에서 움직일 때마다 관련 기술의 도움으로 그에 대한 지속적인 감시가 가능해진 것이다. 그런 첨단 기술의 개발로 인해 사전에 위험을 진단할 수 있는 새로운 경계 짓기의 실천이 가능해진 것이다. 다양한 종류의 디지털 정보 기술이, 체현된 경계와 위험 진단 체계를 통합하는 인터페이스로 기능하여 위험 가능성을 예측하며, 궁극적으로 경계 넘나들기를 자동화한다. 따라서 이러한 첨단 기술이 이제는 인간의 삶과 관련한 핵심 의사 결정을 단행하는 권력을 쥐게 된 것이다. 지문이나 홍채(iris) 유형과 같은 신체 정보들을 디지털화하는 생체계측 기술이 바로 그 사례이다. 그런 정보들은 여권 전자칩과 경계 보안 관련 데이터베이스에 축적된다. 또 다른 사례인 무선인식기술은 특정 대상자의 신체 데이터를 무선 전자파로 송출하여 굳이 멈추게 할 필요 없이 그 대상자의 움직임을 추적하는 기술이다.

신체 보안과 관련된 여러 조치는 그 유효성에 대한 관심을 불러일으키고 있으며, 아울러 민주사회의 인간 자유의 문제와 관련하여 그러한 지출이 과연 합당한 것인가 하는 문제가 대두되고 있다. 이 책에서 필자는 21세기에 대두된 이동 통제 논리의 밑바탕에 깔려 있는 가정에 이의를 제기해 보았다. 즉 사회 통제를 한층 더 강화하는 것은 글로벌화에 뒤따르는 어쩔 수 없는 부수적 효과이며, 사회와 개인의 안전을 위해 치러야 하는 작은 대가라고 보는 가정이 결코 옳지 않다는 점을 지적했다. 21세기의 경계는 사회구조 속으로 포섭되어 버렸고, 그런 사회 속에서 인간은 일상활동 과정에서도 경계와 조우하게 된다. 일상생활의 평범한 과정 속에서 비록 경계의 존재를 명확히 인지하지 못하더라도 경계와 만나게 되는 것이다. 인간은 국경에 도착하기도 전에 이미 수시로 자신의 정체성을 검열당하고 있는데, 자신의 삶에 관한 엄청난 양의 데이터가 경계 집행 기관에 의해 비밀리에 수집되어 개인의 힘으로 어찌해 볼 도리가 없는 수준으로 자신이 통제할 수 없는 데이터베이스에 축적되고 있는 것이다. 더군다나 실질적인 경계 만들기의 권력이, 모든 대중에게 신뢰를 줄 수 있는 국가기관에서 구체적인 이해 관계를 가진 일부의 시민에게만 정보를 제공하는 사설 기관으로 이관되고 있다. 이 같은 지출에도 불구하고, 그러한 대규모 감시의 실행이 사회와 개인의 안전을 유의미하게 향상시키고 있다는 증거는 거의 없다. 테러분자들의 공격은 세계를 가로지르며 계속되고 있고, 이민의 물결은 감소될 기미가 거의 없어 보인다. 지구적 수준에서 무제한적으로 발생하고 있는 경제적 흐름은 역효과를 수반하기도 하는데, 이는 국가 내부적으로나 국가 간에 있어서 빈부 격차를 증폭시키고 있다. 또한 개인의 일상생활에 대한 통제가 더욱 심화되고 있다는 점에도 주목할 만하다. 통제는 더욱 정치화되고 있으며, 법정에서 시시비비를 따질 필요도 없는 무대면(faceless)의 기술에 의존하고 있다. 통제의 대상이 되는 근원은 더욱 많아지고 있고 사회 내에서 널리 확산되고 있다. 이에 따라 통제자가 누구인지 확인하는 것은 더욱 어려워졌고, 그 책임 소재도 불분명해졌다. 이러한 변화는 인간의 민주주의적인 삶의 전망을 어둡게 하고 있고, 사회 내의 삶의 질을 향상시키는 데에도 별 도움을 주지 못하고 있다. 이 같은 경계 보안의 조치들은 사회를 안전하게 해 주기보다는 오히려 사회를 억압하는 데 더 큰 기여를 하고 있기 때문에 이에 대한 재평가가 요구된다.

현시대의 경계 만들기를 특징짓는 또 다른 주요 동인은 경계 연결하기이다. 지난 20년 동안 경계 횡단 연합 사업이 진행되면서 경계 양쪽의 연결성을 높이는 거버넌스가 작동하기 시작했다. 이는 경계를 가로질러 직접적인 상호작용이 가능하도록 하는 구조로 기능하면서 경계의 투과성을 높이는 데 크게 기여했다. 이와 관련된 많은 활동이 국경선에 인접한 경계지에 집중되어 있으며, 하위(sub-), 초국가(supra-)적, 트랜스(trans-)국가적 행위자들 모두가 그러한 활동에 관여하고 있다. 경계 연결하기는 경계의 재영토화에 큰 영향을 끼쳤고, 그에 따라 경계 횡단 지역이 형성되었다. 이에 따라 경계지에서는 로컬의 요구를 제대로 수용할 수 있도록 경계선을 가로지르는 일상생활이 형성되어 있다. 그럼에도 불구하고 경계 횡단 연합은 경계선 양쪽의 상이한 지역적 맥락의 영향 아래 서로 다른 결과를 생산해 내는 불균등한 과정으로 이어지기도 한다. 경계 연결의 가능성이 높아 보이기는 하지만, 로컬 수준에서 이웃하고 있는 경계지들이 통합되리라는 기대는 다소 요원해 보인다. 많은 경우에 경계 횡단 연합은, 국가 경계지를 지구적 경제 흐름의 매력적인 목적지로 만들고자 하는 일종의 글로컬한(glocal) 전략으로 활용되고 있다. 어떤 경우에는 경계 횡단 지역들에서의 풀뿌리 수준의 통합 움직임이 국가적 수준에서는 오히려 반대에 부딪치곤 하는데, 왜냐하면 그러한 통합이 국가적 수준의 영토주권과는 충돌을 일으키는 것으로 인식되고 있기 때문이다. 이러한 단점들이 경계 연결하기 전략에 해악적 효과를 가져다주고 있긴 하지만, 경계 횡단 연합이 매우 활발하게 전개되어 기존의 경계를 변형시키고 새로운 경계 공간을 창출해 내는 경우도 적지 않다. 이는 경계의 의미 변화에 커다란 영향을 끼쳐 국가 경계가 분명한 구분선을 의미하던 경계의 전통적인 의미 특성을 불식하였고, 이에 따라 경계를 가로지르는 이동성은 더욱 증가하게 되었다.

이 책에서는 경계 공간을 탐구하면서, 우리의 삶에 질서를 부여하는 경계 만들기 권력이 어떤 주도적인 위치에 놓여 있는지에 주목하였다. 이러한 질서화를 위한 압력이 가중되고 있는 지금 이 시대에는, 경계를 통한 질서화가 더욱 철저하게 이루어지고 있으며, 이는 또한 개인적인 차원에서도 이루어지고 있다. 이와 관련하여 최첨단의 기술력은 그러한 목적을 달성하는 데 전례 없는 큰 영향력을 발휘하게 되었다. 우리는 경계 만들기가 우리에게 영향을 미치고 있는 방식을 깊이 있게 파악해야 한다. 그렇게 해야만 권력이 어떻게 구성되어야 하는지를, 그리고 우리의 삶에서 긍정적인 변화를 이룩하기 위해 어떤 목적을 설정하고 추진해야 하는지를 비로소 확실하게 주장할 수 있기 때문이다.

| 참고문헌 |

Aas, K. F. 2006. The Body Does Not Lie: Identity, Risk and Trust in Technoculture. *Crime, Media, Culture* 2: 143-158.

Ackleson, J. 2005a. Constructing Security on the U.S.-mexico Border. *Political Geography* 24 (2): 164-184.

———. 2005b. Border Security in Risk Society. *Journal of Borderlands Studies* 20 (1): 1-22.

Agamben, G. 1998. *Homo Sacer: Sovereign Power and Bare Life*. Stanford, CA: Stanford University Press.

———. 2005. *State of Exception*. Chicago: University of Chicago Press.

Agnew, J. 1994. The Territorial Trap: The Geographical Assumptions of International Relations Theory. *Review of International Political Economy* 1 (1): 53-80.

———. 1998. *Geopolitics: Re-Visioning World Politics*. London: Routledge.

———. 2002. The "Civilisational" Roots of European National Boundaries. In D. Kaplan and I. Hakli, eds., *Boundaries and Place*. Lanham, MD: Rowman & Little-field. pp.18-33.

———. 2007. No Borders, No Nations: making Greece in macedonia. *Annals of the Association of American Geographers* 97 (2): 398-422.

———. 2009. *Globalization and Sovereignty*. Lanham, MD: Rowman & Littlefield.

Albert, M. 1998. On Boundaries, Territory and Postmodernity: An International Relations Perspective. *Geopolitics* 3 (1): 53-68.

Albert, M., Jacobson, D., and Lapid, Y., eds. 2001. *Identities, Orders, Borders: Rethinking International Relations Theory*. Minneapolis: University of minnesota Press.

Albrecht, K. 2008. RfID Tag—You're It. *Scientific American*, September.

Ali, S. H., and Keil, R. 2006. Global Cities and the Spread of Infectious Disease: The Case of Severe Acute Respiratory Syndrome (SARS) in Toronto, Canada. *Urban Studies* 43: 491-509.

Allen, J., massey, D., and Cochrane, A. 1998. *Rethinking the Region*. New York: Routledge.

Alper, D. 1996. The Idea of Cascadia: emergent Regionalisms in the Pacific North-west-Western Canada. *Journal of Borderland Studies* 11 (2): 1-22.

Amilhat-Szary, A.-L. 2003. L'intégration Continentale aux marges du MERCO-SUR: les échelles d'un Processus Transfrontalier et Transandin. *Revue de Géographie Alpine* 91 (3): 47-56.

———. 2007. Are Borders more easily Crossed Today? The Paradox of Contemporary Trans-Border mobility in the Andes. *Geopolitics* 12: 1-18.

Amilhat-Szary, A.-L., and fourny, M.-C., eds. 2006. *Après les Frontières, avec la Frontière: Nouvelles Dynamiques Transfrontalières en Europe*. La Tour d'Aigues: Éditions de l'Aube.

Amoore, L. 2006. Biometric Borders: Governing mobilities in the War on Terror. *Political Geography* 25: 336-351.

———. 2009. Algorithmic War: everyday Geographies of the War on Terror. *Antipode* 41: 49-69.

Amoore, L., and de Goede, M. 2008. Governing by Risk in the War on Terror. In L. Amoore and M. de Goede, eds., *Risk and the War on Terror*. London: Routledge. pp.5-19.

Ancel, J. 1938. *Géographie des Frontières*. Paris: Gallimard.

Anderson, B. 1991. *Imagined Communities: Reflections on the Origin and Spread of Nationalism*. London: Verso.

Anderson, J. 1996. The Shifting Stage of Politics: New medieval and Postmodern Territorialities. *Environment and Planning D* 14 (2): 133-155.

Anderson, J., and O'Dowd, L. 1999. Borders, Border Regions and Territoriality: Contradictory meanings, Changing Significance. *Regional Studies* 33 (7): 593-604.

Anderson, J., O'Dowd, L., and Wilson, T. M. 2003. Why Study Borders Now? In J. Anderson, L. O'Dowd, and T. M. Wilson, eds., *New Borders for a Changing Europe*. London: frank Cass. pp.1-12.

Anderson, M. 1996. *Frontiers: Territory and State Formation in the Modern World*. Cambridge: Polity Press.

Anderson, M., and Bort, E. 2001. *The Frontiers of the European Union*. Houndmills: Palgrave.

Andreas, P. 2000. *Border Games: Policing the U.S.-Mexico Divide*. Ithaca, NY: Cornell University Press.

———. 2003. A Tale of Two Borders: The U.S.-Canada and U.S.-mexico Lines after 9-11. In P. Andreas and T. J. Biersteker, eds., *The Rebordering of North America*. New York: Routledge. pp.11-23.

Andreas, P., and Biersteker, T. J., eds. 2003. *The Rebordering of North America: Integration and Exclusion in a New Security Context*. New York: Routledge.

Angel, D. P., Hamilton, T., and Huber, M. T. 2007. Global environmental Standards for Industry. *Annual Review of Environment and Resources* 32: 295-316.

Ansell, C., and Di Palma, G., eds. 2004. *Restructuring Territoriality: Europe and the United States Compared*. Cambridge: Cambridge University Press.

Apap, J., and Tchorbadjiyska, A. 2004. What about the Neighbours? The Impact of Schengen along the eU's external Borders. *Centre for European Policy Studies*, Working Document No. 210. Available at http: //shop.ceps.be/BookDetail .php?item_id=1171.

Appadurai, A. 1996. *Modernity at Large: Cultural Dimensions of Globalization*. Minneapolis: University of Minnesota Press.

Aradau, C., and van munster, R. 2007. Governing Terrorism through Risk: Taking Precautions, (Un)Knowing the future. *European Journal of International Relations* 13 (1): 89-115.

Arbaret-Schulz, C., Beyer, A., Permay, J., Reitel, B., Selimanovski, C., Sohn, C., and Zander P. 2004. La frontière, un objet spatial en mutation. EspacesTemps.net . Available at http: //espacestemps.net/document842.html.

Arieli, T. 2010. National and Regional Governance of the Israel-Jordan Border Region. Paper presented at the conference Borders, Territory and Conflict in a Globalizing World, Beersheba, Israel, July 6-11.

Axford, B. 2006. The Dialectic of Networks and Borders in Europe: Reviewing Topological Presuppositions. *Comparative European Politics* 4/3: 160-182.

Baker, S. 1996. Punctured Sovereignty, Border Regions and the environment within the European Union. In L. O'Dowd and T. M. Wilson, eds., *Borders, Nations and States*. Avebury: Aldershot. pp.19-50.

Baldaccini, A. 2008. Counter-Terrorism and the EU Strategy for Border Security: framing Suspects with Biometric Documents and Databases. *European Journal of Migration and Law* 10 (1): 31-49.

Balibar, E. 2002. *Politics and the Other Scene*. London: Verso.

———. 2004. *We, the People of Europe? Reflections on Transnational Citizenship*. Princeton, NJ: Princeton University Press.

Bank for International Settlements. 2010. *Triennial Central Bank Survey of Foreign Exchange and Derivatives Market Activity in 2010*. Basel, Switzerland. Available at http: //www.bis.org/publ/rpfxf10t.pdf.

Batt, J. 2003. The Enlarged EU's External Borders—The Regional Dimension. In J. Batt, D. Lynch, A. missiroli, M. Ortega, and D. Triantaphyllou, *Partners and Neighbors: A CFSP for a Wider Europe*. Paris: eU Institute for Security Studies 64: 102-118.

Bauman, Z. 1998. *Globalization: The Human Consequences*. Cambridge: Polity Press.

Beck, U. 1998. Politics of Risk Society. In J. franklin, ed., *The Politics of Risk Society*. Cambridge: Polity Press. pp.9-22.

Bednarz, D., follath, E. Schult, C., Smoltczyk, A., Stark, H., and Zand, B. 2010. Targeted Killing in Dubai: A mossad Operation Gone Awry? *Der Spiegel*, february 23.

Berg, E., and Ehin, P. 2006. What Kind of Border Regime is in the making? Towards a Differentiated and Uneven Border Strategy. *Cooperation and Conflict* 41 (1): 53-71.

Berg, E., and van Houtum, H., eds. 2003. *Routing Borders between Territories, Discourses and Practices*. Aldershot: Ashgate.

Bernstein, N. 2009. U.S. to Reform Policy on Detention for Immigrants. *New York Times*, August 6.

Bigo, D. 2001. The möbius Ribbon of Security(ies). In M. Albert, D. Jacobson, and Y. Lapid, eds., *Identities, Borders, Orders*. minneapolis: University of minnesota Press. pp.91-116.

Blake, G. H. 1992. International Boundaries and Territorial Stability in the middle east: An Assessment. *GeoJournal* 28 (3): 365-376.

Blatter, J. 2001. Debordering the World of States: Towards a multi-Level System in Europe and a multi-Polity System in North America? *European Journal of International Relations* 7 (2): 175-210.

———. 2003. Beyond Hierarchies and Networks: Institutional Logics and Change in Transboundary Spaces. *Governance* 16 (4): 503-526.

Boid, D. 2010. Social Network Sites as Networked Publics: Affordances, Dynamics, and Implications. In Z. Papacharissi, ed., *A Networked Self*. New York: Rout-ledge. pp.39-58.

Brenner, N. 1999a. Beyond State-centrism? Space, Territory, and Geographical Scale in Globalization Studies. *Theory and Society* 28: 39-78.

———. 1999b. Globalisation as Reterritorialisation: The Re-scaling of Urban Governance in the European Union. *Urban Studies* 36 (3): 431-451.

Brenner, N., Jessop, B., Jones, M., and macleod, G. 2003. Introduction: State Space in Question. In N. Brenner, B. Jessop, M. Jones, and G. macleod, eds., *State/ Space*. Oxford: Blackwell Publishing. pp.1-26.

Brothers, C. 2008. E.U. Passes Tough migrant measure. *New York Times*, June 19.

Brunet-Jailly, E. 2007. Border Security and Porosity: An Introduction. In E. Brunet-Jailly, ed., *Borderlands: Comparing Border Security in North America and Europe*. Ottawa: University of Ottawa Press. pp.1-18.

Truslé, L. P. 2007. The front and the Line: The Paradox of South American frontiers Applied to the Bolivian Case. *Geopolitics* 12: 57-77.

Bucken-Knapp, G., and Schack, M. 2001. Borders matter, but How? In G. Bucken-Knapp and M. Schack, eds., *Borders Matter*. Aabenraa: IFG. pp.13-29.

Bukowski, J., Piattoni, S., and Smyrl, M., eds. 2003. *Between Europeanization and Local Societies: The Space for Territorial Governance*. Lanham, MD: Rowman & Littlefield.

Buzan, B. 1993. Societal Security, State Security and Internationalization. In O. Waever, B. Buzan, M. Kelstrup, and P. Lemaitre, eds., *Identity, Migration and the New Security Agenda in Europe*. London: Pinter. pp.41-58.

Byers, M. 2000. The Law and Politics of the Pinochet Case. *Duke Journal of Comparative and International Law* 10: 415-441.

Camilleri, M. T. 2004. The Challenges of Sovereign Borders in the Post-Cold War Era's Refugees and Humanitarian Crises. In H. Hensel, ed., *Sovereignty and the Global Community*. Aldershot: Ashgate. pp.83-104.

Castells, M. 2000. *The Rise of the Network Society*. Oxford: Blackwell.

Christiansen, T., and Jorgenson, K. E. 2000. Transnational Governance "Above" and "Below" the State: The Changing Nature of Borders in the New Europe. *Regional and Federal Studies* 10 (2): 62-77.

Clement, N., Ganster, P., and Sweedler, A. 1999. Development, Environment, and Security in Asymmetrical Border Regions: European and North American Perspectives. In H. eskelinen, I. Liikanen, and J. Oksa, eds., *Curtains of Iron and Gold*. Aldershot: Ashgate.

pp.243-284.

Coleman, M. 2005. US Statecraft and the US-mexico Border as Security/Economy Nexus. *Political Geography* 24 (2): 185-209.

———. 2007a. A Geopolitics of engagement: Neoliberalism and the War on Terrorism at the mexico-US Border. *Geopolitics* 12 (4): 607-634.

———. 2007b. Immigration Geopolitics beyond the mexico-US Border. *Antipode* 38 (1): 54-76.

Collyer, M. 2008. Mediterranean migration management or the externalisation of EU Policy? In Y. Zoubir and H. Amirah-fernandez, eds., *Contemporary North Africa*. London: Routledge. pp.159-178.

Commission of the European Communities. 2003. *Wider Europe—Neighbourhood: A New Framework for Relations with Our Eastern and Southern Neighbours*. Brussels, November 3. Available at http: //europa.eu.int/comm/world/enp/ index_en.htm.

Conversi, D. 1999. Nationalism, Boundaries, and Violence. *Millennium* 28: 553-584.

Cox, K. 2002. *Political Geography: Territory, State and Society*. Malden, MA: Black-well.

Cresswell, T. 2010. Towards a Politics of mobility. *Environment and Planning D* 28: 17-31.

Dalby, S. 1998. Globalization or Global Apartheid? Boundaries and Knowledge in Post-modern Times. *Geopolitics* 3 (1): 132-150.

Dalin, C. 1984/2005. The Great Wall of China. In P. Ganster and D. Lorey, eds., *Borders and Border Politics in a Globalizing World*. Lanham, MD: SR Books. pp.11-20.

Davidson, D., and Kim, G. 2009. Additional Powers of Search and Seizure at and near the Border. *Border Policy Brief* 4 (3): 1-4.

Delanty, G. 2006. Borders in a Changing Europe: Dynamics of Openness and Closure. *Comparative European Politics* 4: 183-202.

de Larrinaga, M., and Doucet, M. 2008. Sovereign Power and the Biopolitics of Human Security. *Security Dialogue* 39 (5): 517-537.

Deleuze, G., and Guattari, F. 1977. *Anti-Oedipus: Capitalism and Schizophrenia*. minneapolis: University of Minnesota Press.

Delli Zotti, G. 1996. Transfrontier Co-operation at the External Borders of the EU: Implications for Sovereignty. In L. O'Dowd and T. M. Wilson, eds., *Borders, Nations and States*. Aldershot: Avebury. pp.51-72.

Department of Homeland Security. 2006. *Privacy Impact Assessment for the Automated Tar-*

geting System. November 22.

———. 2008. *Privacy Impact Assessment for the Use of Radio Frequency Identification (RFID) Technology for Border Crossings*. January 22.

Dicken, P., Kelly, P. F., Olds, K., and Yeung, H. W.-C. 2001. Chains and Networks, Territories and Scales: Towards a Relational framework for Analysing the Global economy. *Global Networks* 1 (2): 89-112.

Diener, A., and Hagen, J. 2009. Theorizing Borders in a "Borderless World": Globalization, Territory and Identity. *Geography Compass* 3 (3): 1196-1216.

Dillon, M. 2007. Governing through Contingency: The Security of Biopolitical Governance. *Political Geography* 26 (1): 41-47.

Dillon, M., and Lobo-Guerrero, L. 2008. Biopolitics of Security in the 21st Century: An Introduction. *Review of International Studies* 34: 265-292.

Dobson, J., and fisher, P. 2007. The Panopticon's Changing Geography. *Geographical Review* 97: 307-323.

Dodds, K. 2008. Icy Geopolitics. *Environment and Planning D* 26: 1-6.

Donnan, H., and Wilson, T. 1999. *Borders: Frontiers of Identity, Nation and State*. Oxford: Berg.

———. 2003. Territoriality, Anthropology and the Interstitial: Subversion and Support in European Borderlands. *European Journal of Anthropology* 41 (3): 9-25.

Duchacek, I. 1986. International Competence of Subnational Governments: Borderlands and Beyond. In O. J. martinez, ed., *Across Boundaries*. el Paso: Texan Western Press. pp.11-30.

Dupeyron, B. 2009. Perspectives on mercosur Borders and Border Spaces: Implications for Border Theories. *Journal of Borderlands Studies* 24 (3): 59-68.

Eskelinen, H., Liikanen, I., and Oksa, J., eds. 1999. *Curtains of Iron and Gold: Reconstructing Borders and Scales of Interaction*. Aldershot: Ashgate.

Elden, S. 2005a. missing the Point: Globalization, Deterritorialization and the Space of the World. *Transactions of the Institute of British Geographers* 30: 8-19.

———. 2005b. Territorial Integrity and the War on Terror. *Environment and Planning A* 37: 2083-2104.

———. 2007a. Terror and Territory. *Antipode* 39: 821-845.

———. 2007b. Governmentality, Calculation, Territory. *Environment and Planning D* 25:

562-580.

Epstein, C. 2007. Guilty Bodies, Productive Bodies, Destructive Bodies: Crossing the Biometric Borders. *International Political Sociology* 1 (2): 149-164.

———. 2008. embodying Risk: Using Biometrics to Protect the Borders. In L. Amoore and M. de Goede, eds., *Risk and the War on Terror*. London: Routledge. pp.178-193.

Eriksson, J., and Giacomello, G. 2009. Who Controls the Internet? Beyond the Obstinacy or Obsolescence of the State. *International Studies Review* 11 (1): 205-230.

Falah, G.-W., flint, C., and mamadouh, V. 2006. Just War and extraterritoriality: The Popular Geopolitics of the United States' War on Iraq as Reflected in Newspapers of the Arab World. *Annals of the Association of American Geographers* 96: 142-164.

Fall, J. 2005. *Drawing the Line: Nature, Hybridity and Politics in Transboundary Spaces*. Aldershot: Ashgate.

Fawcett, C. 1918. *Frontiers: A Study in Political Geography*. Oxford: Oxford University Press.

Ferrer-Gallardo, X. 2008. The Spanish-moroccan Border Complex: Processes of Geopolitical, functional and Symbolic Rebordering. *Political Geography* 27 (3): 301-321.

Ferrera, M. 2004. Social Citizenship in the European Union: Toward a Spatial Reconfiguration? In C. Ansell and G. Di Palma, eds., *Restructuring Territoriality*. Cambridge: Cambridge University Press. pp.90-121.

Fidler, D. P. 2003. SARS: Political Pathology of the first Post-Westphalian Pathogen. *The Journal of Law, Medicine & Ethics* 31 (4): 485-505.

Forsberg, T., ed. 1995. *Contested Territories: Border Disputes on the Edge of the Former Soviet Empire*. London: Edward Elgar.

Foucault, M. 1977. *Discipline and Punish: The Birth of the Prison*. London: Penguin.

———. 1978. *The History of Sexuality: An Introduction*. New York: Vintage.

———. 2007. *Security, Territory, Population: Lectures at the College de France, 1977-1978*. New York: Palgrave macmillan.

———. 2008. *The Birth of Biopolitics: Lectures at the College de France, 1978-1979*. New York: Palgrave macmillan.

Foucher, M. 1991. *Fronts et Frontières: Un Tour du Monde Géopolitique*. Paris: fayard.

———. 2007. *L'Obsession des Frontières*. Paris: Perrin.

Fuller, T., Conde, C., fugal, J., and Ng, C. 2008. The Melamine Stain: One Sign of a Worldwide Problem. *New York Times*, October 12.

Ganster, P., and Lorey, D. E., eds. 2005. *Borders and Border Politics in a Globalizing World.* Lanham, MD: SR Books.

Giddens, A. 1987. *The Nation-State and Violence.* London: Polity Press.

Gottmann, J. 1973. *The Significance of Territory.* Charlottesville: University of Virginia Press.

Goyon, J.-K. 1993. Égypte Pharaonique: Le Roi frontière. *Travaux de la Maison de l'Orient* 21: 9-14.

Green, P. 2006. State Crime beyond Borders: Europe and the Outsourcing of Irregular Migration Control. In S. Pickering and L. Weber, eds., *Borders, Mobility and Technologies of Control.* Dordrecht: Springer. pp.196-166.

Gregory, D. 2004. The Angel of Iraq. *Environment and Planning D* 22: 317-324.

———. 2006. The Black flag: Guantanamo Bay and the Space of exception. *Geografiska Annaler B* 88 (4): 405-427.

———. 2007. Vanishing Points: Law, Violence, and exception in the Global War Prison. In D. Gregory and A. Pred, eds., *Violent Geographies.* New York: Rout-ledge. pp.205-235.

Grosby, S. 1995. Territoriality: The Transcendental, Primordial feature of modern Societies. *Nations and Nationalism* 1 (2): 143-162.

Grundy-Warr, C. 2002. Cross-Border Regionalism through a "South-east Asian" Looking-Glass. *Space & Polity* 6 (2): 215-225.

Guild, E., Carrera, S., and Geyer, F. 2008. The Commission's New Border Package: Does It Take Us One Step Closer to a "Cyber-fortress Europe"? *Centre for European Policy Studies,* policy brief, 154: 1-5. Available at http: //www.ceps.eu/ node/1342.

Hakli, I., and Kaplan, D. 2002. Learning from Europe? Borderlands in Social and Geographical Context. In D. Kaplan and I. Hakli, eds., *Boundaries and Place.* Lanham, MD: Rowman & Littlefield. pp.1-17.

Hartshorne, R. 1936. Suggestions on the Terminology of Political Boundaries. *Annals of the Association of American Geographers* 26 (1): 56-57.

Harvey, D. 1989. *The Condition of Postmodernity.* Oxford: Basil Blackwell.

———. 2000. *Spaces of Hope.* Berkley: University of California Press.

Harvie, C. 1994. *The Rise of Regional Europe.* London: Routledge.

Heffernan, M. 1998. *The Meaning of Europe: Geography and Geopolitics.* London: Arnold.

Hegg, S., and Ossenbrugge, J. 2002. State formation and Territoriality in the European Union. *Geopolitics* 7 (3): 75-88.

Herbst, J. 1989. The Creation and maintenance of National Boundaries in Africa. *International Organization* 43 (4): 673-692.

Heussner, K. M. 2009. Surgically Altered fingerprints Help Woman evade Immigration. ABC News, December 11. Available at http: //abcnews.go.com/ Technology/GadgetGuide/surgically-altered-fingerprints-woman-evade-immigration/story?id=9302505&page=3.

Hevilla, C., and Zusman, P. 2009. Borders Which Unite and Disunite: Mobilities and Development of New Territorialities on the Chile-Argentina frontier. *Journal of Borderlands Studies* 24 (3): 83-96.

Hoepman, J. H., Hubbers, E., Jacobs, B., Oostdijk, M., and Schreur, R. W. 2006. Crossing Borders: Security and Privacy Issues of the European E-Passport. In H. Yoshiura, K. Sakurai, K. Rannenberg, Y. murayama, and S. Kawamura, eds., *International Workshop on Security, Lecture Notes in Computer Science* 4266. Berlin: Springer. pp.152-167.

Huysmans, J. 2006. *The Politics of Insecurity: Fear, Migration and Asylum in the EU.* London: Routledge.

Hyndman, J. 2007. Conflict, Citizenship, and Human Security: Geographies of Protection. In D. Cohen and E. Gilbert, eds., *War, Citizenship, Territory.* New York: Routledge. pp.241-257.

Hyndman, J., and Mountz, A. 2007. Refuge or Refusal: Geography of exclusion. In D. Gregory and A. Pred, eds., *Violent Geographies.* New York: Routledge. pp.77-92.

———. 2008. Another Brick in the Wall? Neo-refoulement and the externalisation of Asylum in Europe and Australia. *Government & Opposition* 43 (2): 249-269.

International Criminal Court. 2008. *Outreach Report.* ICC-CPI-20081120-PR375. Available at http: //www.icc-cpi.int/NR/rdonlyres/Ae9B69eB-2692-4f9C8f08-B3844fe397C7/279073/Outreach_report2008enLR.pdf.

International Labour Organization. 2008. *Message by Juan Somavia Director-General of the International Labour Office on the Occasion of International Migrants Day.* December 18. Available at: http: //www.ilo.org/public/english/bureau/dgo/ speeches/somavia/2008/migrants.pdf.

Jessop B. 2002. The Political economy of Scale. In M. Perkmann and N. L. Sum, eds., *Globalisation, Regionalisation and Cross-Border Regions.* London: Palgrave. pp.25-49.

Jones, R. 2009a. Agents of Exception: Border Security and the Marginalization of Muslims in India. *Environment and Planning D* 27: 879-897.

———. 2009b. Geopolitical Boundary Narratives, the Global War on Terror and Border fencing in India. *Transactions of the Institute of British Geographers* 34: 290-304.

Jones, S. B. 1945. *Boundary-Making: A Handbook for Statesmen, Treaty Editors and Boundary Commissioners*. Washington, DC: Carnegie endowment.

Jonsson, C., Tagil, S., and Tornqvist, G. 2000. *Organizing European Space*. London: SAGe.

Juels, A. 2006. RfID Security and Privacy: A Research Survey. *IEEE Journal on Selected Areas in Communications* 24 (2): 381-394.

Kaplan, D., and Hakli, I., eds. 2002. *Boundaries and Place: European Borderlands in Geographical Context*. Lanham, MD: Rowman & Littlefield.

Kazancigil, A., ed. 1986. *The State in Global Perspective*. Dorset: Blackmore Press.

Kearney, M. 1991. Borders and Boundaries of State and Self at the end of empire. *Journal of Historical Sociology* 4 (1): 52-74.

Keating, M. 1995. Europeanism and Regionalism. In B. Jones and M. Keating, eds., *The European Union and the Regions*. Clarendon: Oxford. pp.1-22.

———. 1998. *The New Regionalism in Western Europe*. Cheltenham: Edward elgar.

Kepka, J., and Murphy, A. 2002. Euroregions in Comparative Perspective. In D. Kaplan and I. Hakli, eds., *Boundaries and Place*. Lanham, MD: Rowman & Little-field. pp.50-70.

Knight, D. 1982. Identity and Territory: Geographical Perspectives on Nationalism and Regionalism. *Annals of the Association of American Geographers* 72: 514-531.

Knippenberg, H., and markusse, J., eds. 1999. *Nationalising and Denationalising European Border Regions, 1800-2000: Views from Geography and History*. Boston: Kluwer Academic.

Kolossov, V. 2005. Border Studies: Changing Perspectives and Theoretical Approaches. *Geopolitics* 10: 606-632.

Kolossov, V., and O'Loughlin, J. 1998. New Borders for New World Orders: Territorialities at the fin-de-siecle. *GeoJournal* 44 (3): 259-273.

Konrad, V., and Nicol, H. 2008. *Beyond Walls: Reinventing the Canada-United States Borderlands*. Aldershot: Ashgate.

Koscher, K., Juels, A., Brajkovic, V., and Kohno, T. 2009. EPC RfID Tag Security Weaknesses and Defenses: Passport Cards, Enhanced Drivers Licenses, and Beyond. *Proceed-*

ings of the 16th ACM Conference on Computer and Communications Security: 33-42.

Kramsch, O. 2001. Towards Cosmopolitan Governance? Prospects and Possibilities for the Maas-Rhein Euregio. In G. Bucken-Knapp and M. Schack, eds., *Borders Matter*. Aabenraa: IFG. pp.173-192.

———. 2002a. Re-Imagining the Scalar Topologies of Cross-Border Governance: Eu(ro) regions in the Postcolonial Present. *Space and Polity* 6 (2): 169-196.

———. 2002b. Navigating the Spaces of Kantian Reason: Notes on Cosmopolitical Governance within the Cross-Border Euregios of the European Union. *Geopolitics* 6 (2): 27-50.

———. 2003. Re-imagining the "Scalar fix" of Transborder Governance: The Case of the Maas-Rhein Euregio. In E. Berg and H. van Houtum, eds., *Routing Borders between Territories, Discourses and Practices*. London: Ashgate. pp.220-228.

———. 2007. Querying Cosmopolis at the Borders of Europe. *Environment and Planning A* 39: 1582-1600.

Kramsch, O., and Hooper, B., eds. 2004. *Cross-Border Governance in the European Union*. London: Routledge.

Kratochwil, F. 1986. Of Systems, Boundaries and Territoriality: An Inquiry into the formation of the State System. *World Politics* 39 (1): 21-52.

Kristof, L. 1959. The Nature of frontiers and Boundaries. *Annals of the Association of American Geographers* 49: 269-282.

Kyoto Protocol to the United Nations framework Convention on Climate Change. 1998. *United Nations*. Available at http: //unfccc.int/resource/docs/convkp/ kpeng.pdf.

Lahav, G. 2004. *Immigration and Politics in the New Europe: Reinventing Borders*. Cambridge: Cambridge University Press.

Lahav, G., and Guiraudon, V. 2000. Comparative Perspectives on Border Control: Away from the Border and Outside the State. In P. Andreas and T. Snyder, eds., *The Wall around the West*. Lanham, MD: Rowman & Littlefield. pp.55-77.

Lefebvre, H. 1991. *The Production of Space*. Oxford: Blackwell.

Le Gales, P. 1998. Government and Governance of Regions. In P. Le Gales and C. Lequesne, eds., *Regions in Europe*. London: Routledge. pp.239-269.

Le Gales, P., and Lequesne, C., eds. 1998. *Regions in Europe*. London: Routledge.

Leitner, H., and Ehrkamp, P. 2006. Transnationalism and Migrants' Imaginings of Citizenship. *Environment and Planning A* 38: 1615-1632.

Leresche, J. P., and Saez, G. 2002. Political frontier Regimes: Towards Cross-Border Governance? In M. Perkmann and N.-L. Sum, eds., *Globalisation, Regionalization and Cross-Border Regions*. London: Palgrave. pp.77-99.

Liersch, I. 2009. Electronic Passports—from Secure Specifications to Secure Implementations. *Information Security Technical Report* 14: 96-100.

Lipschutz, R. 1995. On Security. In R. Lipschutz, ed., *On Security*. New York: Columbia University Press. pp.1-23.

Lodge, J., ed. 2007. *Are You Who You Say You Are? The EU and Biometric Borders*. Nijmegen: Wolf Legal Publishers.

Longan, M., and Purcell, D. 2011. Engineering Community and Place: Facebook as Megaengineering. In S. Brun, ed., *Engineering Earth*. Dordrecht: Springer.

Lyon, D. 2005. The Border Is everywhere: ID Cards, Surveillance and the Other. In E. Zureik and M. Salter, eds., *Global Surveillance and Policing*. Cullompton: Willan. pp.66-82.

———. 2007a. *Surveillance Studies: An Overview*. Cambridge: Polity Press.

———. 2007b. Surveillance, Security and Social Sorting: Emerging Research Priorities. *International Criminal Justice Review* 17 (3): 161-170.

———. 2008. Biometrics, Identification and Surveillance. *Bioethics* 22 (9): 499-508.

Macartney, J. 2006. Dissident Jailed "After Yahoo Handed Evidence to Police." *The Times*, february 10.

Machado, L. O., Novaes, A. R., and monteiro, L. do R. 2009. Building Walls, Breaking Barriers: Territory, Integration and the Rule of Law in frontier Zones. *Journal of Borderlands Studies* 24 (3): 97-114.

MacLeod, G., and Jones, M. 2001. Renewing the Geography of Regions. *Environment and Planning D* 19 (6): 669-695.

Mann, M. 1984. The Autonomous Power of the State. *European Journal of Sociology* 25: 185-213.

Marks, G. 1996. An Actor-Centered Approach to multi-Level Governance. *Regional and Federal Studies* 6 (2): 20-40.

Marks, K. 2006. Rising Tide of Global Warming Threatens Pacific Island States. *The Independent*, 25 October.

Martinez, O. J. 1994. *Border People: Life and Society in the U.S.-Mexico Borderlands.* Tucson: University of Arizona Press.

Marty, D. 2006. *Alleged Secret Detentions and Unlawful Inter-state Transfers of Detainees Involving Council of Europe Member States.* Report, Committee on Legal Affairs and Human Rights, Council of Europe, June 12.

Maurer, B. 2008. Re-Regulating Offshore finance? *Geography Compass* 2 (1): 155-175.

McGirk, T. 2009. Could Israelis face War Crimes Charges over Gaza? *Time*, January 23.

Meserve, J., and Ahlers, M. 2007. Canadian firetruck Responding to U.S. Call Held up at Border. CNN, November 14. Available at http: //edition.cnn .com/2007/US/11/14/ border.firetruck.

Michaelsen, S., and Johnson, D., eds. 1997. *Border Theory: The Limits of Cultural Politics.* minneapolis: University of Minnesota Press.

Minghi, J. V. 1963/1969. Boundary Studies in Political Geography. In R. E. Kasperson and J. V. Minghi, eds., *The Structure of Political Geography.* Chicago: Aldine. pp.140-160.

———. 1991. from Conflict to Harmony in Border Landscapes. In D. Rumley and J. minghi, eds., *The Geography of Border Landscapes.* London: Routledge. pp.15-30.

Mojtahed-Zadeh, P. 2006. "Boundary" in Ancient Persian Tradition of Statehood: An Introduction to the Origins of the Concept of Boundary in Pre-modern History. *GeoJournal* 66 (4): 273-283.

Morehouse, B. 2004. Theoretical Approaches to Border Spaces and Identities. In V. Pavlakovich-Kochi, B. morehouse, and D. Wastl-Walter, eds., *Challenged Borderlands.* Aldershot: Ashgate. pp.19-39.

Mountz, A. 2011. The Enforcement Archipelago: Detention, Haunting, and Asylum on Islands. *Political Geography*, doi: 10.1016/j.polgeo.2011.01.005.

Muller, B. 2008. Securing the Political Imagination: Popular Culture, the Security Dispositif, and the Biometric State. *Security Dialogue* 39 (2/3): 199-220.

Murphy A. 1993. Emerging Local Linkages within the European Community: Challenging the Dominance of the State. *Tijdschrift voor Economische en Sociale Geografie* 84: 103-118.

———. 1996. The Sovereign State System as Political-Territorial Ideal: Historical and Contemporary Considerations. In T. J. Biersteker and C. Weber, eds., *State Sovereignty as Social Construct.* Cambridge: Cambridge University Press. pp.81-120.

———. 1999. International Law and the Sovereign State: Challenges to the Status Quo. In G. J. Demko and W. B. Wood, eds., *Reordering the World*. Boulder, CO: Westview. pp.227-245.

Murphy, S. D. 1996. *Humanitarian Intervention: The United Nations in an Evolving World Order*. Philadelphia: University of Pennsylvania Press.

Nevins, J. 2002. *The Rise of the "Illegal Alien" and the Remaking of the U.S.-Mexico Boundary*. New York: Routledge.

Newman, D., ed. 1999. *Boundaries, Territory and Postmodernity*. London: frank Cass.

———. 2003. Boundaries. In J. Agnew, K. Mitchell, and G. Toal, eds., *A Companion to Political Geography*. Oxford: Blackwell. pp.123-137.

———. 2006a. The Lines That Continue to Separate Us: Borders in Our "Borderless" World. *Progress in Human Geography* 30 (2): 143-161.

———. 2006b. Borders and Bordering: Towards an Interdisciplinary Dialogue. *European Journal of Social Theory* 9 (2): 171-186.

Newman, D., and Paasi, A. 1998. Fences and Neighbours in the Postmodern World: Boundary Narratives in Political Geography. *Progress in Human Geography* 22 (2): 186-207.

Nicol, H., and Townsend-Gault, I., eds. 2005. *Holding the Line: Borders in a Global World*. Vancouver: University of British Columbia Press.

Norman, E., and Bakker, K. 2009. Transgressing Scales: Transboundary Water Governance between Canada and the US. *Annals of the Association of American Geographers* 99 (1): 99-117.

O'Brian, R. 1992. *Global Financial Integration: The End of Geography*. New York: Council on Foreign Relations Press.

O'Dowd, L. 2002a. Transnational Integration and Cross-Border Regions in the European Union. In J. Anderson, ed., *Transnational Democracy*. London: Routledge. pp.111-128.

———. 2002b. The Changing Significance of European Borders. *Regional and Federal Studies* 12 (4): 13-36.

O'Dowd, L., and Wilson, T., eds. 1996. *Borders, Nations and States*. Aldershot: Avebury.

Ohmae, K. 1990. *The Borderless World: Power and Strategy in the Interlinked Economy*. London: Collins.

O'Lear, S. 2010. *Environmental Politics: Scale and Power*. Cambridge: Cambridge University Press.

Paasi, A. 1996. *Territories, Boundaries and Consciousness: The Changing Geographies of the Finnish-Russian Border*. Chichester: Wiley.

———. 1999. Boundaries as Social Processes: Territoriality in the World of flows. In D. Newman, ed., *Boundaries, Territory and Postmodernity*. London: frank Cass. pp.69-89.

———. 2002. Place and Region: Regional Worlds and Words. *Progress in Human Geography* 26 (6): 802-811.

———. 2003a. Region and Place: Regional Identity in Question. *Progress in Human Geography* 27 (4): 475-485.

———. 2003b. Territory. In J. Agnew, K. mitchell, and G. Toal, eds., *A Companion to Political Geography*. Oxford: Blackwell. pp.109-120.

———. 2005. The Changing Discourses on Political Boundaries: Mapping the Backgrounds, Contexts and Contents. In H. van Houtum, O. Kramsch, and W. Zierhofer, eds., *B/ordering the World*. London: Ashgate. pp.17-31.

———. 2009. Bounded Spaces in a "Borderless World": Border Studies, Power and the Anatomy of Territory. *Journal of Power* 2 (2): 213-234.

Paasi, A., and Prokkola, E.-K. 2008. Territorial Dynamics, Cross-Border Work and everyday Life in the finnish-Swedish Border Area. *Space & Polity* 12 (1): 13-29.

Painter J. 2002. Multilevel Citizenship, Identity and Regions in Contemporary Europe. In J. Anderson, ed., *Transnational Democracy*. London: Routledge. pp.93-110.

Palan, R. 2006. *The Offshore World: Sovereign Markets, Virtual Places, and Nomad Millionaires*. Ithaca, NY: Cornell University Press.

Pavlakovich-Kochi, V., morehouse, B., and Wastl-Walter, D., eds. 2004. *Challenged Borderlands: Transcending Political and Cultural Boundaries*. Ashgate: Aldershot.

Payan, T., and Vasquez, A. 2007. The Costs of Homeland Security. In E. Brunet-Jailly, ed., *Borderlands*. Ottawa: University of Ottawa Press. pp.231-258.

Pellow, D., ed. 1996. *Setting Boundaries: The Anthropology of Spatial and Social Organization*. London: Bergin & Gravey.

Perkmann, M. 1999. Building Governance Institutions across European Borders. *Regional Studies* 33 (7): 657-667.

———. 2002. Euroregions: Institutional Entrepreneurship in the European Union. In M. Perkmann and N.-L. Sum, eds., *Globalization, Regionalization, and Cross-Border Regions*. Basingstoke: Palgrave. pp.103-124.

———. 2003. Cross-Border Regions in Europe: Significance and Drivers of Regional Cross-Border Cooperation. *European Regional Studies* 10 (2): 153-171.

———. 2007a. Construction of New Territorial Scales: A framework and Case Study of the eUReGIO Cross-Border Region. *Regional Studies* 41 (2): 253-266.

———. 2007b. Policy entrepreneurship and Multilevel Governance: A Comparative Study of European Cross-Border Regions. *Environment and Planning C* 25: 861-879.

Perkmann, M., and Sum, N. L. 2002. Globalization, Regionalization, and Cross Border Regions: Scales, Discourses and Governance. In M. Perkmann and N.-L. Sum, eds., *Globalization, Regionalization, and Cross-Border Regions*. London: Palgrave. pp.3-24.

Pickering, S. 2006. Border Narratives: from Talking to Performing Borderlands. In S. Pickering and L. Weber, eds., *Borders, Mobility and Technologies of Control*. Dordrecht: Springer. pp.45-62.

Pohl, W. 2001. Conclusion: The Transformation of frontiers. In W. Pohl, I. Wood, and H. Reimitz, eds., *The Transformation of Frontiers from Late Antiquity to the Carolingians*. Leiden: Brill. pp.247-260.

Popescu, G. 2008. The Conflicting Logics of Cross-Border Reterritorialization: Geopolitics of Euroregions in Eastern Europe. *Political Geography* 27 (4): 418-438.

———. 2011. Transcending the National Space: The Institutionalization of Cross-Border Territory in the Lower Danube Euroregion. In D. Wastl-Walter, ed., *Research Companion to Border Studies*. pp.607-624.

Prescott, J. R. V. 1965. *The Geography of Frontiers and Boundaries*. Chicago: Aldine.

———. 1987. *Political Frontiers and Boundaries*. London: Allen & Unwin.

Rabo, A. 2006. Trade across Borders: Views from Aleppo. In I. Brandell, ed., *State Frontiers: Borders and Boundaries in the Middle East*. London: I. B. Tauris. pp.53-74.

Ramos, J. 2007. Managing US-Mexico Transborder Co-operation on Local Security Issues and the Canadian Relationship. In E. Brunet-Jailly, ed., *Borderlands*. Ottawa: University of Ottawa Press. pp.259-276.

Ratzel, F. 1897. *Politische Geographie*. Munich: Oldenbourg.

Reynolds, P. 2007. Russia ahead in Arctic "Gold Rush." BBC News, August 1. Available at http: //news.bbc.co.uk/2/hi/6925853.stm.

Rome Statute of the International Criminal Court. 1998. *United Nations*, Doc. A/CONf.183/9. Available at http: //untreaty.un.org/cod/icc/statute/romefra .htm.

Ruggie, J. 1993. Territoriality and Beyond: Problematizing Modernity in International Relations. *International Organization* 47 (1): 139-174.

Rumford, C. 2006a. Theorizing Borders. *European Journal of Social Theory* 9 (2): 155-170.

———. 2006b. Rethinking European Spaces: Governance beyond Territoriality. *Comparative European Politics* 4 (2): 127-140.

———. 2007. Does Europe Have Cosmopolitan Borders? *Globalizations* 4 (3): 327-339.

———. 2008a. *Cosmopolitan Spaces: Globalization, Europe, Theory*. London: Routledge.

———. 2008b. Citizens and Borderwork in Europe. *Space and Polity* 12 (1): 1-12.

Rumley, D. R., and Minghi J., eds. 1991. *The Geography of Border Landscapes*. Routledge: London.

Sack, R. 1986. *Human Territoriality: Its Theory and History*. Cambridge: Cambridge University Press.

Sahlins, P. 1989. *Boundaries: The Making of France and Spain in the Pyrenees*. Berkeley: University of California Press.

Said, E. 1978. *Orientalism*. New York: Vintage.

Salter, M. 2003. *Rights of Passage: The Passport in International Relations*. Boulder, CO: Lynne Reinner.

———. 2004. Passports, Mobility, and Security: How Smart Can the Border Be? *International Studies Perspectives* 5: 71-91.

———. 2006. The Global Visa Regime and the Political Technologies of the International Self. *Alternatives* 31: 167-189.

Sassen, S. 1999. Embedding the Global in the National: Implications for the Role of the State. In A. D. Smith, D. J. Solinger, and S. C. Topik, eds., *States and Sovereignty in the Global Economy*. London: Routledge. pp.158-171.

———. 2001. *The Global City: New York, London, Tokyo*. Princeton, NJ: Princeton University Press.

———. 2006. *Territory, Authority, Rights: From Medieval to Global Assemblages*. Princeton, NJ: Princeton University Press.

Schulz, M., Soderbaum, F., and Ojendal, J., eds. 2001. *Regionalization in a Globalizing World*. London: Zed Books.

Scott, J. W. 1999. European and North American Contexts for Cross-Border Regionalism. *Regional Studies* 33 (7): 605-617.

———. 2000. Transboundary Cooperation on Germany's Borders: Strategic Regionalism through Multilevel Governance. *Journal of Borderland Studies* 15 (1): 143-167.

———. 2002. On the Political Economy of Cross-Border Regionalism: Regional Development and Co-operation on the US-Mexican Border. In M. Perkmann and N.-L. Sum, eds., *Globalization, Regionalization, and Cross-Border Regions*. London: Palgrave. pp.191-211.

Shapiro, M. J., and Alker, H., eds. 1996. *Challenging Boundaries: Global Flows, Territorial Identities*. Minneapolis: University of Minnesota Press.

Sheller, M., and Urry, J. 2006. The New mobilities Paradigm. *Environment and Planning A* 38: 207-226.

Sidaway, J. 2001. Rebuilding Bridges: A Critical Geopolitics of Iberian Transfrontier Cooperation in a European Context. *Environment and Planning D* 19: 743-778.

Smith, B. 1995. On Drawing Lines on a map. In A. U. frank, W. Kuhn, and D. M. Mark, eds., *Spatial Information Theory: Proceedings of COSIT '95*. Berlin: Springer Verlag. pp.475-484.

Soderbaum, F., and Taylor, I., eds. 2008. *Afro-Regions: The Dynamics of Cross-Border Micro-Regionalism in Africa*. Stockholm: Nordic African Institute.

Sohn, C., Reitel, B., and Walther, O. 2009. Cross-Border Metropolitan Integration in Europe: The Case of Luxembourg, Basel and Geneva. *Environment and Planning C* 27: 922-939.

Soja, E. 1971. *The Political Organization of Space*. Washington, DC: Association of American Geographers.

Sparke, M. 2002a. Between Post-Colonialism and Cross-Border Regionalism. *Space and Polity* 6 (2): 203-213.

———. 2002b. Not a State, But more than a State of mind: Cascadia and the Geoeconomics of Cross-Border Regionalism. In M. Perkmann and N.-L. Sum, eds., *Globalization, Regionalization, and Cross-Border Regions*. London: Palgrave. pp.212-238.

———. 2004. Passports into Credit Cards: On the Borders and Spaces of Neoliberal Citizenship. In J. Migdal, ed., *Boundaries and Belonging*. Cambridge: Cambridge University Press. pp.251-283.

———. 2005. *In the Space of Theory: Postfoundational Geographies of the Nation-State*. Minneapolis: University of Minnesota Press.

———. 2006. A Neoliberal Nexus: Economy, Security and the Biopolitics of Citizenship on the Border. *Political Geography* 25 (2): 151-180.

Sparke, M., Sidaway, J., Bunnell, T., and Grundy-Warr, C. 2004. Triangulating the Borderless World: Geographies of Power in the Indonesia-Malaysia-Singapore Growth Triangle. *Transactions of the Institute of British Geographers* 29 (4): 485-498.

Steinberg, P. 2010. You Are (Not) Here: On the Ambiguity of flag Planting and finger Pointing in the Arctic. *Political Geography* 29: 81-84.

Storey, D. 2001. *Territory: The Claiming of Space*. Harlow: Prentice Hall.

Storper, M. 1995. The Resurgence of Regional Economies Ten Years Later: The Region as a Nexus of Untraded Interdependencies. *European Urban and Regional Studies* 2/3: 191-221.

———. 1997. *The Regional World: Territorial Development in a Global Economy*. London: Guilford Press.

Strüver, A. 2003. Presenting Representations: On the Analysis of Narratives and Images along the Dutch-German Border. In E. Berg and H. van Houtum, eds., *Routing Borders between Territories, Discourses and Practices*. Aldershot: Ashgate. pp.161-176.

Sullivan, E. 2009. Napolitano Concedes Airline Security System failed. Associated Press, December 28.

Sum, N.-L. 2002. Globalization, Regionalization and Cross-Border Modes of Growth in East Asia: The (Re-)Constitution of "Time-Space Governance." In M. Perkmann and N.-L. Sum, eds., *Globalization, Regionalization, and Cross-Border Regions*. London: Palgrave. pp.50-76.

Swyngedouw, E. 1997. Neither Global nor Local: "Glocalisation" and the Politics of Scale. In K. Cox, ed., *Spaces of Globalization*. New York: Guilford. pp.137-166.

Taylor, P. 1994. The State as Container: Territoriality in the modern World-System. *Progress in Human Geography* 18: 51-162.

———. 1995. Beyond Containers: Internationality, Interstateness, Interterritoriality. *Progress in Human Geography* 19 (1): 1-15.

Taylor, P., and flint, C. 2000. *Political Geography, World-Economy, Nation-State and Locality*. Harlow: Pearson.

Telò, M. 2001. Globalization, New Regionalism and the Role of the European Union. In M. Telò, ed., *European Union and New Regionalism*. Ashgate: Aldershot. pp.1-20.

Terriff, T., Croft, S., James, L., and Morgan, P. 1999. *Security Studies Today*. Cambridge: Polity Press.

Thrift, N. 1983. On the Determination of Social Action in Space and Time. *Environment and Planning D* 1 (1): 23-57.

———. 1990. For a New Regional Geography 1. *Progress in Human Geography* 14: 272-279.

———. 1991. For a New Regional Geography 2. *Progress in Human Geography* 15: 456-465.

———. 1993. For a New Regional Geography 3. *Progress in Human Geography* 17: 92-100.

Toal (O'Tuathail), G. 1996. *Critical Geopolitics: The Politics of Writing Global Space*. Minneapolis: University of Minnesota Press.

———. 1998. Political Geography III: Dealing with Deterritorialization. *Progress in Human Geography* 22 (1): 81-93.

———. 1999. De-Territorialised Threats and Global Dangers: Geopolitics and Risk Society. In D. Newman, ed., *Boundaries, Territory and Postmodernity*. London: frank Cass. pp.17-32.

———. 2000. Borderless Worlds? Problematising Discourses of Deterritorialization. In N. Kliot and D. Newman, eds., *Geopolitics at the End of the Twentieth Century*. London: frank Cass. pp.139-154.

Torpey, J. 2000. States and the Regulation of Migration in the Twentieth-Century North Atlantic World. In P. Andreas and T. Snyder, eds., *The Wall around the West*. Lanham, MD: Rowman & Littlefield. pp.31-54.

Tsoukala, A. 2008. Security, Risk and Human Rights: A Vanishing Relationship? Centre for European Policy Studies, Special Report. Brussels, September. pp.1-17. Available at http: //www.ceps.eu/files/book/1703.pdf.

Tyner, J. 2005. *Iraq, Terror, and the Philippines' Will to War*. Lanham, MD: Rowman & Littlefield.

———. 2006. *Oriental Bodies: Discourse and Discipline in U.S. Immigration Policy, 1875-1942*. Lanham, MD: Lexington Books.

UK Border Agency. 2010. *How Do I Use IRIS to Enter the UK?* Available at http: // www.ukba.homeoffice.gov.uk/travellingtotheuk/enteringtheuk/usingiris/ howenterwithiris.

United Nations Conference on Trade and Development. 2008. *Transnational Corporations and the Infrastructure Challenge*. World Investment Report. Available at http: //www.unctad.org/en/docs/wir2008_en.pdf.

Urry, J. 2000. *Sociology beyond Societies: Mobilities for the Twenty-First Century*. London: Routledge.

van der Ploeg, I. 1999a. The Illegal Body: "Eurodac" and the Politics of Biometric Identification. *Ethics and Information Technology* 1 (4): 295-302.

———. 1999b. Written on the Body: Biometrics and Identity. *Computers and Society* 29 (1): 37-44.

van der Velde, M., and van Houtum, H. 2004. The Threshold of Indifference: Rethinking Immobility in Explaining Cross-Border Labour Mobility. *Review of Regional Research* 24 (1): 39-49.

van Houtum, H. 2002. Borders of Comfort: Spatial Economic Bordering Processes in the European Union. *Regional and Federal Studies* 12 (4): 37-58.

van Houtum, H., and Boedeltje, F. 2009. Europe's Shame: Death at the Borders of the EU. *Antipode* 41 (2): 226-230.

van Houtum, H., Kramsch, O., and Ziefhofer, W. 2005. *B/ordering Space*. Aldershot: Ashgate.

van Houtum, H., and Strüver, A. 2002. Borders, Strangers, Doors and Bridges. *Space and Polity* 6 (2): 141-146.

van Houtum, H., and van Naerssen, T. 2002. Bordering, Ordering and Othering. *Tijdschrift voor Economische en Sociale Geografie* 93: 125-136.

Vaughan-Williams, N. 2008. Borderwork beyond Inside/Outside? frontex, the Citizen-Detective and the War on Terror. *Space and Polity* 12 (1): 63-79.

Vincent, A. 1987. *Theories of the State*. Oxford: Blackwell.

Waever, O. 1993. Societal Security: The Concept. In O. Waever, B. Buzan, M. Kelstrup, and P. Lemaitre, eds., *Identity, Migration and the New Security Agenda in Europe*. London: Pinter. pp.17-40.

Walker, R. B. J. 1993. *Inside/Outside: International Relations as Political Theory*. Cambridge: Cambridge University Press.

Wallerstein, I. 1999. States? Sovereignty? The Dilemmas of Capitalists in an Age of Transition. In A. D. Smith, D. J. Solinger, and S. C. Topik, eds., *States and Sovereignty in the Global Economy*. London: Routledge. pp.20-33.

Walters, W. 2002. Mapping Schengenland: Denaturalizing the Border. *Environment and Planning D* 20: 561-580.

———. 2004. The frontiers of the European Union: A Geostrategic Perspective. *Geopolitics* 9 (2): 674-698.

———. 2006a. Rethinking Borders beyond the State. *Comparative European Politics* 4 (2/3): 141-159.

———. 2006b. Border/Control. *European Journal of Social Theory* 9 (2): 187-204.

Warf, B. 1989. Telecommunications and the Globalization of financial Services. *Professional Geographer* 31: 257-271.

———. 2001. Segueways into Cyberspace: Multiple Geographies of the Digital Divide. *Environment and Planning B* 28: 3-19.

———. 2002. Tailored for Panama: Offshore Banking at the Crossroads of the Americas. *Geografiska Annaler B* 84 (1): 47-61.

———. 2008. *Time-Space Compression: Historical Geographies*. London: Routledge.

———. 2010. Geographies of Global Internet Censorship. *GeoJournal* 76 (1): 1-23.

Warf, B., and Purcell, D. 2001. The Currency of Currency: Electronic Money, Electronic Spaces. In T. Leinbach and S. Brunn, eds., *The Worlds of Electronic Commerce*. London: Wiley. pp.223-240.

Watts, M. 2007. Revolutionary Islam. In D. Gregory and A. Pred, eds., *Violent Geographies*. New York: Routledge. pp.175-204.

Whittaker, C. R. 1994. *Frontiers of the Roman Empire: A Social and Economic Study*. Baltimore, MD: Johns Hopkins University Press.

Williams, J. 2003. Territorial Borders, International Ethics and Geography: Do Good fences Still make Good Neighbors? *Geopolitics* 8 (2): 25-46.

Wonders, N. 2006. Global flows, Semi-permeable Borders and New Channels of Inequality. In S. Pickering and L. Weber, eds., *Borders, Mobility and Technologies of Control*. Dordrecht: Springer. pp.63-86.

Wong-Gonzales, P. 2004. Conflict and Accommodation in the Arizona-Sonora Region. In V. Pavlakovich-Kochi, B. morehouse, and D. Wastl-Walter, eds., *Challenged Borderlands*. Aldershot: Ashgate. pp.123-154.

Yoder, J. 2003. Bridging the European Union and Eastern Europe: Cross-Border Cooperation and the Euroregions. *Regional and Federal Studies* 13 (3): 90-106.

| 색인 |